Neutrinophysik

Lothar Oberauer · Judith Oberauer

Neutrinophysik

Grundlagen, Experimente und aktuelle Forschung

2. Auflage

Springer Spektrum

Lothar Oberauer
Physik-Department
TU München
Garching, Bayern, Deutschland

Judith Oberauer
Baldham, Bayern, Deutschland

ISBN 978-3-662-73321-9 ISBN 978-3-662-73322-6 (eBook)
https://doi.org/10.1007/978-3-662-73322-6

Die Deutsche Nationalbibliothek verzeichnet diese Publikation in der Deutschen Nationalbibliografie; detaillierte bibliografische Daten sind im Internet über https://portal.dnb.de abrufbar.

Planung/Lektorat: Caroline Strunz
Springer Spektrum ist ein Imprint der eingetragenen Gesellschaft Springer-Verlag GmbH, DE und ist ein Teil von Springer Nature.
Die Anschrift der Gesellschaft ist: Heidelberger Platz 3, 14197 Berlin, Germany

Wenn Sie dieses Produkt entsorgen, geben Sie das Papier bitte zum Recycling.

Vorwort zur 2. Auflage

Auch in den letzten Jahren konnte die Neutrinophysik weitere Fortschritte verzeichnen und diesem Umstand versuchen wir in der zweiten Auflage unseres Lehrbuchs zur Neutrinophysik Rechnung zu tragen. Wie schon in der ersten Auflage ist auch dieses Buch von der physikalisch experimentellen Seite geprägt.

Auf dem Gebiet der niederenergetischen Neutrinospektroskopie ist vor allem der erstmalige Nachweis solarer Neutrinos aus dem CNO-Fusionszyklus der Sonne im Borexino-Experiment zu nennen. Damit ist es mit Hilfe der Neutrinophysik gelungen thermonukleare Fusionsreaktionen in der Sonne bis ins Detail zu verstehen und dies bildet somit sicher einen Meilenstein in der experimentellen Bestätigung unserer theoretischen Vorstellung zur Sternentwicklung insgesamt. Die erfolgreiche Inbetriebnahme des JUNO-Experiments mit der kurz darauf erfolgten ersten Veröffentlichung der Messung von Oszillationsparametern mit bisher unerreichter Genauigkeit stellt ein weiteres Highlight der niederenergetischen Neutrinospektroskopie dar. Mit JUNO im Zusammenspiel mit anderen Experimenten wird es in Zukunft möglich sein die Unitarität der Mischungsmatrix der Neutrinos mit hoher Genauigkeit zu überprüfen und sehr empfindlich nach etwaigen Anzeichen jenseits des Standardmodells zu suchen. Zudem kann man erwarten, dass in ein paar Jahren mit JUNO die Frage nach der Massenanordnung der Neutrinos geklärt werden wird. Einen weiteren Meilenstein in der experimentellen Kunst der Niederenergie-Neutrinospektroskopie setzte das CONUS+ Experiment mit dem erfolgreichen Nachweis der kohärenten Neutrinostreuung an Atomkernen mit Reaktorneutrinos.

Auch bei der Untersuchung der spektralen Verteilung von Elektronen in Betazerfällen zur Untersuchung der absoluten Neutrino-Massenskala und zur Natur des Neutrinos gibt es Fortschritte, wenngleich auch kein Durchbruch – also eine Entdeckung – erzielt werden konnte. Im KATRIN-Experiment konnte die obere Grenze für die Neutrinomasse deutlich in den sub-eV Bereich verschoben werden und neue Ergebnisse aus der Suche nach dem neutrinolosen Doppelbetazerfall schließen weitere Bereiche im Parameterraum aus. Das gleiche gilt für die Suche nach einem hypothetischen vierten, sterilen Neutrino. Es gibt neue Messungen dazu von KATRIN, das kombiniert mit dem Ergebnis des Oszillationsexperiments STEREO weite Teile des Bereichs der Kopplungsstärke eines sterilen Neutrinos an das Elektronneutrino ausschließt. Insgesamt ist die Frage nach sterilen Neutrinos noch offen. Das gleiche gilt für die Frage nach einer CP-Verletzung bei Neutrinososzillationen. Hier gibt es zwar neue Messungen des T2K- und des NOν-Experiment aber noch keinen Durchbruch. Wir müssen noch einige Jahre warten, bis die großen Beschleunigerexperimente Hyperkamiokande und DUNE dazu Daten liefern.

Neutrinos als astrophysikalische Sonden: Neben den oben erwähnten solaren Neutrinos gibt es erste Anzeichen eines Signals des diffusen Supernova-Neutrino-Hintergrunds im Universum aus den neuesten SuperKamiokande Daten. Dies nährt die Hoffnung, dass in wenigen Jahren – vielleicht zusammen mit JUNO – diese aus den Supernovae-Explosionen vergangener Epochen stammenden Neutrinos eindeutig nachgewiesen werden können. Damit würden wir nicht nur die spektrale Form einer ‚typischen' Supernova kennen lernen, sondern eventuell auch verstehen zu welchem Anteil der Gravitationskollaps eines massereichen Sterns zu einem schwarzen Loch führt. Das IceCube-Experiment am Südpol hat nicht nur erste Punktquellen von Neutrinos mit extrem hohen Energien gefunden, sondern auch unser Wissen über die kosmischen Beschleuniger ganz entscheidend vertieft.

Ansonsten haben wir kleine Ergänzungen zum Text der ersten Ausgabe angefertigt und Fehler korrigiert. Wir hoffen damit interessierten Studierenden ein gutes Buch zum Einstieg in dieses faszinierende Gebiet der Physik anbieten zu können. Den bereits erfahrenen Physikern und Physikerinnen möge es als hilfreiches Nachschlagewerk dienen.

Baldham
im Dezember 2025

Lothar Oberauer
Judith Oberauer

Vorwort

Im Herbst 2015 wurde der Nobelpreis für Physik an den Kanadier Arthur McDonald und an den japanischen Wissenschaftler Takaaki Kajita verliehen. Sie haben in zwei voneinander unabhängigen Experimenten den Beweis dafür erbracht, dass Neutrinos Masse besitzen. Genauer gesagt wurden in den Daten unwiderlegbare Hinweise darauf gefunden, dass Neutrinos oszillieren, also ihre Art (den sogenannten *flavor*) während ihrer Ausbreitung in Raum und Zeit periodisch variieren. Eine Voraussetzung für diese Oszillationen ist aber, dass Neutrinos eine endliche Ruhemasse besitzen. Man kann sich fragen, warum das so aufregend sein soll. Nun, das ist in der Tat aufregend, weil Neutrinos im sonst so überaus erfolgreichen Standardmodell der Teilchenphysik eigentlich masselos sein müssten. Die Entdeckung der Neutrinooszillationen ist also der erste direkte experimentelle Hinweis darauf, dass das Standardmodell erweitert werden muss, um diesem Umstand Rechnung tragen zu können. Wie das gehen soll, ist heute noch nicht ganz klar. Es gibt aber Ideen dazu und sie alle sind mit sogenannter „neuer Physik" verknüpft, das heißt, man spekuliert mit neuen Theorien und erkennt, dass alle denkbaren Erweiterungen unabdingbare Konsequenzen nicht nur für die Teilchenphysik, sondern auch für die Astrophysik und die Kosmologie haben. In der Tat gibt es von dieser Seite ebenfalls große, bisher unbeantwortete Fragen. Wir wissen heute nicht, was die „dunkle Materie" des Universums ausmacht, die bisher nur über ihre Gravitationswirkung nachweisbar ist, und wir haben keine Ahnung was hinter der rätselhaften „dunklen Energie" steckt, die unseren Kosmos beschleunigt expandieren läßt. Auch wissen wir nicht, warum unser Universum im Wesentlichen nur aus Materie besteht, während die Antimaterie verschwunden ist. Es muss also bereits zu den Anfängen des Kosmos eine Asymmetrie oder Ungleichheit zwischen Materie und Antimaterie gegeben haben. Diese war winzig klein, es gab nur einen kleinen Überschuss von Teilchen gegenüber Antiteilchen. Das gewaltige Annihilationsfeuer in den ersten Minuten des Urknalls überlebte daher nur ein Teil von ca. 10^{-9} aller Teilchen. Alles andere wurde in Form von Photonen oder Neutrinos vernichtet. Sie fragen, warum der kleine Teil an Materie überlebte (wir alle sind ein Bestandteil davon)? Nun, wir wissen auch dies nicht. Wir nehmen an (das heißt, es gibt ernstzunehmende Theorien), dass all diese ungeklärten Fragen irgendwie zusammenhängen, insbesondere auch mit den Neutrinos, aber diese Zusammenhänge sind noch keineswegs entschlüsselt. Ganz im Gegenteil, wir stehen erst am Anfang.

Die Neutrinophysik ist seit ihren Anfängen immer von Überraschungen und Rätseln geprägt. Als Geburtsstunde des Neutrinos gilt das Jahr 1930, als dieses Teilchen von dem theoretischen Physiker Wolfgang Pauli in einer Art Verzweiflungstat postuliert wurde, um die Energie- und Drehimpulserhaltung beim Betazerfall von Kernen zu retten. In seinem berühmten Brief an die „lieben radioaktiven Damen und Herren" einer Konferenz in Tübingen im Dezember 1930 hat er dieses Postulat formuliert. Er selbst konnte an der Tagung nicht teilnehmen, weil er seinen eigenen Worten nach einem Ball in Zürich nicht fernbleiben wollte. Der italienische Physiker Enrico Fermi hat die Idee Paulis aufgegriffen und eine erste erfolgreiche Theorie des Kernbetazerfalls formuliert. Auf Fermi ist auch der Name Neutrino zurückzuführen, nachdem Pauli das Teilchen zuerst Neutron genannt hatte, dieser Name aber dann dem kurz darauf von dem englischen Physiker James Chadwick entdeckten Kernbaustein verliehen wurde. Das Neutrino ist also wörtlich genommen das „kleine" Neutron. Das ist allerdings nach heutigem Kenntnisstand ziemlich irreführend, denn das Neutrino ist ein Elementarteilchen und das schwere Neutron ein aus drei sogenannten Valenzquarks zusammengesetzter Kernbaustein, der über die starke Wechselwirkung mit anderen Neutronen und den positiv geladenen Protonen alle uns bekannten Atomkerne aufbaut. Neutron und Neutrino sind beide neutral. Bis auf dies und der Tatsache, dass sie den gleichen Eigendrehimpuls (Spin) aufweisen, haben sie aber nichts gemein.

Pauli war übrigens äußerst skeptisch, was die Nachweisbarkeit der von ihm postulierten Neutrinos angeht. Er hat bereits 1930 aufgrund der damals vorliegenden experimentellen Daten argumentiert, dass es nicht nur elektrisch neutral, sondern auch sehr leicht sein muss. In der Tat hat es 26 Jahre gedauert, bis der erste direkte Nachweis von Neutrinos gelang. Den beiden Amerikanern Frederick Reines und Clyde Cowan glückte dies durch die Entwicklung eines ausgetüftelten Nachweisgeräts, mit dem die Wechselwirkung von Neutrinos aus einem Kernreaktor zweifelsfrei nachgewiesen werden konnte. Kernreaktoren sind deshalb intensive Quellen von Neutrinos, weil alle radioaktiven Kernspaltprodukte dem Betazerfall unterliegen, bei dem ein Neutrino (genauer gesagt ein Elektronantineutrino) emittiert wird. Auch heute noch werden Kernreaktoren von Physikern als Neutrinoquellen quasi zweckentfremdet, um mit immer weiter entwickelten Detektoren den Geheimnissen dieser Teilchen auf die Spur zu kommen. Das funktioniert heute so gut, dass Neutrinodetektoren zur Überwachung von Kernreaktoren eingesetzt werden können. Die Nachweisreaktion ist aber immer noch dieselbe, die sich Reines und Cowan ausgedacht haben. Fred Reines erhielt dafür 1995 den Nobelpreis für Physik.

Aber nicht nur Kernbetazerfälle sind Quellen von Neutrinos. Alle Prozesse der sogenannten schwachen Wechselwirkung sind potentiell in der Lage, Neutrinos zu erzeugen. Da Neutrinos keine elektrische Ladung tragen und auch nicht der starken Wechselwirkung unterliegen, sind sie auch nur über die schwache Wechselwirkung nachweisbar. Das macht ihre Detektion im Allgemeinen relativ schwierig, aus experimenteller Sicht aber auch interessant und herausfordernd. Die schwache Wechselwirkung ist allerdings nur im Grenzfall niedriger Energien schwächer als die elektromagnetische oder starke Wechselwirkung. Bei immer höheren Energien, wie sie zum Beispiel in der kosmischen Strahlung vorkommen, nähern sich die Stärken der fundamentalen Wechselwirkungen an.

Die Bedeutung der schwachen Wechselwirkung in Astrophysik und Kosmologie ist gar nicht hoch genug zu schätzen. Sie steuert zum Beispiel die grundlegenden Fusionsprozesse im Inneren der Sterne, die diese leuchten lassen. Aus diesem Grund sind alle Sterne inklusive unserer Sonne gewaltige Neutrinostrahler. Solare Neutrinos aus der Fusion von Protonen zu Helium im Zentrum unserer Sonne konnten erstmals im Jahre 1970 in einem radiochemischen Experiment von Raymond Davis nachgewiesen werden. Ein Meilenstein in der Geschichte der Physik, konnte doch somit bewiesen werden, dass tatsächlich die thermonukleare Verschmelzung leichter Wasserstoffkerne zu Helium die Quelle der Sonnenenergie ist. Neutrinos werden auch am Ende schwerer Sterne, in Supernovaexplosionen, in einer unglaublich großen Menge abgestrahlt. Am 24. Februar 1987 wurde mit dem Kamiokande Wasser-Cherenkovdetektor in Japan und dem ähnlich aufgebauten Gerät IMB in den USA zeitgleich zum ersten Mal extragalaktische Neutrinos aus der Supernovaexplosion mit dem Kürzel SN1987a nachgewiesen. Ein kleinerer Szintillationsdetektor im russischen Baksan hat ebenfalls Neutrinos der SN1987a registriert. Insgesamt wurden um die 20 Neutrinoreaktionen beobachtet. Unglaublich wenig möchte man glauben, trotzdem ein wichtiges Ergebnis für die Astrophysik. Es war sogar möglich die Temperatur zu bestimmen, die bei der Supernovaexplosion geherrscht hat. Zusammen mit Raymond Davis hat Masatoshi Koshiba für diese bahnbrechenden Entdeckungen hin zu einer neuen Art der Astrophysik im Jahre 2002 den Nobelpreis für Physik gewonnen.

Das solare Neutrino-Rätsel wurde letztlich durch die Ergebnisse der von Arthur McDonald geführten Kollaboration des SNO-Experiments in Kanada gelöst. Ungefähr zwei Drittel der in der Sonne als Elektron-Neutrinos entstandenen Teilchen wandeln sich auf ihrem Weg zur Erde in andere Arten um. Die Neutrinos sind insgesamt also gar nicht weniger geworden, sie haben nur ihren Flavor geändert. Nahezu parallel verlief eine mindestens genauso aufregende Entwicklung bei den sogenannten atmosphärischen Neutrinos, die in der inelastischen Streuung hochenergetischer kosmischer Teilchen in der oberen Atmosphäre unserer Erde erzeugt werden. Das genaue Studium dieser Neutrinos mit dem Super-Kamiokande-Detektor in Japan erbrachte im Jahre 1998 den direkten Beweis für Neutrinooszillationen. Ich hatte im Juni 1998 das Glück, der Neutrinokonferenz in Japan beizuwohnen. Nur dort habe ich es erlebt, dass ein Vortrag eines Physikers, nämlich der von Takaaki Kajita, mit „standing ovations" gewürdigt wurde.

Heute sind die Neutrinooszillationen *state of the art*. In vielen Experimenten mit Reaktor- und Beschleunigerneutrinos wurde dieses Phänomen nicht nur bestätigt, sondern die Zusammenhänge insbesondere mit den intrinsischen Neutrinoparametern mit großer Genauigkeit vermessen. Kosmische Neutrinos mit extrem hohen Energien wurden im IceCube-Experiment am Südpol erfolgreich nachgewiesen.

Innerhalb der letzten zwei Dekaden hat sich die vorher so exotische Neutrinophysik zu einer unglaublich dynamischen, aber auch präzisen Disziplin entwickelt. Man sollte aber nie vergessen, dass die grundlegenden Leistungen immer von den Pionieren erbracht werden. Im Falle der Neutrinophysik waren dies in Deutschland sicherlich Rudolf Mößbauer und Franz von Feilitzsch. Berühmt geworden durch die Entdeckung der resonanten Gammaabsorption in Kernen (das ist der nach ihm benannte Mößbauer-Effekt), hat sich Mößbauer bereits im Jahre 1977 der experimentellen Neutrinophysik zugewandt. Er und sein Nachfolger, Franz von Feilitzsch, waren meine Lehrer und Betreuer während meiner Diplom- und Doktorarbeit am Physik-Department der TU München, und durch sie bin ich auch zur experimentellen Neutrinophysik gekommen. Sie haben meine Freude und Begeisterung für die Forschung geweckt und immer unterstützt.

Das vorliegende Buch beruht in seiner Basis auf einem Skript zu einer Vorlesung, die ich im Sommer 2015 erstmals an der TU München mit dem Titel „Particle Oscillations" für Masterstudenten gehalten habe. Ermutigt durch den positiven Feedback der Studierenden habe ich das Skript in den darauffolgenden Jahren ausgebaut und immer wieder aktualisiert. Letzteres ist auch absolut nötig, weil die Neutrinophysik auch heute noch ein unglaublich dynamisches Gebiet ist, in dem in jedem Jahr mit brandneuen Resultaten zu rechnen ist. Der von mir angebotene Kurs wurde auch von interessierten Bachelorstudenten im höheren Semester besucht. In zahlreichen Diskussionen und in den begleitenden Seminaren habe ich erkannt, dass der Stoff der Neutrinophysik, zumindest in den Grundzügen, von engagierten Bachelorstudenten sehr wohl zu bewältigen ist. Noch viel mehr hat mich überrascht, dass der Stoff gerade Bachelorstudenten zu begeistern weiß. Vielleicht liegt das daran, dass die jungen begabten Studierenden danach lechzen, mehr als das doch arg verschulte Bachelorstudium kennenzulernen und endlich etwas von aktueller, interessanter Forschung zu erfahren. Mir war und ist das sehr recht und deshalb habe ich dem Vorschlag des Verlags gerne zugestimmt, den Inhalt und das Format des Buches auf die Bedürfnisse sowohl von Bachelor- als auch von Masterstudenten abzustimmen. Grundlagen zum Verständnis sind daher lediglich Kenntnisse der klassischen Physik und Grundkenntnisse der Quantenmechanik. Vorkenntnisse in der Kern- und Teilchenphysik schaden nicht, sind aber auch nicht unbedingt nötig. Die Diracgleichung und der Lagrangeformalismus der schwachen Wechselwirkung werden genau einmal bemüht. Wer hier Schwierigkeiten hat oder es zum ersten Mal hört, möge die einschlägige Literatur dazu studieren. Es ist aber auf alle Fälle möglich, den Kontext des Buches auch ohne vertiefte Kenntnisse in der theoretischen Teilchenphysik zu verstehen. Dazu wünsche ich viel Freude und Vergnügen.

Baldham
im Mai 2018

Lothar Oberauer

Inhaltsverzeichnis

Neutrinos im Standardmodell

1

In diesem Kapitel wollen wir die wichtigsten Eigenschaften der Neutrinos zusammenfassen, wie sie im Standardmodell der Teilchenphysik beschrieben werden. Wir werden dabei im Wesentlichen auf mathematische Herleitungen verzichten und verweisen auf gängige Lehrbücher der Teilchenphysik.

1.1 Quarks und Leptonen

Es gibt zwei Arten elementarer Teilchen im Standardmodell der Teilchenphysik, aus denen die uns bekannte Materie aufgebaut ist: Quarks und Leptonen. Beides sind Fermionen mit Spin 1/2[1] und beide treten jeweils in drei Familien auf (Tab. 1.1).

Jedes Teilchen hat sein Antiteilchen, welche in Tab. 1.1 nicht aufgeführt sind. Die Kräfte zwischen den Quarks und Leptonen werden über Bosonen mit Spin 1 vermittelt. Diese Austauschbosonen sind: Photonen für die elektromagnetische Wechselwirkung, W^+-, W^-- und Z^0-Bosonen für die schwache Wechselwirkung sowie Gluonen für die starke Wechselwirkung. Reaktionen, die über den Austausch von $W^\pm$-Bosonen verlaufen, nennt man Prozesse der geladenen, schwachen Stromwechselwirkung. Solche, die über den Austausch der Z^0-Bosonen verlaufen, bezeichnet man als Prozesse der neutralen, schwachen Stromwechselwirkung.

Zusätzlich zu den Austauschbosonen existiert das neutrale Higgs-Boson H^0 mit Spin 0. Das Higgs-Boson ist eine elementare Anregung des Higgs-Feldes, das unser Universum homogen ausfüllt. Durch die Wechselwirkung der Quarks, der geladenen Leptonen und der $W^\pm$ sowie der Z^0-Bosonen mit dem Higgs-Feld erhalten diese ihre

[1] In diesem Kapitel verwenden wir die natürlichen Einheiten, d.h. $c \rightarrow 1$ und $h \rightarrow 1$.

L. Oberauer und J. Oberauer, *Neutrinophysik*,
https://doi.org/10.1007/978-3-662-73322-6_1

Tab. 1.1 Übersicht der Elementarteilchen im Standardmodell. Quarks und Leptonen werden in jeweils drei Familien angeordnet. Ihre elektrischen Ladungen sind angegeben. Neutrinos sind neutral und unterliegen lediglich der schwachen Wechselwirkung. Nicht gezeigt sind hier die jeweiligen Antiteilchen

Quarks			
$q = +2/3e$	**u**	**c**	**t**
	up	*charm*	*top*
$q = -1/3e$	**d**	**s**	**b**
	down	*strange*	*bottom*

Leptonen			
$q = 0$	ν_e	ν_μ	ν_τ
	$e-Neutrino$	$\mu-Neutrino$	$\tau-Neutrino$
$q = -e$	e	μ	τ
	Elektron	*Myon*	*Tau.*

unveränderlichen Massen. Ausgenommen davon sind die Photonen und Gluonen, die nicht dieser Wechselwirkung unterliegen und daher masselos sind.

Im Standardmodell sind Neutrinos als einzige der elementaren Fermionen masselos. Von Experimenten zur Suche nach der absoluten Massenskala der Neutrinos wissen wir, dass die Massen der Neutrinos unterhalb von einer Grenze von 1 eV liegen muss (s. Kap. 4). Diese obere Grenze liegt um Größenordnungen unterhalb der Massenwerte aller anderen Fermionen (s. Abb. 1.1). Andererseits bedingt die Beobachtung der Neutrino-Oszillationen (Kap. 2) aber endliche Neutrinomassen! Daraus folgen zwei Fragen: Wie können Neutrino-Massenterme im Rahmen des Standardmodells überhaupt konstruiert werden, und warum sind die Massen der Neutrinos so viel kleiner als die der anderen elementaren Fermionen? Wir werden darauf in Kap. 2.2 eingehen.

Die Quarks existieren nicht als freie Teilchen, sondern treten in gebundenen Zuständen von drei Quarks (Baryonen) oder Quark-Antiquark-Paaren (Mesonen) auf. Die Baryonen und Mesonen bilden zusammen die Gruppe der stark wechselwirkenden Hadronen. Die up- und down-Quarks sind die Bausteine der Protonen und Neutronen, den leichtesten baryonischen Zuständen, aus welchen die uns bekannten Atomkerne zusammengesetzt sind. Das Proton ist das einzige bekannte stabile Hadron[2]. Die leichtesten Mesonen nennt man Pionen und diese kommen in den Ladungszuständen π^+, π^0 und π^- vor. Sie werden aus Quark-Antiquark-Paaren der up- und down-Quarks gebildet. Die Pionen ihrerseits sind instabil, sie zerfallen über die schwache Wechselwirkung in Leptonen (Kap. 1.4).

[2] Freie Neutronen zerfallen über die schwache Wechselwirkung, nur Neutronen in Kernen können stabil sein.

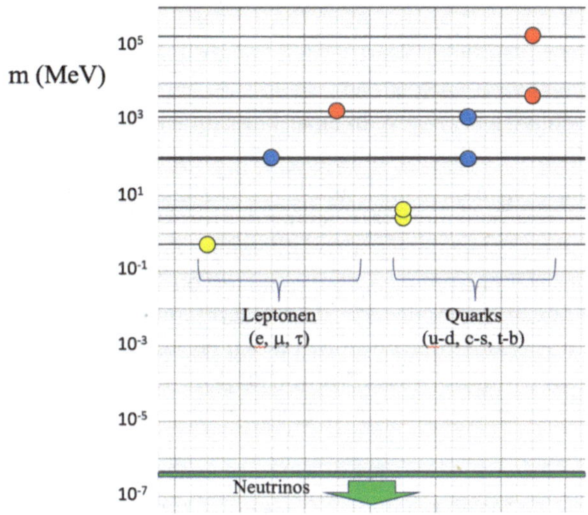

Abb. 1.1 Massen aller elementaren Fermionen in MeV in logarithmischer Darstellung. Links die der Leptonen, rechts die der Quarks, jeweils geordnet in ihren Flavors. Die Obergrenze für Neutrinos liegt unter 1 eV, weit unterhalb der Massen aller anderen Teilchen

1.2 Die Entdeckung der Neutrinos

Die Neutrinos gehören zu der Gruppe der Leptonen, die nicht an der starken Wechselwirkung teilnehmen. Als die einzigen elektrisch neutralen Teilchen aller Quarks und Leptonen unterliegen sie auch nicht der elektromagnetischen Wechselwirkung. Neutrinos nehmen daher nur an der schwachen Wechselwirkung teil. Diese wiederum ist eine universelle Wechselwirkung: Alle Quarks und alle Leptonen unterliegen ihr. Das bedeutet, dass Neutrinos über die schwache Wechselwirkung an alle anderen Elementarteilchen koppeln und so mit diesen wechselwirken können.

Alle drei Neutrinoarten wurden direkt in Reaktionen der schwachen Wechselwirkung geladener Ströme des Typs $\nu_\alpha + X \rightarrow \alpha + Y$ mit α als entweder geladenes Elektron-, Myon- oder Tau-Lepton ($\alpha = e, \nu, \tau$) und hadronischen Zuständen X, Y nachgewiesen. Der erste direkte Neutrinonachweis (1956 durch F. Reines und C. Cowan) gelang über den sogenannten inversen Betazerfall $\bar{\nu}_e + p \rightarrow e^+ + n$ [1], nachdem das Neutrino 1930 von W. Pauli postuliert worden war (siehe z.B. [2]), um die Energie- und Drehimpulserhaltung beim Betazerfall zu retten. Reines und Cowan verwendeten für ihren Neutrinonachweis einen Kernreaktor als intensive Antineutrinoquelle sowie eine verzögerte Koinzidenzmessung von Positron und Neutron. Mithilfe dieser neuen Methode konnten sie die Untergrundrate aufgrund der radioaktiven Elemente im Detektormaterial sowie kosmogen erzeugter Signale auf ein akzeptables Level reduzieren. Im Jahre 1995 wurde der Nobelpreis für den ersten experimentellen Neutrinonachweis an F. Reines verliehen [3].

Die Entdeckung des Myon-Neutrinos ν_μ gelang L. Lederman, M. Schwartz und J. Steinberger 1962 am damals neuen Protonenschleuniger in Brookhaven, USA [4]. Hochenergetische Protonen erzeugten in einem Be-Target geladene π-Mesonen, die über die schwache Wechselwirkung in geladene Myonen und die dazugehörenden Neutrinos zerfallen (z.B. $\pi^+ \rightarrow \mu^+ + \nu_\mu$). Die Myonen wurden in einem 5000 t schweren Stahlabsorber abgebremst und gestoppt. Nur die Neutrinos konnten einen Detektor erreichen und dort über die schwache Wechselwirkung wiederum geladene Leptonen erzeugen. In einer Funkenkammer konnte nachgewiesen werden, dass bei diesen Wechselwirkungen in der Tat geladene Myonen erzeugt werden. Diese Entdeckung wurde 1988 mit dem Nobelpreis für Physik geehrt.

Erst im Jahre 2001 gelang der direkte Nachweis des Tau-Neutrinos ν_τ mit dem DONUT-Detektor am Beschleuniger des Fermilab, USA, über den Nachweis geladener Tau-Leptonen als Produkte von Neutrinowechselwirkungen in einer großen Emulsionskammer [5]. Die Hauptschwierigkeit bestand hier in der sehr kurzen Lebensdauer der τ-Leptonen und der damit einhergehenden kurzen Spurlängen im Bereich unter einem Millimeter. Erst die Entwicklung großvolumiger Emulsionskammern mit gleichzeitig hervorragender Ortsauflösung hat hier den Durchbruch erbracht.

Die Anzahl der Neutrinofamilien wurde bereits gute zehn Jahre vorher durch die exakte Vermessung der Z^0-Zerfallsbreite an dem Elektron-Positron-Beschleuniger LEP am CERN nachgewiesen. Das Z^0 zerfällt über $Z^0 \rightarrow f + \bar{f}$ in Paare von Fermionen f und deren Antiteilchen $\bar{f}$. Da das Z^0 eine Ruhemasse von ca. 90 GeV besitzt, kann es bis auf das Top-Quark in alle bekannten Teilchen-Antiteilchen-Paare aller Quarks und Leptonen zerfallen. Die gesamte Zerfallsbreite Γ_Z des Z^0 ist

$$\Gamma_Z = N_\nu \Gamma_\nu + 3\Gamma_l + \Gamma_h, \tag{1.1}$$

wobei N_ν die Anzahl der Neutrinofamilien ist, Γ_ν die partielle Breite bezüglich des Zerfalls in ein Neutrino-Antineutrino-Paar ist und Γ_l diejenige des Zerfalls in ein geladenes Lepton-Antilepton-Paar beschreibt. Die Größe Γ_h fasst die gesamte Zerfallsbreite in Hadronen zusammen. Die partiellen Zerfallsbreiten können zum einen berechnet werden, zum anderen sind Zerfälle in geladene leptonische und hadronische Kanäle direkt messbar. Somit kann aus der Bestimmung von Γ_Z auf die Anzahl der Neutrinofamilien geschlossen werden. Insgesamt waren vier unabhängige Detektoren am LEP-Beschleuniger an dieser Messung beteiligt. Die Resonnanzkurve, also der Wirkungsquerschnitt als Funktion der Schwerpunktsenergie, wurde vermessen und daraus die Breite der Resonanz bestimmt. Die Ergebnisse aller vier Experimente stimmen sehr gut überein, und der gemittelte Wert für die Anzahl der Neutrinofamilien wird heute mit $N_\nu = 2,984 \pm 0,008$ angegeben [6], in guter Übereinstimmung mit dem Wert 3 des Standardmodells. Streng genommen gilt dieses Ergebnis nur für Neutrinos mit Massen $mc^2 \leq 45\,\text{GeV}$, der Schwerpunktsenergie am LEP-Beschleuniger. Die Resonanzkurve der Z^0-Erzeugung durch e^+e^--Kollision und der Vergleich mit der erwarteten Kurve für zwei, drei und vier Neutrinoarten wird in Abb. 1.2 gezeigt. Dieses Ergebnis wurde in einer gemeinsamen Analyse der ALEPH-, DELPHI-, L3-, OPAL- und SLD-Kollaborationen erzielt [7].

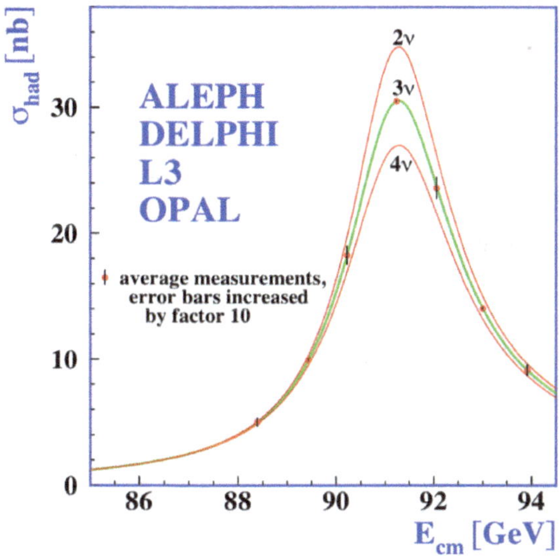

Abb. 1.2 Die Resonanzkurve der Z^0-Produktion bei e^+e^--Kollisionen als Funktion der absoluten Energie, wie man sie aus der kombinierten Analyse der vier LEP-Experimente erhalten hat. Die gesamte Breite ist die Summe der einzelnen Breiten des Zerfalls des Z^0 in Quarks, geladene Leptonenpaare und Neutrino-Antineutrino-Paare. Die experimentellen Fehlerbalken sind um den Faktor 10 vergrößert. Die experimentellen Daten sind in sehr guter Übereinstimmung mit der Annahme, dass es drei Neutrinofamilien gibt. Aus der gemeinsamen Analyse [7]

1.3 Theoretische Beschreibung von Neutrinos

Experimentell sind also drei aktive Arten von Neutrinos bekannt, die sowohl an die $W^{\pm}$- als auch an die Z^0-Bosonen ankoppeln. Wie kann man die Zustände der Neutrinos theoretisch beschreiben?

Die Wellenfunktion ψ eines freien Neutrinos erhält man wie für alle anderen Fermionen auch als lorentzinvariante Lösung der relativistischen Diracgleichung

$$(i\gamma_\mu \frac{\partial}{\partial x_\mu} - m)\,\psi = 0, \tag{1.2}$$

mit Index $\mu = 1, \ldots, 4$ und dem Vierervektor $x = (x_1, x_2, x_3, x_4) = (t, textbf{x})^3$.
Die Ruhemasse m ist hier eine skalare Größe, die beliebige Werte annehmen kann. Im Standardmodell gilt für Neutrinos $m = 0$, in erweiterten Modellen können aber Massenterme konstruiert werden (s. Kap. 2.2).

[3] In diesem Kapitel werden dreidimensionale Vektoren fett gedruckt angegeben.

Die Wellenfunktion ψ ist ein 4-komponentiger Spinor und γ_μ sind die 4×4-Diracmatrizen in folgender Darstellung:

$$\gamma_0 = \begin{pmatrix} I & 0 \\ 0 & -I \end{pmatrix}, \qquad \gamma_k = \begin{pmatrix} 0 & \sigma_k \\ -\sigma_k & 0 \end{pmatrix}, \tag{1.3}$$

mit I als Einheitsmatrix und σ_k $(k = x, y, z)$ als zweidimensionale Paulimatrizen

$$\sigma_x = \begin{pmatrix} 0 & 1 \\ 1 & 0 \end{pmatrix}, \quad \sigma_y = \begin{pmatrix} 0 & -i \\ i & 0 \end{pmatrix}, \quad \sigma_z = \begin{pmatrix} 1 & 0 \\ 0 & -1 \end{pmatrix}. \tag{1.4}$$

Die Lösungen ψ sind ebene Wellenfunktionen

$$\psi(x) \propto \begin{pmatrix} \hat{u} \\ (\eta\sigma)\hat{u} \end{pmatrix} e^{-ipx} + \begin{pmatrix} (\eta\sigma)\hat{v} \\ \hat{v} \end{pmatrix} e^{+ipx}, \tag{1.5}$$

mit dem Viererimpulsvektor $p = (E, \mathbf{p})$ und hängen ab von dem vierdimensionalen Raumzeitvektor $x = (t, \mathbf{x})$, der Energie $E = \sqrt{p^2 + m^2}$ und der Größe $\eta = \mathbf{p}/E + m$.

Die beiden Terme in Gl. 1.5 beschreiben die Zustände mit jeweils positiver und negativer Energie, wobei der erste Term als Teilchenzustand und der zweite als entsprechender Antiteilchenzustand interpretiert wird. Die Spinrichtung wird durch die normierten 2-Komponenten-Spinoren $\hat{u}$ und $\hat{v}$ festgelegt.

Man beachte, dass die obigen Lösungen die Ausbreitung freier Neutrinos in Raum und Zeit mit festen Massenwerten beschreiben. Die Propagation des Teilchens wird durch den Impulsvektor $\mathbf{p}$ und der Masse m festgelegt, und $\mid \psi(x) \mid^2$ ändert sich nicht mehr mit der Zeit. Wir werden daher diese Wellenfunktionen in Kap. 2.1 als *Masseneigenzustände* bezeichnen.

1.3.1 Chirale Zustände und die Paritätsverletzung in der schwachen Wechselwirkung

Die Wellenfunktion ψ kann geschrieben werden als Summe zweier Zustände mit links- und rechtshändiger Chiralität

$$\psi = \psi_l + \psi_r, \tag{1.6}$$

mit

$$\psi_{l,r} = \frac{1 \mp \gamma_5}{2} \cdot \psi, \tag{1.7}$$

wobei $\gamma_5 = \begin{pmatrix} 0 & I \\ I & 0 \end{pmatrix}$ gilt.

Im Falle masseloser Teilchen, so wie Neutrinos im Standardmodell beschrieben werden, ist der chirale Zustand (Links- oder Rechtshändigkeit) gleichbedeutend mit der Helizität eines Teilchens, welche durch $h := \mathbf{sp}/ \mid \mathbf{sp} \mid = \pm 1$ definiert ist, und die Projektion des Spins auf den Impulsvektor des Teilchens misst. In diesem Sinne bedeutet Rechts- und Linkshändigkeit die parallele bzw. antiparallele Ausrichtung des Spins zum Impulsvektor.

Den Zusammenhang zwischen Chiralität und Helizität im allgemeinen Fall eines massiven Teilchens erkennt man so: Die links-chirale Wellenfunktion eines Teilchens zum Raumzeitpunkt $x = 0$ mit positiver Energie ist

$$\psi_L(0) = \frac{1}{2} \begin{pmatrix} I & -I \\ -I & I \end{pmatrix} \sqrt{E+m} \begin{pmatrix} u \\ \eta\sigma u \end{pmatrix} = \frac{\sqrt{E+m}}{2} \begin{pmatrix} (1-\eta\sigma)u \\ -(1-\eta\sigma)u \end{pmatrix}. \quad (1.8)$$

Die Wahrscheinlichkeit $P_L(0)$, das Teilchen im links-chiralen Zustand zu finden ist folglich

$$P_L(0) = \frac{\mid \psi_L(0) \mid^2}{\mid \psi(0) \mid^2} = \frac{E+m}{2} \frac{(u^\dagger(1-\eta\sigma)^2 u)}{2E \mid u \mid^2} = \frac{1}{2}(1 - \beta(u^\dagger \sigma u)). \quad (1.9)$$

Für den Fall, dass der Spin positiv gerichtet ist, also $u = \begin{pmatrix} 1 \\ 0 \end{pmatrix}$, und mit dem Geschwindigkeitsvektor in Kugelkoordinaten $\beta \begin{pmatrix} \sin\theta\cos\phi \\ \sin\theta\sin\phi \\ \cos\theta \end{pmatrix}$ folgt für die Wahrscheinlichkeit

$$P_L(0) = \frac{1}{2}\,(1 - \beta\cos\theta)\,. \quad (1.10)$$

Sie ist maximal für $\theta = \pi$, also für den Fall, dass der Impulsvektor entgegen der Richtung des Spins liegt und am kleinsten, wenn beide Vektoren in die gleiche Richtung zeigen, also parallel sind. Man sieht auch, dass im hochrelativistischen Grenzfall ($\beta \to 1$) $P_L(0) = \sin^2(\theta/2)$ gilt und ein links-chiraler Zustand mit der Helizität $H = -1$ identisch ist.

Die schwache Wechselwirkung unterscheidet zwischen links- und rechts-chiralen Zuständen. Diese Paritätsverletzung wurde von C.S. Wu und Mitarbeitern im Jahre 1956 experimentell nachgewiesen [8]. Die Intensität der Elektronen, die beim Betazerfall polarisierter ^{60}Co-Kerne (Spin $J = 5$) emittiert werden, wurde in Abhängigkeit ihrer Geschwindigkeitsrichtung vermessen. Beim Zerfall $^{60}\mathrm{Co} \to ^{60}\mathrm{Ni} + e^- + \bar{\nu}_e$ entsteht ein ^{60}Ni-Kern mit Spin $J = 4$. Aus Gründen der Drehimpulserhaltung muss die Summe der Spins der beiden Leptonen in die Richtung der Polarisation zeigen. Unter Anwendung einer Paritätstransformation ändert der Impulsvektor

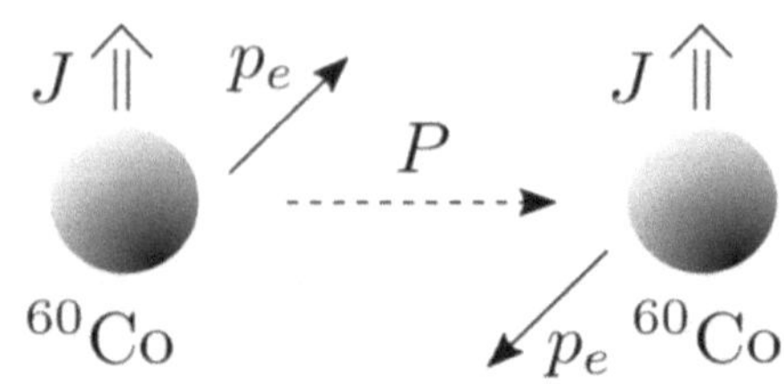

Abb. 1.3 Impuls- und Spinänderung beim Wu-Experiment unter Paritätstransformation. Bei Erhaltung der Parität müssten beide Impulsrichtungen relativ zum ausgerichteten Spin vorkommen. Die schwache Wechselwirkung verletzt aber die Paritätserhaltung. Die Elektronen werden bevorzugt in die Richtung entgegen der Spinausrichtung (rechts) emittiert

eines Teilchens sein Vorzeichen, der des Spins bleibt aber als axiale Größe gleich (Abb. 1.3). Folglich ändert sich die Händigkeit eines Teilchens bei der Paritätstransformation, und bei Erhaltung der Parität sollten sowohl links- als auch rechtshändige Zustände gleichberechtigt nebeneinander existieren. Bei Paritätserhaltung wären daher die Wahrscheinlichkeiten der Emission der Elektronen in beide Richtungen, parallel oder antiparallel zur Polarisationsrichtung exakt gleich groß. Beobachtet wurde aber eine davon abweichende Intensitätsverteilung $I(\theta)$, die dem Gesetz $I(\theta) \propto 1 - \beta \cos\theta$ folgt, mit θ als dem Winkel zwischen der Polarisationsrichtung und dem Geschwindigkeitsvektor des Elektrons. Diese werden also bevorzugt entgegengesetzt zu ihrer Spinrichtung emittiert. Ein Vergleich mit Gl. 1.10 zeigt, dass die beim Betazerfall emittierten Elektronen rein links-chiral sind. In den darauffolgenden Jahren wurde die Paritätsverletzung auch bei anderen Prozessen der schwachen Wechselwirkung bestätigt.

Neutrinos kommen im Standardmodell nur als Teilchen mit linkshändigen chiralen Zuständen vor. Die Helizität von Elektron-Neutrinos, die beim K-Einfang von ^{152m}Eu emittiert werden, wurde von M. Goldhaber und seiner Gruppe vermessen [9]. Bei dem Zerfall $^{152m}\text{Eu} + e^- \rightarrow ^{152}\text{Sm}^* + \nu_e$ werden Neutrinos mit einer Energie von 950 keV emittiert und der angeregte ^{152}Sm*-Kern relaxiert anschließend in seinen Grundzustand unter Emission eines Gammaquants mit einer Energie von 961 keV . Diese Gammaquanten wurden in dem Experiment von Goldhaber durch resonante Streuung an einem Absorber aus Sm_2O_3 in einem NaJ-Detektor nachgewiesen. Die Resonanz kann nur dann durch den Dopplereffekt erreicht werden, wenn das Neutrino und das Gamma in entgegengesetzte Richtungen emittiert werden, weil in diesem Fall die Differenz zwischen der Anregungs- und Gammaenergie kleiner als die natürliche Linienbreite des Übergangs ist. Wegen Drehimpulserhaltung und der vorliegenden Abfolge der Spineinstellungen der beteiligten Kerne kann man zeigen, dass die Helizität des Gammas hier die gleiche wie die des Neutrinos ist. Über die Comptonstreuung an Elektronen in einem teilweise polarisiertem Eisenabsorber konnten Goldhaber et al. nachweisen, dass die Gammas und damit die Neutrinos linkshändig polarisiert sind.

Im Standardmodell nimmt man an, dass auch die Myon- und Tau-Neutrinos nur als linkshändige Teilchen vorkommen. Alle Antineutrinos sollten dann ausschließlich als rechtshändige Teilchen vorliegen. Diese *Zweikomponententheorie* (nur ν_l und $\bar{\nu}_r$ existieren) genügt zur Beschreibung aller bisher beobachteten Wechselwir-

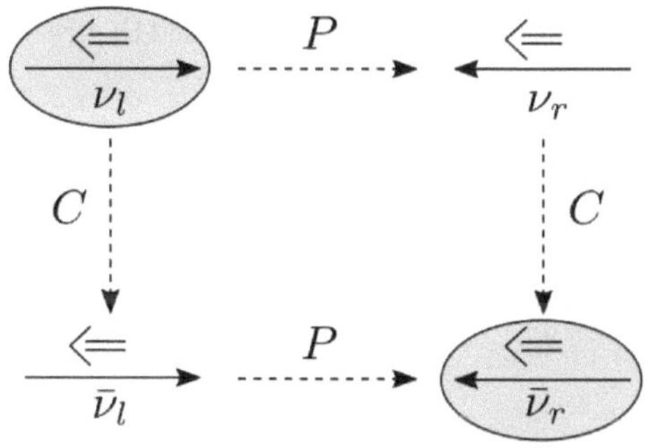

Abb. 1.4 Zweikomponententheorie der Neutrinos im Standardmodell. Gezeigt werden Impulse (einfache Pfeile) und Spineinstellungen (zweifache Pfeile) der jeweiligen Zustände. Hierbei existieren nur ν_l und $\bar{\nu}_r$. Die Operatoren P und C geben die Wirkung unter Paritätstransformation bzw. Ladungskonjugation wieder. Die Zustände ν_l und $\bar{\nu}_r$ sind über eine CP- (oder PC)Transformation miteinander verknüpft

kungen von Neutrinos mit Materie. Im Standardmodell unterscheiden sich ν_l und $\bar{\nu}_r$ durch ihre unterschiedlichen Leptonzahlen $L(\nu_l) = +1$ und $L(\bar{\nu}_r) = -1$. Die Zusammenhänge zwischen links- und rechts-chiralen Zuständen von Neutrinos und Antineutrinos sind in Abb. 1.4 illustriert.

Linkshändige Leptonen bilden im Standardmodell Isospin-Doublets $I = 1/2$ mit den Isospinkomponenten $I_3 = \pm 1/2$ und die geladenen rechtshändigen Teilchen Isospin-Singlets. Als Konsequenz der maximalen Verletzung der Paritätserhaltung in schwachen Wechselwirkungen geladener Ströme existieren im Standardmodell keine rechtshändigen Neutrinos. Da aber Massenterme in der Teilchenphysik immer eine Kopplung zwischen links- und rechtshändigem Zustand bedeuten, impliziert die Nichtexistenz rechtshändiger Neutrinos, dass Neutrinos im Standardmodell der Teilchenphysik masselos sind.

Leptonen werden im Standardmodell im Rahmen der $\mathrm{SU}(2)_L \times \mathrm{U}(1)_R$ Gruppentheorie beschrieben. Linkshändige Leptonen werden dabei in den Doublets mit Isospinsymmetrie, die rechtshändigen geladenen Leptonen in Singlets angeordnet. Die Leptonenfamilien kann man daher in links- und rechtshändigen Isospingruppen (Index l, r) anordnen. In Tab. 1.2 wird die Anordnung des Isospins, der dritten Komponente des Isospins, der elektrischen Ladung und der Hyper-Ladung Y für die links- und rechtshändigen Komponenten des Elektrons und des linkshändigen Elektron-Neutrinos gezeigt. Dabei ist die Hyper-Ladung Y als $Y = 2(Q - I_3)$ definiert. Die hier gezeigte Struktur gilt genauso für die Myon- und Tau-Leptonen.

Schwache Wechselwirkungen mit geladenem Strom treten nur innerhalb der Isospin-Doublets mit konstanter Hyper-Ladung Y auf. Dies ist gleichbedeutend mit der Erhaltung der Leptonenzahl L. Für linkshändige Leptonen gilt $L = +1$ und für ihre Antiteilchen $L = -1$. Zusätzlich gilt die Erhaltung der einzelnen Leptonenzahl für jede Leptonfamilie. Quarks tragen keine Leptonenzahl, daher gilt $L = 0$ für alle Quarks.

Die Leptonenzahlerhaltung hat Konsequenzen für die Prozesse der schwachen Wechselwirkung. Beispiele kinematisch erlaubter schwacher Zerfälle, die sich in

Tab. 1.2 Isospin, dritte Komponente des Isospins, Ladung und Hyperladung der links- und rechtshändigen Komponenten des Elektrons und des Elektron-Neutrinos

$$\begin{pmatrix}\nu_e\\ e\end{pmatrix}_l \quad I=\tfrac{1}{2} \quad \begin{matrix} I_3=+\frac{1}{2} & Q=0 & Y=-1\\ I_3=-\frac{1}{2} & Q=-1 & Y=-1\end{matrix}$$

$$\begin{pmatrix} e \end{pmatrix}_r \quad I=0 \quad I_3=0 \quad Q=-1 \quad Y=-2$$

Tab. 1.3 Beispiele von im Standardmodell erlaubten und nicht erlaubten Prozessen

Name	Prozess	erlaubt?
Myonzerfall:	$\mu^- \rightarrow e^- + \bar{\nu}_e + \nu_\mu$	*ja*
ν – loser Myonzerfall	$\mu^- \rightarrow e^- + \gamma$	*nein*
Betazerfall:	$n \rightarrow p + e^- + \bar{\nu}_e$	*ja*
ν – loser Betazerfall:	$n \rightarrow p + e^-$	*nein*
Doppelbetazerfall:	$(A, Z) \rightarrow (A, Z+2) + 2e^- + 2\bar{\nu}_e$	*ja*
ν – loser Doppelbetazerfall ($\beta\beta0\nu$) :	$(A, Z) \rightarrow (A, Z+2) + 2e^-$	*nein*

Leptonzahl erhaltende und Leptonzahl verletzende Prozesse unterscheiden, sind in Tab. 1.3 aufgeführt:

In Tab. 1.3 bezeichnet (A, Z) einen Atomkern mit der Massenzahl A, der Z Protonen und $A - Z$ Neutronen besitzt. Dem auch in Tab. 1.3 aufgeführten neutrinolosen Doppelbetazerfall ($\beta\beta0\nu$) und der experimentellen Suche danach werden wir später einen eigenen Abschnitt widmen (Kap. 4.3.1). Hier sei nur erwähnt, dass die Suche nach $\beta\beta0\nu$-Zerfällen auch eine Methode darstellt, Neutrinomassen zu bestimmen. Bisher wurde noch keine Verletzung der globalen Leptonenzahl beobachtet, wohl aber Neutrinooszillationen, also Übergänge zwischen den Neutrinoarten wie zum Beispiel $\nu_e \rightarrow \nu_\mu$. Diese Prozesse verletzen die Erhaltung der individuellen Leptonzahl und sind im Standardmodell nicht erlaubt. Wir werden später auch sehen, dass Neutrinooszillationen nur vorkommen können, wenn Neutrinos Masse besitzen. Auch dies ist, wie oben ausgeführt wurde, im Standardmodell nicht vorgesehen.

1.3.2 Neutrinowechselwirkung mit Materie

Neutrinos unterliegen nur der schwachen Wechselwirkung. In Abb. 1.5 sind die fundamentalen Kopplungen der Neutrinos an die Austauschbosonen $W^\pm$ und Z^0 der schwachen Wechselwirkung dargestellt. Die Wellenfunktionen, die diese Zustände beschreiben, sind die Eigenzustände der geladenen Wechselwirkung. Wir werden sie daher in Kap. 2.1 als *Flavorneutrinos* bezeichnen. Es sei schon hier darauf hingewiesen, dass Masseneigenzustände und die Eigenzustände der schwachen Wechselwirkung nicht identisch sein müssen.

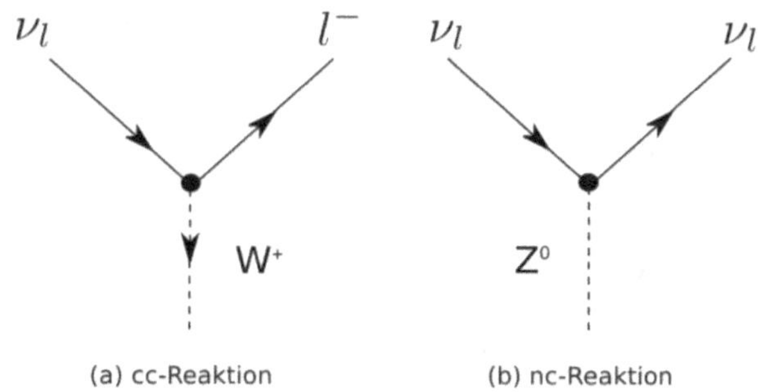

Abb. 1.5 Die fundamentalen Kopplungen der Neutrinos. Hier gilt $l = e, \mu, \tau$

Bei der geladenen Stromwechselwirkung, also bei der Emission oder Absorption eines $W^{\pm}$-Bosons kommt es zum Übergang $\nu_\alpha \leftrightarrow \alpha$ mit $\alpha = e, \mu, \tau$, bei der neutralen Stromwechselwirkung bleibt der Neutrinozustand erhalten.

Eine erste Theorie zur schwachen Wechselwirkung wurde von Fermi aufgestellt [10]. Heute werden die Wechselwirkungen der Neutrinos im Rahmen der vereinheitlichten Theorie der elektroschwachen Wechselwirkung von Glashow, Weinberg und Salam beschrieben [11], [12], [13]. Die allgemeine Lagrange-Dichtefunktion [4] der elektroschwachen Wechselwirkung kann wie folgt geschrieben werden:

$$\mathcal{L} = \frac{g}{\sqrt{2}}(J_\mu^- W_\mu^- + J_\mu^+ W_\mu^+) + \frac{g}{\cos\theta_W}(J_\mu^3 - \sin^2\theta_W J_{e,m})Z_\mu \\ +g \sin\theta_W J_{e,m} A_\mu, \tag{1.11}$$

mit den schwachen Strömen $W_\mu^\pm$, Z_μ, den elektromagnetischen A_μ-Eichströmen, der schwachen Kopplungskonstanten g und dem Weinberg-Winkel θ_W, welcher die elektromagnetische und die schwache Kopplungskonstante e und g via

$$e = g \sin\theta_W \tag{1.12}$$

verknüpft. Der erste Term von $\mathcal{L}$ beschreibt Neutrinoreaktionen über geladene Ströme (cc) mit den geladenen leptonischen Fermionenströmen

$$\begin{aligned} J_\mu^+ &= \bar{\nu}_\alpha \gamma_\mu \tfrac{1+\gamma_5}{2} \alpha, \\ J_\mu^- &= \bar{\alpha} \gamma_\mu \tfrac{1-\gamma_5}{2} \nu_\alpha, \end{aligned} \tag{1.13}$$

mit γ_μ und γ_5 als 4×4 Diracmatrizen und α und ν_α als 4-komponentige Diracspinoren, welche für die geladenen Leptonen- bzw. Neutrinozustände stehen. Die cc-Ströme stellen die Absorption eines geladenen Leptons α sowie die Erzeugung

[4] Das Integral über alle Raumrichtungen ergibt die Lagrange-Funktion L, welche gleichbedeutend der Differenz der kinetischen und der potentiellen Energie eines Systems ist.

seines hypergeladenen Neutrinopartners ν_α dar (und anders herum). Dabei wird der elektrische Ladungstransfer über das $W^\pm$-Boson vermittelt, wobei der $(1 + \gamma_5)/2$-Operator die Paritätsverletzung berücksichtigt. Der zweite Term von $\mathcal{L}$ beschreibt die Neutrinoreaktionen über den neutralen Strom (nc) und entspricht dem Austausch eines Z^0-Bosons mit

$$J_\mu^3 = \bar{\nu}\gamma_\mu \frac{1+\gamma_5}{2}\nu. \tag{1.14}$$

Der Vollständigkeit halber wird auch der dritte Term von $\mathcal{L}$ aufgeführt. Er beschreibt elektromagnetische Wechselwirkungen, die für masselose Neutrinos nicht relevant sind.

Nun können wir das schwache Matrixelement M_{cc} für cc-Neutrinowechselwirkungen bei kleinem q-Impulsübertrag, d.h. $q^2 \ll M_W^2$, berechnen. In dieser Näherung für geringe Energien ist der Propagatorterm energieunabhängig und enthält einen konstanten Faktor proportional zu $1/M_W^2$. Wir erhalten

$$\begin{aligned} M_{cc} = \left(\frac{g}{\sqrt{2}}\right)^2 \frac{1}{M_W^2}\left[\bar{\alpha}\gamma_\mu \frac{1+\gamma_5}{2}\nu_\alpha\right]\left[\bar{\nu}_\alpha\gamma_\mu \frac{1+\gamma_5}{2}\alpha\right] = \\ \frac{G_F}{\sqrt{2}}\left[\bar{\alpha}\gamma_\mu(1+\gamma_5)\nu_\alpha\right]\left[\bar{\nu}_\alpha\gamma_\mu(1+\gamma_5)\alpha\right]. \end{aligned} \tag{1.15}$$

Der letzte Term wurde von Fermi bereits im Jahre 1934 eingeführt [10], allerdings ohne den γ_5-Operator, da man die Paritätsverletzung damals noch nicht kannte. Die Größe G_F in Gl. 1.15 ist die Fermikonstante, welche man experimentell über Betazerfälle und Lebensdauermessungen an Myonen sehr genau bestimmt hat. Im Folgenden ist der Zusammenhang von G_F , der schwachen Kopplungskonstanten g und der Masse der schwachen $W^\pm$-Austauschbosonen dargestellt:

$$\frac{G_F}{\sqrt{2}} = \frac{g^2}{8M_W^2}. \tag{1.16}$$

Mit $e = g \sin\theta_W$ erhält man

$$M_W = \left(\frac{e^2\sqrt{2}}{8G_F \sin^2\theta_W}\right)^{\frac{1}{2}} \simeq \frac{37{,}4\,GeV}{\sin\theta_W}. \tag{1.17}$$

Die Theorie der Vereinigung der schwachen und der elektromagnetischen Kräfte liefert die Verknüpfung der Massen des $M^\pm$- und des Z^0-Bosons:

$$M_{Z^0} = \frac{M_W}{\cos\theta_W}. \tag{1.18}$$

Die Massen des $W^{\pm}$- und des Z^0-Bosons wurden am LEP-Beschleuniger am CERN gemessen [7]. Den Weinberg-Winkel kennt man am genauesten aus elastischen Neutrino-Elektron-Streuexperimenten bei Energien im GeV-Bereich und darüber [7]. Da natürlich auch die elektromagnetische Kopplungskonstante bekannt ist, haben wir ein überbestimmtes Gleichungssystem. Alle heute bekannten Phänomene der elektroschwachen Wechselwirkung sind im Rahmen der Glashow-Weinberg-Salam Theorie beschreibbar. Die aktuellen Werte ihrer Parameter lauten:

- $\theta_W \simeq 28.74°$
- $e \simeq \frac{1}{2}g$
- $M_W = (80.399 \pm 0,023)\frac{GeV}{c^2}$
- $M_Z = (91.1876 \pm 0,0021)\frac{GeV}{c^2}$.

Die schwache Wechselwirkung weist nur in der Näherung bei niedrigen Energien kleine Wirkungsquerschnitte auf. Grund dafür ist der konstante $1/M_W^2$-Term im Matrixelement. Tatsächlich ist die Kopplungskonstante g sogar etwas größer als e, und die schwache Wechselwirkung wird für einen Impulsübertrag von $q^2 > M_W^2$ genauso groß wie die elektromagnetische Wechselwirkung. Für nahezu alle Neutrinoreaktionen, die in diesem Buch beschrieben werden, ist die Näherung für niedrige Energien gerechtfertigt, und wir werden die Fermikonstante verwenden, wenn wir die Gleichungen für die Neutrinoerzeugung und die Nachweisreaktionen herleiten.

1.4 Neutrinoquellen und Neutrinonachweis

Die Gleichung 1.15 bildet die Basis für die Berechnung von Lebensdauern und Wirkungsquerschnitten schwacher Prozesse, bei denen Neutrinos beteiligt sind. Klassische Neutrinoquellen sind Betazerfälle wie sie aus der Kernphysik bekannt sind, oder Zerfälle von Mesonen, die zum Beispiel in Reaktionen hochenergetischer Protonen mit Atomkernen erzeugt werden können.

Als β^--Zerfälle bezeichnet man alle Betazerfälle unter Emission eines Elektrons und eines Anti-Elektron-Neutrinos $\bar{\nu}_e$

$$(A, Z) \rightarrow (A, Z+1) + e^- + \bar{\nu}_e. \tag{1.19}$$

Als β^+-Zerfälle bezeichnet man Betazerfälle in ein Positron und ein Elektron-Neutrino ν_e

$$(A, Z) \rightarrow (A, Z-1) + e^+ + \nu_e \tag{1.20}$$

und als Elektroneinfang, wenn ein Elektron aus einer Schale der Atomhülle mit einem Proton des Kerns zu einem Neutron reagiert:

$$(A, Z) + e^- \rightarrow (A, Z - 1) + \nu_e. \tag{1.21}$$

Bei allen Betazerfällen ändert sich die Kernmassenzahl A nicht. Sie sind kinematisch dann möglich, wenn der Unterschied der Summe der Massen zwischen Ausgangs- und Endprodukten positiv ist. Die Prozesse des Elektroneinfangs und des β^+-Zerfalls konkurrieren miteinander, wobei der Erstere kinematisch begünstigt ist. So wird ein Kern, der dem β^+-Zerfall unterliegt, immer auch durch Elektroneinfang in den Endkern übergehen können. Umgekehrt kann es vorkommen, dass ein Kern zwar dem Elektroneinfang unterliegt, aber aus kinematischen Gründen der β^+-Zerfall verboten ist.

Beim $\beta^\pm$-Zerfall liegen drei Teilchen im Endkanal vor und das Neutrinospektrum ist daher kontinuierlich. Weil beim Elektroneinfang nur zwei Teilchen im Endkanal vorliegen, werden hier monoenergetische Neutrinos erzeugt.

Im Quarkbild entsprechen die Betazerfälle Übergängen zwischen den u- und d-Quarks, welche die Nukleonen aufbauen. Beim β^--Zerfall zum Beispiel können wir die Reaktionsgleichung formulieren als

$$d \rightarrow u + e^- + \bar{\nu}_e. \tag{1.22}$$

Die beiden anderen Valenzquarks des Nukleons sind hier sozusagen nur Zuschauer, und effektiv verwandelt sich beim β^--Zerfall ein Neutron in ein Proton. Der diesem Übergang entsprechende Feynmangraph wird in Abb. 1.6 gezeigt. Wie bei allen folgenden Feynmangraphen soll die Zeitachse nach rechts und die Raumachse nach oben zeigen. Die Ausbreitungsrichtung von Teilchen erfolgt in positiver, die von Antiteilchen in negativer Zeitrichtung.

Die an der geladenen schwachen Wechselwirkung beteiligten Quarkzustände sind nicht identisch mit ihren Masseneigenzuständen. Die Verbindung zwischen den bei-

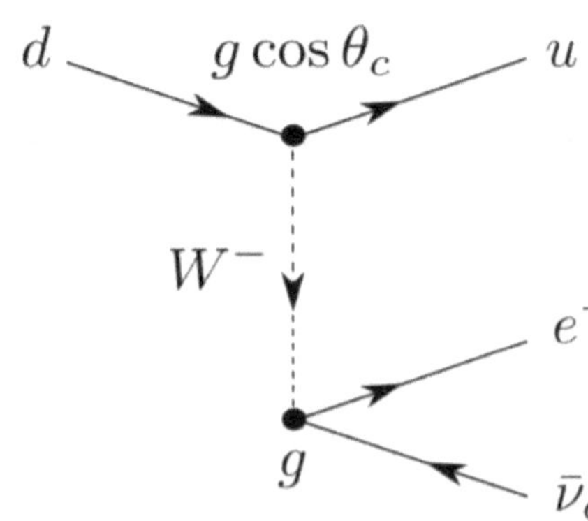

Abb. 1.6 Der β^--Zerfall im Quarkbild mit Kopplungskonstanten

den orthogonalen Systemen der Quarks werden durch die unitäre CKM-Matrix[5] beschrieben [14]. Diese ist analog zu der leptonischen Mischungsmatrix, die wir im nächsten Kapitel einführen werden und die eine Voraussetzung für das Phänomen der Neutrinooszillationen darstellt. Die Parameter der CKM-Matrix folgen einer relativ hierarchischen Struktur. Das bedeutet, dass die Elemente der Matrix umso kleiner werden, je weiter sie von der Hauptdiagonalen entfernt sind. So beträgt die Abweichung der Übergangsstärke beim Betazerfall gegenüber rein leptonischen Prozessen $\sim \cos^2 \theta_C \simeq 0,95$, wobei $\cos \theta_C$ der sogenannte Cabibbo-Winkel ist [15].

Bei der numerischen Berechnung der Lebensdauern von Betazerfällen sind weitere kernphysikalische Parameter zu berücksichtigen, auf die wir hier im Detail nicht eingehen, sondern nur die wichtigsten erwähnen wollen. Die Übergangswahrscheinlichkeit pro Zeiteinheit Γ_{fi} vom Ausgangszustand i zum Endzustand f können nach Fermis goldener Regel beschrieben werden als

$$\Gamma_{fi} = \frac{1}{h} \rho(E_f) \mid M_{fi} \mid^2, \tag{1.23}$$

wobei $\rho(E_f)$ die Anzahldichte der Zustände (die sogenannte Zustandsdichte) bei der Energie E_f beschreibt und M_{fi} das Matrixelement des Übergangs bedeutet.[6] Die Lebensdauer des Ausgangskerns ist dann $\tau = 1/\Gamma_{fi}$.

Wichtig ist daher der Massenunterschied zwischen Ausgangs- und Endkern, da dieser Wert maßgeblich den Phasenraumfaktor $\rho(E_f)$ beeinflußt. Zudem sind Paritäten und Spins der beteiligten Kerne von Bedeutung: Sogenannte erlaubte Übergänge, also solche mit hoher Übergangswahrscheinlichkeit, sind solche bei denen sich die Paritäten der beteiligten Kernzustände nicht ändern ($\Delta P = 0$) und die Spindifferenz der Kerne die Bedingung $\Delta J = 0, \pm 1$ erfüllt. Paritätsgleichheit bedingt ein großes nukleares Übergangselement, und wegen der extrem kurzen Reichweite der schwachen Wechselwirkung $\sim 10^{-18}$ m sind Übergänge mit verschwindendem Bahndrehimpuls bevorzugt. Weil sowohl das Elektron als auch das Neutrino Spin-1/2 Teilchen sind, kann sich der Kernspin höchstens um den Wert ± 1 ändern. Schließlich sei noch erwähnt, dass die nukleare Struktur zu einer effektiven axialen Kopplung zwischen dem Neutron und dem Proton führt, die nicht einer reinen $\sim (1 - \gamma_5)$ Form folgt, sondern im Rahmen der V-A-Theorie durch den empirisch ermittelten Wert $(1 - C_A \gamma_5)$ zu ersetzen ist mit $C_A \sim 1{,}3$.

Alle Betazerfälle sind daher Quellen von Neutrinos, entweder von Elektron-Neutrinos ν_e oder von Elektron-Antineutrinos $\bar{\nu}_e$. Die Betazerfälle der Spaltprodukte in Kernreaktoren und Fusionsreaktionen in Sternen wie in unserer Sonne sind hier wichtige Beispiele, die zum Nachweis von Neutrinooszillationen benutzt werden. Betazerfälle aus einem bestimmten Isotop, wie zum Beispiel Tritium, finden Verwendung in Experimenten zur Suche nach der absoluten Neutrinomassenskala.

---

[5] Cabibbo-Kobayashi-Maskawa-Matrix

[6] Ausnahmsweise ist hier das Planck'sche Wirkungsquantum h explizit benannt.

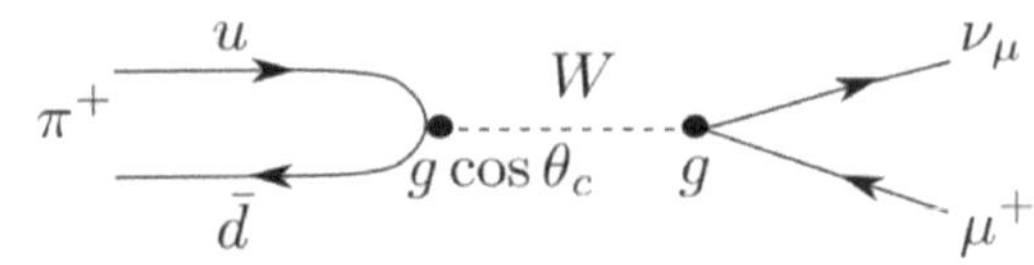

Abb. 1.7 Feynmangraph mit Kopplungskonstanten zum Zerfall positiver Pionen

Geladene Mesonen werden in Reaktionen von Hadronen erzeugt. Zum Beispiel produzieren hochenergetische Protonen Pionen und Kaonen, wenn sie auf Materie treffen. Diese Mesonen zerfallen alle unter der schwachen Wechselwirkung und erzeugen dabei Neutrinos. Beispiele hierfür sind sogenannte atmosphärische Neutrinos, die letztendlich aus der Reaktion der geladenen kosmischen Strahlung mit Atomkernen in den oberen Schichten der Erdatmosphäre und den nachfolgenden schwachen Zerfällen stammen. Analog können Neutrinostrahlen künstlich in Beschleunigern erzeugt werden, bei denen hochenergetische Protonen auf ein festes Target treffen.

Als Beispiel seien die Zerfälle der positiv geladenen Pionen aufgeführt (s. Abb. 1.7):

$$\pi^+ \rightarrow \nu_\mu + \mu^+ \tag{1.24}$$

und

$$\pi^+ \rightarrow \nu_e + e^+. \tag{1.25}$$

Der myonische Zerfall ist hier der absolut dominante Kanal, nur 0,012 % aller Zerfälle des Pions erfolgen über die Emission eines Positrons. Dies ist ein weiterer Beweis für die Paritätsverletzung der geladenen schwachen Wechselwirkung. Wegen Drehimpulserhaltung (Pionen haben keinen Spin) und der Tatsache, dass die Neutrinos linkshändig sind, werden die geladenen Leptonen mit der *falschen* Händigkeit produziert. Wegen seiner viel größeren Masse ist der Zerfall in das positive Myon aber weit weniger unterdrückt als der konkurrierende Zerfall in das leichte Positron.

Die beim Pionzerfall erzeugten Myonen sind ihrerseits auch nicht stabil, sondern zerfallen über die schwache Wechselwirkung:

$$\mu^+ \rightarrow e^+ + \nu_e + \bar{\nu}_\mu. \tag{1.26}$$

Folglich werden bei pionischen Zerfällen sowohl Myon- als auch Elektron-Neutrinos erzeugt. Der Zerfall des Myons und die Messung seiner Lebensdauer liefern die Möglichkeit, die schwache Kopplungskonstante mit hoher Genauigkeit zu bestimmen. Die Lebensdauer dieses rein leptonischen Prozesses hängt nur von g, M_W und den Massen der beteiligten Teilchen ab. Dabei sind die des Myons und des Elektrons mit hoher Präzision bekannt und die der Neutrinos vernachlässigbar. Auch in diesem Fall kann man die Näherung der effektiven Fermi-Kopplung benutzen. Die

Berechnung der Lebensdauer erfolgt über eine etwas verwickelte Mehrfachintegration über den Phasenraum der drei Teilchen im Endzustand. Wir wollen hier auf die Berechnung verzichten und einfach das Ergebnis für die Zerfallsbreite $\Gamma_\mu = 1/\tau_\mu$ benennen:

$$\Gamma_\mu = \frac{G_F^2 m_\mu^2}{192\,\pi^3}. \tag{1.27}$$

Aus den Messwerten der Lebensdauer und der μ-Masse ergibt sich der aktuelle Wert der Fermikonstanten zu

$$G_F = (1.166\,378\,7 \ \pm \ 0.000\,000\,6) \times 10^{-5}\ \mathrm{GeV}^{-2}. \tag{1.28}$$

Bei Experimenten mit Protonen noch höherer Energien werden D-Mesonen mit einem Anteil an Charm-Quarks erzeugt. Diese sind massiv genug, um auch in geladene Tau-Leptonen und die dazu gehörenden Neutrinos zu zerfallen. Als Beispiel sei der Zerfall von D_s^+-Mesonen genannt, die aus einem c- und einem s-Antiquark bestehen:

$$D_s^+ \to \tau^+ + \nu_\tau. \tag{1.29}$$

Der Nachweis von Neutrinos erfolgt entweder über Streuprozesse an Elektronen, oder über die Erzeugung geladener Leptonen in einem Target. Für den *inversen Betazerfall* am freien Proton (s. Abb. 1.8)

$$\bar{\nu}_e + p \to e^+ + n, \tag{1.30}$$

also der Umkehrreaktion des Zerfalls des freien Neutrons, lautet das Matrixelement in niederenergetischer Näherung

$$M_{fi} = \sqrt{2} G_F \cos\theta_C \left[\bar{e}\gamma_\mu(1-\gamma_5)\nu_e\,\right]\left[\bar{n}\gamma_\mu(1-C_A\gamma_5)p\right]. \tag{1.31}$$

Es beschreibt die Vernichtung des Neutrinos und des Protons unter Produktion des Positrons und des Neutrons. Unter Berücksichtigung des Phasenraumfaktors folgt für den Wirkungsquerschnitt

$$\sigma_\nu(E_\nu) = \frac{G_F^2(1+3C_A^2)\cos^2\theta_C}{\pi} E_e\, p_e = \frac{2\pi^2}{1,7\, m_e^5\, \tau_n} E_e\, p_e, \tag{1.32}$$

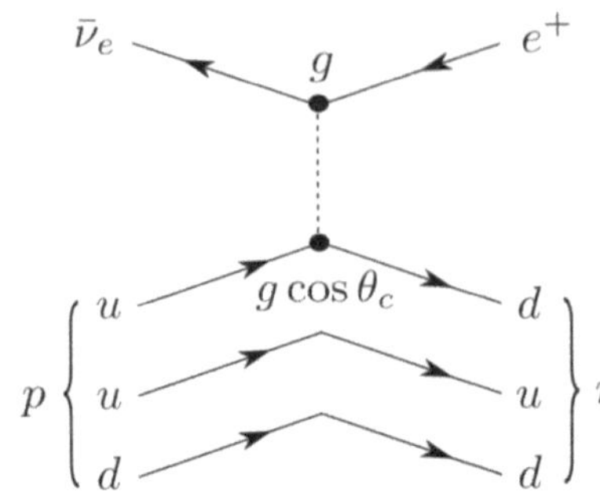

Abb. 1.8 Feynmangraph mit Kopplungskonstanten zum Nachweis von $\bar{\nu}_e$ über den inversen Betazerfall an freien Protonen

wobei m_e die Ruhemasse des Elektrons ist, τ_n die Lebensdauer des Neutrons bezeichnet und E_e, p_e die Energie und den Impuls des bei der Reaktion produzierten Positrons bedeuten. Als Funktion der Neutrinoenergie und nach Einsetzten der Konstanten folgt

$$\sigma_\nu(E_\nu) \sim 1,0 \times 10^{-43}\,\mathrm{cm}^2\ \left(E_\nu - \Delta m_{np}\right)\sqrt{(E_\nu - \Delta m_{np})^2 - M - E^2}, \tag{1.33}$$

mit $\Delta m_{np} \simeq$ 1,29 MeV als der Massendifferenz zwischen Neutron und Proton. Damit sind Neutrinos unter allen bekannten Teilchen diejenigen mit dem kleinsten Wirkungsquerschnitt bei niedrigen Energien. So ist zum Beispiel der makroskopische Wirkungsquerschnitt $\Sigma_\nu = \sigma_\nu \rho_p$ für den inversen Betazerfall für Antineutrinos mit einer Energie im $\sim$ MeV-Bereich und $\sigma_\nu \approx 10^{-43}\,\mathrm{cm}^2$ für Wasser als Target (ρ_p sei die Anzahldichte der freien Protonen in H_2O unter Normalbedingungen) $\Sigma_\nu \approx 10^{-43}\,\mathrm{cm}^2\,(2 \times N_A/18)\,\mathrm{cm}^{-3} \approx 0,7 \times 10^{-20}\,\mathrm{cm}^{-1}$, wobei $N_A \sim 6 \times 10^{23}$ die Avogadro-Konstante ist. In diesem Beispiel wäre dann folglich die mittlere Weglänge der Neutrinos in Wasser $1/\Sigma_\nu \approx 1,4 \times 10^{18}$ m, was einer Länge von ungefähr 150 Lichtjahren entspricht.

1.5 Zusammenfassung

Im Standardmodell der Teilchenphysik kennen wir drei Neutrinoarten, die ausschließlich an der schwachen Wechselwirkung teilnehmen. Sie koppeln sowohl an die geladenen $W^\pm$-Bosonen als auch an das neutrale Z^0-Boson. Neutrinos können daher über die schwache Wechselwirkung mit anderen Elementarteilchen wechselwirken. Diese Wechselwirkungen beinhalten die Erzeugung und die Vernichtung von Neutrinos, sowie die Streuung der Neutrinos an anderen Elementarteilchen. All diese Prozesse werden sowohl zur Erzeugung als auch zum Nachweis der Neutrinos genutzt.

Als Konsequenz der maximalen Paritätsverletzung in der schwachen Wechselwirkung sind Neutrinos rein links- und Antineutrinos rein rechtshändige Zustände. Aus diesem Grund und wegen der Erhaltung der Leptonzahl sind Neutrinos im Standardmodell masselos.

Die Entdeckung der Neutrinooszillationen jedoch zeigte, dass Neutrinos Masse besitzen, weshalb das Standardmodell erweitert werden muss. Den ersten Beweis für Neutrinooszillationen erbrachte 1998 die Analyse atmosphärischer Neutrinos im Super-Kamiokande-Detektor in Japan [16], obgleich die ersten Hinweise auf dieses Phänomen schon davor durch solare Neutrinoexperimente geliefert wurden. Später konnte man Neutrinooszillationen in vielen Experimenten mit solaren, atmosphärischen, Reaktor- und Beschleunigerneutrinos beobachten und nachweisen. Die grundlegenden Parameter mit denen Neutrinooszillationen beschrieben werden können, die Neutrinomassendifferenzen und die Mischungswinkel, sind uns aus diesen Experimenten bekannt.

Neutrinooszillationen 2

Unter Neutrinooszillationen versteht man zeitlich periodische Übergänge des Neutrinoflavors. In diesem Kapitel werden wir zunächst das Phänomen der Neutrinooszillationen im Vakuum beschreiben und dann die wichtigsten Formeln zu ihrer Beschreibung herleiten. Wenn Neutrinos Materie durchdringen, können sogenannte Materieeffekte bei der Beschreibung von Neutrinooszillationen wichtig werden. Wir werden erklären wie diese Effekte die Oszillationswahrscheinlichkeiten beeinflussen und was wir aus ihrer Messung lernen können. Am Ende des Kapitels werden wir auf die aktuellen experimentell ermittelten Werte der Mischungswinkel und Massenunterschiede eingehen und wir werden kurz erläutern, welche offene Fragen noch zu beantworten sind.

Neutrinooszillationen sind ein faszinierendes Beispiel dafür, wie quantenmechanische Phänomene sich auf makroskopischer Skala auswirken können. Bruno Pontecorvo war derjenige, der Neutrino-Antineutrino-Oszillationen [17] in enger Anlehnung an die K^0-$\bar{K}^0$-Oszillationen im hadronischen Sektor als Erklärung für das im Homestake-Experiment von R. Davis [18] beobachtete solare Neutrinodefizit vorschlug. Etwas später erörterten seine Kollgen Z. Maki, M. Nakagawa und S. Sakata [19] die Möglichkeit von Neutrinoflavor-Oszillationen. Übersichtsartikel zum Thema, die bereits vor der Entdeckung der Oszillationen veröffentlicht wurden, findet man z. B. unter [20], [21], [22] und [23]. Einen aktuellen Review mit historischen Verweisen findet man in [24].

Es dauerte aber viele Jahre von der Idee bis zum experimentellen Nachweis der Neutrinooszillationen. Im Jahre 2015 wurden Takaaki Kaijta und Arthur McDonald für ihre Entdeckung der Neutrinooszillationen und der damit verbundenen Konsequenz massiver Neutrinos mit dem Nobelpreis ausgezeichnet. Wie dieser experimentelle Nachweis gelang werden wir in den folgenden Abschnitten beschreiben. Zuerst wollen wir aber die Phänomenologie der Neutrinooszillationen besprechen.

L. Oberauer und J. Oberauer, *Neutrinophysik*,
https://doi.org/10.1007/978-3-662-73322-6_2

2.1 Neutrinomassen und Neutrinomischung

Voraussetzung für Neutrinooszillationen sind existierende Neutrino-Masseneigenzustände ν_i mit den Masseneigenwerten m_i $(i = 1, 2, 3)$, welche die Propagation des Neutrinos im Vakuum bestimmen. Die Masseneigenzustände ν_i sind Lösungen der relativistischen Diracgleichung (Abschn. 1.5). Die Neutrinos entstehen in schwachen Wechselwirkungen geladenener Ströme und werden auch darüber nachgewiesen. Diese Flavoreigenzustände ν_α $(\alpha = e, \mu, \tau)$ müssen nicht identisch mit den Masseneigenzuständen sein. Im Allgemeinen kann man den Ansatz wählen, die Flavoreigenzustände als lineare Superposition der Masseneigenzustände zu betrachten:

$$\nu_\alpha = \sum_{i=1}^{3} U_{\alpha i}\, \nu_i . \tag{2.1}$$

Das bedeutet, dass die Flavorneutrinos ν_e, ν_μ und ν_τ keine definierte Masse haben. Nehmen wir an, in einem hypothetischen Experiment könnte man die Kinematik eines schwachen Wechselwirkungsprozesses messen und zwar mit einer Genauigkeit, die groß genug ist, den Einfluss der Neutrinomassen zu beobachten. Was würde man sehen? Nehmen wir konkret das Beispiel des Zerfalls positiver Pionen: $\pi^+ \to \mu^+ + \nu_\mu$. Bei jedem einzelnen Ereignis würde man eine definierte Neutrinomasse m_i mit einer bestimmten *Wahrscheinlichkeit* beobachten, welche in diesem Beispiel durch $\mid U_{\mu i} \mid^2$ gegeben ist. Nachdem die gesamte Wahrscheinlichkeit irgendeine Neutrinomasse zu beobachten eins sein muss, erhalten wir die Bedingung: $\sum \mid U_{\mu i} \mid^2 = 1$. Wir werden weiter unten sehen, dass dies zu der Bedingung für die Unitarität der sogenannten Neutrinomischungsmatrix führt.

Obiger Ansatz der Beschreibung der Flavoreigenzustände als lineare Superposition der Masseneigenzustände kann z. B. durch Betrachtung der Erzeugung der Dirac-Neutrinomasse durch den Higgs-Mechanismus motiviert werden. In diesem Fall ist der Neutrino-Massenterm L^D der Lagrange-Dichte gegeben durch:

$$L^D = -\sum_{\alpha,\alpha'} \bar{\nu}_{\alpha R} M^D \nu_{\alpha' L} + h.c. \tag{2.2}$$

Dabei koppeln, wie bei allen anderen Elementarteilchen auch, die links- und rechtshändigen Partner gemeinsam an das universelle Higgs-Feld. Die Größe M^D beschreibt eine komplexe 3×3-Matrix und es gilt $\alpha' = e, \mu, \tau$. Wir setzen hier die Existenz eines rechtshändigen Singletfeldes $\nu_{\alpha R}$ voraus und erweitern somit das Standardmodell, da in der Zweikomponententheorie der Neutrinos diese Felder nicht vorhanden sein dürften. Bei Nichtexistenz dieses Felds ist es unmöglich einen Dirac-Massenterm für Neutrinos zu konstruieren. Dle Zustände, die physikalische Teilchen mit definierter Masse und Energie beschreiben, gewinnt man durch Diagonalisierung von 2.2:

$$M^D = V\, M_{\text{diag}}\, U^\dagger , \tag{2.3}$$

mit den unitären Matrizen V und U sowie der positiven eindeutig bestimmten diagonalen Matrix M_{diag}. Der Dirac-Massenterm kann also in seiner diagonalen Form so geschrieben werden:

$$L^D = -\sum_{i=1}^{3} m_i \, \bar{\nu}_i \, \nu_i, \tag{2.4}$$

mit

$$\nu_{\alpha L} = \sum_{i=1}^{3} U_{\alpha i} \, \nu_{iL}. \tag{2.5}$$

Daher sind die drei linkshändigen Neutrinoflavorfelder lineare und unitäre Superpositionen der linkshändigen Komponenten ν_{iL} mit bestimmter Masse m_i.

Es ist einerseits bemerkenswert, dass wir in diesem Fall auch rechtshändige Felder haben

$$\nu_{\alpha R} = \sum_{i=1}^{3} V_{\alpha i} \, \nu_{iR}, \tag{2.6}$$

welche in der Standard-Langrangefunktion der schwachen Wechselwirkung nicht auftreten und welche man daher als *sterile Neutrinos* bezeichnet. In Abschn. 4.5 werden wir die experimentelle Suche nach sterilen Neutrinos diskutieren.

Eine weitere Besonderheit betrifft die Massenwerte links- und rechtshändiger Neutrinos. Rechtshändige Neutrinos müssen nicht notwendigerweise die gleiche Masse haben wie ihre linkshändigen Partner. Das unterscheidet sie von allen anderen Elementarteilchen, bei denen die Eichinvarianz der elektroschwachen und starken Wechselwirkung die Gleichheit der Massen links- und rechtshändiger Partner erzwingt.

2.2 Dirac- und Majorana-Massen

Es ist ebenso möglich, Massenterme für sogenannte Majorana-Neutrinos zu konstruieren, indem man $\nu_{\alpha R}$ durch den bekannten rechtshändigen Zustand ersetzt, welcher im Standardmodell als Antineutrino bezeichnet wird. In diesem Fall ist es nicht nötig sterile Neutrinos einzuführen, allerdings wäre dann aber die totale Leptonenzahlerhaltung verletzt, weil Neutrino und Antineutrino identisch wären.

Die Tatsache, dass sie mit Materie unterschiedlich wechselwirken, ist kein Argument gegen die Existenz von Majorana-Neutrinos. Diese Unterschiede kann man allein auf die unterschiedlichen chiralen Zustände zurückführen. Man benötigt die Unterscheidung mittels Leptonzahlerhaltung nicht unbedingt. Majorana-Massenterme sind nur für Neutrinos möglich, weil diese neutrale Teilchen sind. Die Frage ob Neutrinos Dirac- oder Majorana-Teilchen sind, ist von grundlegender

Natur und wird vornehmlich in Experimenten untersucht, welche nach dem Doppelbetazerfall ohne Emission von Neutrinos suchen.

Auch gemischte Dirac- und Majorana-Massenterme sind für Neutrinos möglich. Nähere Informationen dazu findet man z. B. in [25] sowie in den darin enthaltenen Referenzen. Wir wollen hier die Grundidee dazu für eine Neutrinoart skizzieren und folgen hierbei der Darstellung von [26]. Die Diracgleichung (1.2) folgt aus der Lagrangedichte

$$-L = \bar{\psi}\left(\gamma_\mu \frac{\partial}{\partial x_\mu} - m_D\right)\psi, \tag{2.7}$$

bei der der erste Term die kinetische Energie beschreibt. Uns interessiert jetzt aber nur der Massenterm, er lautet nach Gl. 2.7 $L^D = m_D\,\bar{\psi}\psi$ und wird Dirac-Massenterm genannt. Er ist Lorentz-invariant und hermitisch, wenn m_D reell ist. Mit $\psi = \psi_l + \psi_r$ folgt

$$L^D = m_D(\bar{\psi_l}\psi_r + \bar{\psi_r}\psi_l) \tag{2.8}$$

und dies ist offensichtlich äquivalent zu dem allgemeinen Ansatz (2.2), der für den Fall dreier Neutrinos formuliert wurde. Für den Dirac-Massenterm werden also links- und rechtshändige Neutrinos benötigt.

Nimmt man nun aber, obiger Idee folgend, das zu ψ ladungskonjugierte Spinorfeld ψ^c dazu[1], dann gibt man die Beschränkung des Falles reiner Dirac-Massenterme auf und erhält neben L_D einen weiteren Lorentz-invarianten Majorana-Massenterm

$$L_M = \frac{1}{2}m_M\,\bar{\psi}\psi^c + h.c., \tag{2.9}$$

mit der Majorana-Masse m_M.

Wir betrachten nun das Verhalten der Terme $\bar{\psi}\psi$ und $\bar{\psi}\psi^c$ unter einer globalen Phasentransformation $e^{i\alpha}$ mit beliebigem Winkel α. Für $\psi \to e^{i\alpha}\psi$ gilt $\psi^c \to e^{-i\alpha}\psi^c$, sodass insgesamt gilt $\bar{\psi}\psi \to \bar{\psi}\psi$. Der Dirac-Term $L_D \propto \bar{\psi}\psi$ ist also invariant unter der globalen Phasentransformation, sodass L_D mit einer Erhaltungsgröße verbunden ist. Man beachte, dass ψ ein Lepton vernichtet oder ein Antilepton erzeugt und $\bar{\psi}$ genau umgekehrt wirkt. Daher ist die Erhaltungsgröße offensichtlich die globale Leptonzahl. Der Majorana-Term $\bar{\psi}\psi^c$ ist aber nicht invariant unter der globalen Phasentransformation. Die Leptonzahl wird um $\Delta L = \pm 2$ verletzt.

Zerlegen wir wiederum die Wellenfunktionen in ihre chiralen Anteile $\psi = \psi_l + \psi_r$ und $\psi^c = \psi_l^c + \psi_r^c$, dann bekommen wir

$$L_M = L_M^l + L_M^r \tag{2.10}$$

[1] $\psi^c = C\psi C^{-1}$, mit $C = \gamma_4\gamma_2$.

mit den Komponenten

$$
\begin{aligned}
L_M^l &= \frac{1}{2} m_l \, \bar{\psi}_l \psi_r^c + h.c., \\
L_M^r &= \frac{1}{2} m_r \, \bar{\psi}_l^c \psi_r + h.c..
\end{aligned} \tag{2.11}
$$

Mit den neuen Feldern $\phi_1 = \psi_l + \psi_r^c$ und $\phi_2 = \psi_r + \psi_l^c$ erhält man

$$
\begin{aligned}
L_M^l &= \frac{1}{2} m_l \, \bar{\phi}_1 \phi_1 \\
L_M^r &= \frac{1}{2} m_r \, \bar{\phi}_2 \phi_2 .
\end{aligned} \tag{2.12}
$$

Offensichtlich sind $\phi_{1,2}$ Masseneigenzustände mit den Massenwerten m_l und m_r, während $\psi_{l,r}$ die Zustände beschreiben, die der schwachen Wechselwirkung unterliegen.

Der allgemeinste Ansatz für Neutrino-Massenterme ist eine Kombination der Terme (2.8) und (2.11) und lautet:

$$
2L_{DM} = m_D(\bar{\psi}_l \psi_r + \bar{\psi}_r \psi_l) + m_l \, \bar{\psi}_l \psi_r^c + m_r \, \bar{\psi}_l^c \psi_r + h.c.. \tag{2.13}
$$

Mit $\bar{\psi}_r \psi_l = \bar{\psi}_l^c \psi_r^c$ kann man (2.13) kompakt schreiben als

$$
2L_{DM} = \begin{pmatrix} \bar{\psi}_l & \bar{\psi}_l^c \end{pmatrix} \begin{pmatrix} m_l & m_D \\ m_D & m_r \end{pmatrix} \begin{pmatrix} \psi_r^c \\ \psi_r \end{pmatrix} + h.c., \tag{2.14}
$$

mit der Massenmatrix M

$$
M = \begin{pmatrix} m_l & m_D \\ m_D & m_r \end{pmatrix} . \tag{2.15}
$$

Die Felder ψ_l und ψ_r^c beschreiben aktive Neutrinos, die an der schwachen Wechselwirkung teilnehmen. Erstere haben wir in Kap. 1 als linkshändige Neutrinos, Letztere als rechtshändige Antineutrinos bezeichnet. Die Felder ψ_l^c und ψ_r dagegen kommen im Standardmodell nicht vor, sie kennzeichnen sterile Neutrinos.

Die Masseneigenwerte bekommt man aus Gl. 2.15 durch Diagonalisierung von M:

$$
m_{1,2} = \frac{1}{2} \left((m_l + m_r) \pm \sqrt{(m_l - m_r)^2 + 4m_D^2} \right) . \tag{2.16}
$$

Die Werte von $m_{1,2}$ können positiv, aber auch negativ sein. Positiv definierte Werte $\mid m_{1,2} \mid$ kann man durch Einführung einer Phasentransformation der Felder erzielen (vgl. z. B. mit [25]).

Im Rahmen der Theorien zur großen Vereinheitlichung in der Teilchenphysik (*Grand-Unified-Theories,* kurz GUT) gibt es mehrere Ansätze Neutrinomassen mithilfe von Dirac- und Majorana-Termen einzuführen. Vereinheitlichung bedeutet, dass die Kopplungskonstanten der starken und der elektroschwachen Wechselwirkung auf der GUT-Skala $\approx 10^{15}$ GeV gleich groß werden sollen.

Hier wollen wir das einfachste Modell aus der Klasse der *See-saw*-Ansätze skizzieren, das nahelegen könnte, warum die beobachtbaren Neutrinomassen so klein sind im Vergleich zu den der geladenen Elementarteilchen (s. Abb. 1.1). In diesem Modell wird für jedes leichte Neutrino mit $m_l \approx 0$ ein dazu gehörender sehr schwerer Zustand postuliert, dessen Masse m_r auf der GUT-Skala liegt, so dass gilt $m_r \approx 10^{15}$ GeV.

Die Diagonalisierung der Massenmatrix M (Gl. 2.15) liefert in diesem Fall die Masseneigenwerte

$$m_1 \approx m_r \tag{2.17}$$

und

$$m_2 = m_\nu \approx \frac{m_D^2}{m_r}, \tag{2.18}$$

also einen sehr schweren Zustand mit einer Masse m_1 nahe der GUT-Skala und einen im Vergleich zur Masse m_D sehr leichten Zustand $m_2 = m_\nu$, den wir heute als Neutrinomasse interpretieren. Dies erklärt die Herkunft der Bezeichnung *See-saw* (auf Deutsch „Wippe"), weil m_ν umso leichter wird, je schwerer m_r ist.

2.3 Die Neutrinomischungsmatrix

Es sei explizit darauf hingewiesen, dass wir zum heutigen Zeitpunkt nicht wissen, wie Neutrinomassen wirklich erzeugt werden. Den Zusammenhang von Flavor- und Masseneigenzuständen kann man aber in jeden Fall, unabhängig ob Dirac- oder Majorana-Massen vorliegen, in Form folgender Matrix darstellen

$$\vec{\nu}_\alpha = \mathrm{U}_{\alpha i} \times \vec{\nu}_i, \tag{2.19}$$

mit $\vec{\nu}_\alpha = (\nu_e, \nu_\mu, \nu_\tau)$, $\vec{\nu}_i = (\nu_1, \nu_2, \nu_3)$ und mit $\mathrm{U}_{\alpha i}$ als der leptonischen Mischungsmatrix, so dass gilt:

$$\begin{pmatrix} \nu_e \\ \nu_\mu \\ \nu_\tau \end{pmatrix} = \begin{pmatrix} U_{e1} & U_{e2} & U_{e3} \\ U_{\mu 1} & U_{\mu 2} & U_{\mu 3} \\ U_{\tau 1} & U_{\tau 2} & U_{\tau 3} \end{pmatrix} \times \begin{pmatrix} \nu_1 \\ \nu_2 \\ \nu_3 \end{pmatrix}. \tag{2.20}$$

Die Matrix $\mathrm{U}_{\alpha i}$ ist unitär, und es gilt $\vec{\nu}_i = \mathrm{U}_{\alpha i}^{-1} \vec{\nu}_\alpha = \mathrm{U}_{\alpha i}^\dagger \vec{\nu}_\alpha$.

Die Anordnung der Masseneigenwerte kann, muss aber nicht hierarchisch sein. Mit hierarchisch ist gemeint, dass $m_j > m_i$ für $j > i$.

Die Mischungsmatrix $U_{\alpha i}$ (manchmal auch Pontecorvo-Maki-Nakagawa-Sakata- oder kurz PMNS-Matrix genannt) besitzt drei reale Freiheitsparameter, welche als Rotationswinkel interpretiert werden können und eine imaginäre Phase δ, welche im leptonischen Sektor eine CP-Verletzung bewirken kann. Wenn das Neutrino mit seinem eigenen Antiteilchen identisch ist, also ein Majorana-Teilchen ist, können zusätzliche imaginäre Phasen auftreten. Die PMNS-Matrix kann wie folgt parametrisiert werden:

$$\begin{pmatrix} 1 & 0 & 0 \\ 0 & c_{23} & s_{23} \\ 0 & -s_{23} & c_{23} \end{pmatrix} \begin{pmatrix} c_{13} & 0 & s_{13}e^{-i\delta} \\ 0 & 1 & 0 \\ -s_{13}e^{i\delta} & 0 & c_{13} \end{pmatrix} \begin{pmatrix} c_{12} & s_{12} & 0 \\ -s_{12} & c_{12} & 0 \\ 0 & 0 & 1 \end{pmatrix} \tag{2.21}$$

wobei $s_{ij} = \sin \Theta_{ij}$ und $c_{ij} = \cos \Theta_{ij}$ mit den Rotations- oder Mischungswinkeln Θ_{ij} gilt.

Diese Darstellung der Neutrinomischung wird gerne gewählt, weil wir inzwischen wissen, dass θ_{13} relativ klein ist und die mittlere Matrix daher näherungsweise als Diagonalmatrix behandelt werden kann. Multipliziert man Gl. 2.21 aus, so erhält man die Zuordnung der individuellen Elemente der PMNS-Matrix zu den Mischungswinkeln:

$$\begin{pmatrix} U_{e1} & U_{e2} & U_{e3} \\ U_{\mu 1} & U_{\mu 2} & U_{\mu 3} \\ U_{\tau 1} & U_{\tau 2} & U_{\tau 3} \end{pmatrix} = \begin{pmatrix} c_{12}c_{13} & s_{12}c_{13} & s_{13}e^{-i\delta} \\ -s_{12}c_{23} - c_{12}s_{23}s_{13}e^{i\delta} & c_{12}c_{23} - s_{12}s_{23}s_{13}e^{i\delta} & s_{23}c_{13} \\ s_{12}s_{23} - c_{12}c_{23}s_{13}e^{i\delta} & -c_{12}s_{23} - s_{12}c_{23}s_{13}e^{i\delta} & c_{23}c_{13} \end{pmatrix} \tag{2.22}$$

Die Voraussetzungen für die Existenz von Neutrinooszillationen kann man anhand dieser Darstellung bereits erkennen: Neutrinos werden als Zustand eines bestimmten Flavors α zum Zeitpunkt $t = 0$ generiert. Die Ausbreitung des Neutrinos in Raum und Zeit wird aber durch die Masseneigenzustände $\nu_i(t)$ bestimmt. Ebene Wellen der Form $\nu_i(t) = \nu_i(0)exp(-i(E_i t - p_i x))$ $(i = 1, 2, 3)$ sind Lösungen der Diracgleichung und beschreiben die Ausbreitung in Raum und Zeit. Die Phasen der Wellenfunktionen $\nu_i(t)$ werden sich aber unterschiedlich entwickeln, wenn E_i und p_i nicht die gleichen Werte für alle i einnehmen. Das ist dann der Fall, wenn die Massenwerte m_i nicht identisch sind für alle i. Die unterschiedlichen Phasen der Wellenfunktionen $\nu_i(t)$ zu Zeiten $t > 0$ verändern die Zusammensetzung der Superposition, und die Wahrscheinlichkeit, das Neutrino mit Flavor α zu beobachten, ändert sich periodisch. Diesen Effekt nennt man Neutrinooszillationen. Voraussetzungen dafür sind also unterschiedliche Massenwerte m_i und eine nichttriviale PMNS-Matrix, in der nicht alle Nebendiagonalelemente verschwinden.

2.4 Oszillationen mit zwei Neutrinos

Um die Basisformel für Oszillationswahrscheinlichkeiten abzuleiten, werden wir zunächst mit Wellenfunktionen rechnen, bei denen die Impulse identisch sind, d. h. $p_i = p$. Es gilt dann $E_i = (p^2 + m_i^2)^{1/2}$. Der Einfachheit halber werden wir den Formalismus zuerst nur auf zwei Neutrinozustände, sagen wir $\nu_{e,\mu}$ and $\nu_{1,2}$, anwenden und später dann auf drei Flavors erweitern. Alle wichtigen Zusammenhänge werden dabei bereits deutlich werden und die Verallgemeinerung auf drei Neutrinos erfolgt dann in analoger Weise. Die nun abgeleiteten Formeln für den Fall zweier Neutrinos sind übrigens oft, wenn auch nicht immer, im Experiment in sehr guter Näherung anwendbar. Der Grund dafür liegt darin, dass die uns heute bekannten Massenwerte recht unterschiedlich sind und unter bestimmten experimentellen Voraussetzungen nur die Oszillation zwischen zwei Neutrinos eine Rolle spielt.

Die Mischungsmatrix reduziert sich in diesem Fall auf einen einzigen realen Parameter, einen Mischungswinkel Θ, und wir können für die Wellenfunktionen $\nu_e(0)$ und $\nu_\mu(0)$, welche die reinen Flavorzustände ν_e und ν_μ zum Zeitpunkt der Entstehung des Neutrinos beschreiben, folgenden Ansatz verwenden:

$$\begin{aligned} \nu_e(0) &= \cos\Theta\ \nu_1 + \sin\Theta\ \nu_2, \\ \nu_\mu(0) &= -\sin\Theta\ \nu_1 + \cos\Theta\ \nu_2. \end{aligned} \tag{2.23}$$

Für die zeitliche Entwicklung der Masseneigenzustände ($\hbar = 1$) gilt

$$\nu_i(t) = e^{-iE_it}\ \nu_i. \tag{2.24}$$

Wir haben dabei die Impulsanteile nicht explizit angeschrieben, weil sie sich für alle Masseneigenzustände mit der Zeit gleich entwickeln und später nur die Unterschiede zwischen den Phasen der Wellenfunktionen $\nu_i(t)$ von Bedeutung sein werden.

Nehmen wir an, bei $t = 0$ wird in einer Reaktion der geladenen Wechselwirkung ein Elektron-Neutrino ν_e erzeugt[2], dann entwickelt sich seine Wellenfunktion $\nu_e(t)$ wie folgt:

$$\nu_e(t) = \cos\Theta\, e^{-iE_1t}\ \nu_1 + \sin\Theta\, e^{-iE_2t}\ \nu_2. \tag{2.25}$$

Um den Flavor dieses Zustands zu bestimmen, wollen wir ihn als Funktion von $\nu_e(0)$ und $\nu_\mu(0)$ darstellen. Wir verwenden daher die inversen Gleichungen

$$\begin{aligned} \nu_1 &= \cos\Theta\ \nu_e - \sin\Theta\ \nu_\mu, \\ \nu_2 &= \sin\Theta\ \nu_e + \cos\Theta\ \nu_\mu, \end{aligned} \tag{2.26}$$

[2] Z. B. beim Prozess des Elektroneinfangs.

setzen ν_1 und ν_2 in Gl. 2.25 ein und erhalten für die zeitliche Entwicklung des Zustandes $\nu_e(t)$ den Ausdruck

$$\begin{aligned}\nu_e(t) &= (\cos^2\Theta\, e^{-iE_1t} + \sin^2\Theta\, e^{-iE_2t})\, \nu_e(0) \\ &+ \sin\Theta\cos\Theta(e^{-iE_2t} - e^{-iE_1t})\, \nu_\mu(0).\end{aligned} \tag{2.27}$$

Die Wahrscheinlichkeit $p_\mu(t)$ den Zustand $\nu_e(t)$, der als Elektron-Neutrino zur Zeit $t = 0$ erzeugt wird, zur Zeit $t > 0$ als Myon-Neutrino zu beobachten, entspricht dem Quadrat des Betrags der Amplitude vor $\nu_\mu(0)$. Demnach erhalten wir

$$p_\mu(t) = 2\sin^2\Theta\cos^2\Theta[1 - \cos(E_2t - E_1t)]. \tag{2.28}$$

Die Wahrscheinlichkeit den falschen Flavor ν_μ zu beobachten, verschwindet also i. A. für Zeiten $t > 0$ nicht. Sie hängt offensichtlich nur vom Mischungswinkel Θ ab, und sie verschwindet bei $t = 0$ und für alle Werte von t dann, wenn $\Theta = 0$ und $\Theta - \pi/2$. Die Phase der Oszillation hängt dagegen nur vom Energieunterschied $E_2 - E_1$ ab.

Im Allgemeinen können wir Neutrinos als hochrelativistische Teilchen behandeln. Daher kann man $E_i \simeq p + m_i^2/2p$ setzen, und wir erhalten

$$p_\mu(t) = \frac{1}{2}\sin^2(2\Theta)\,[1 - \cos((m_2^2 - m_1^2)t/2p)]. \tag{2.29}$$

Mit $\Delta m_{21}^2 := m_2^2 - m_1^2$ ergibt sich

$$p_\mu(t) = \sin^2(2\Theta)\,\sin^2\left(\frac{\Delta m_{21}^2 t}{4p}\right). \tag{2.30}$$

Die Wahrscheinlichkeit $p_e(t)$, dass das Teilchen ein Elektron-Neutrino bleibt, ist

$$p_e(t) = 1 - p_\mu(t). \tag{2.31}$$

Wieder kann man deutlich das Oszillationsverhalten erkennen. Neutrinooszillationen treten auf, wenn $\Theta \neq 0$ oder $\Theta \neq \pi/2$ und wenn $\Delta m_{21}^2 \neq 0$. Die Werte der Masseneigenzustände müssen sich unterscheiden, sie dürfen nicht entartet sein.

Nach einer Periodendauer T_{osc} wiederholt sich das Oszillationsmuster. Aus dieser Bedingung folgt

$$T_{\mathrm{osc}} = 2\pi\,\frac{2p}{\Delta m_{21}^2}. \tag{2.32}$$

Die Periodendauer hängt offensichtlich nur vom Quotienten des Impulses (oder der Energie) und des Quadrats der Massendifferenz ab. Um die Periodendauer im

Experiment abschätzen zu können, transferieren wir von den natürlichen Einheiten ($\hbar = c = 1$) in das SI-Einheitensystem und erhalten

$$T_{\text{osc}} = 2\pi\hbar \frac{2pc}{\Delta m_{21}^2 c^4}. \tag{2.33}$$

In einem Experiment benutzen wir später die Oszillationslänge L_{osc}, bei der sich das Oszillationsmuster wiederholt. Relativistische Neutrinos bewegen sich nahezu mit Lichtgeschwindigkeit ($v \simeq c$), und es gilt $E_\nu \simeq pc$. Für die Oszillationslänge $L_{\text{osc}} \simeq T_{\text{osc}} \cdot c$ erhalten wir

$$L_{\text{osc}} \simeq 2\pi\hbar c \frac{2E_\nu}{\Delta m_{21}^2 c^4}. \tag{2.34}$$

Setzen wir z. B. die Neutrinoenergie in MeV und die Massendifferenz in $(\text{eV})^2$ ein, dann erhalten wir

$$L_{\text{osc}} \simeq 2{,}48\,m \frac{E_\nu/\text{MeV}}{\Delta m_{21}^2/(\text{eV})^2}. \tag{2.35}$$

In Abb. 2.1 wird das Verhalten von Neutrinooszillationen im Fall von zwei Neutrinozuständen gezeigt. Die Amplitude der Oszillation wird von der Größe des Mischungswinkels und die Periodendauer vom Quotienten der Energie durch das Quadrat der Massendifferenz bestimmt.

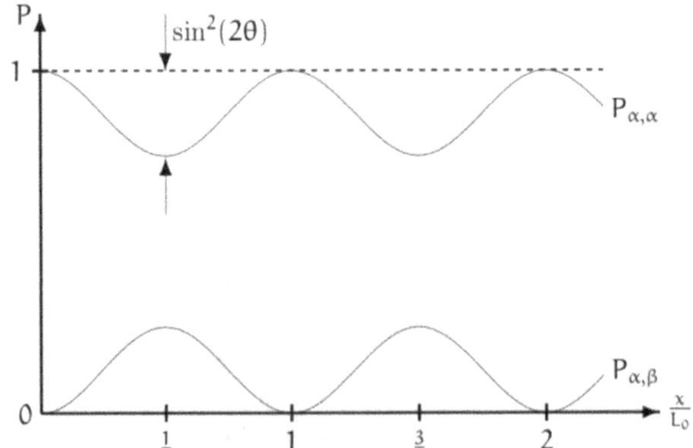

Abb. 2.1 Die Oszillationswahrscheinlichkeiten als Funktion der Strecke zwischen Quelle und Detektor in Einheiten der Oszillationslänge L_o. Das Neutrino wird bei $x = 0$ im Zustand ν_α erzeugt. Die obere Kurve zeigt die sogenannte Überlebenswahrscheinlichkeit $P_{\alpha,\alpha}$, die untere die Wahrscheinlichkeit $P_{\alpha,\beta}$, den falschen Flavor β zu finden. Die Amplitude wird durch den Mischungswinkel Θ festgelegt, die Oszillationswellenlänge durch die Neutrinoenergie und das Massensplitting Δm^2

2.5 Oszillationen mit drei Neutrinos

Der identische Formalismus aus Abschn. 2.4 kann nun auf den Fall von drei Neutrinos angewendet werden, wobei jetzt die gesamte Mischungsmatrix berücksichtigt werden muss. Nehmen wir an, zur Zeit $t = 0$ wird bei $x = 0$ ein bestimmer Neutrinoflavor ν_α erzeugt. Der Zustand ist dann gegeben durch die Wellenfunktion

$$\begin{aligned} \psi(x,t) &= \sum_i U_{\alpha i}\, e^{-i(E_i t - px)}\, \nu_i, \\ \psi(x,t) &\simeq e^{ipx} \sum_i U_{\alpha i}\, e^{-i(m_i^2 t/2p)}\, \nu_i, \end{aligned} \tag{2.36}$$

wobei wir unten wieder die hochrelativistische Näherung benutzt haben.

Wie im Falle zweier Neutrinos können wir auch jetzt die Masseneigenzustände ν_i als Superposition der Flavorzustände ν_β (mit $\beta = e, \mu, \tau$) beschreiben

$$\vec{\nu}_i = \mathrm{U}^\dagger_{\beta i}\, \vec{\nu}_\beta, \tag{2.37}$$

und in Gl. 2.36 einsetzen. Wegen der Unitarität der PMNS-Matrix gilt

$$U^{-1} = U^\dagger = (U^*)^T \tag{2.38}$$

und wir erhalten explizit

$$\begin{pmatrix} \nu_1 \\ \nu_2 \\ \nu_3 \end{pmatrix} = \begin{pmatrix} U^*_{e1} & U^*_{\mu 1} & U^*_{\tau 1} \\ U^*_{e2} & U^*_{\mu 2} & U^*_{\tau 2} \\ U^*_{e3} & U^*_{\mu 3} & U^*_{\tau 3} \end{pmatrix} \times \begin{pmatrix} \nu_e \\ \nu_\mu \\ \nu_\tau \end{pmatrix}. \tag{2.39}$$

Die Wellenfunktion $\psi(x,t)$ kann damit als eine lineare Kombination der drei Flavorzustände ν_β geschrieben werden, und die Koeffizienten $A_{\alpha\beta}(x,t)$ sind die Wahrscheinlichkeitsamplituden dafür, den Zustand ν_β bei (x,t) zu beobachten:

$$\psi(x,t) = \sum_\beta A_{\alpha\beta}(x,t)\, \nu_\beta. \tag{2.40}$$

Wir bezeichnen nun $P_{\alpha\beta}(x,t)$ als die Wahrscheinlichkeit dafür, das Neutrino welches als ν_α entstanden ist, im Zustand ν_β zu beobachten. Mathematisch ist diese Größe das Quadrat des Absolutwerts der Wahrscheinlichkeitsamplitude, also

$$P_{\alpha\beta}(x,t) = \mid A_{\alpha\beta}(x,t) \mid^2 . \tag{2.41}$$

Nehmen wir wieder als Beispiel die Erzeugung eines Flavorzustands ν_e zum Zeitpunkt $t = 0$. Dann folgt für die Entwicklung dieses Zustands mit der Zeit

$$\psi(x,t) = U_{e1} e^{-i\phi_1}\, \nu_1 + U_{e2} e^{-i\phi_2}\, \nu_2 + U_{e3} e^{-i\phi_3}\, \nu_3, \tag{2.42}$$

mit den Phasen $\phi_i = E_i t - px$. Mit obigen Ausdrücken für die Masseneigenzustände (Gl. 2.39) erhalten wir für dieses Beispiel die Übergangsamplituden

$$\begin{aligned} A_{e,e}(x,t) &= U_{e1}U_{e1}^* e^{-i\phi_1} + U_{e2}U_{e2}^* e^{-i\phi_2} + U_{e3}U_{e3}^* e^{-i\phi_3}, \\ A_{e,\mu}(x,t) &= U_{e1}U_{\mu 1}^* e^{-i\phi_1} + U_{e2}U_{\mu 2}^* e^{-i\phi_2} + U_{e3}U_{\mu 3}^* e^{-i\phi_3}, \\ A_{e,\tau}(x,t) &= U_{e1}U_{\tau 1}^* e^{-i\phi_1} + U_{e2}U_{\tau 2}^* e^{-i\phi_2} + U_{e3}U_{\tau 3}^* e^{-i\phi_3}. \end{aligned} \quad (2.43)$$

So ist etwa die *Überlebenswahrscheinlichkeit* $P_{e,e}(x,t)$ für ν_e gegeben als

$$P_{e,e}(x,t) = \mid U_{e1}U_{e1}^* e^{-i\phi_1} + U_{e2}U_{e2}^* e^{-i\phi_2} + U_{e3}U_{e3}^* e^{-i\phi_3} \mid^2 . \quad (2.44)$$

Verwendet man wieder die relativistische Näherung für die Beziehung zwischen Energie und Impuls, erhält man nach einigen Umformungen den Ausdruck

$$P_{e,e}(x,t) = 1 - P_{21} - P_{31} - P_{32}, \quad (2.45)$$

mit den Größen

$$\begin{aligned} P_{21} &= 4 \mid U_{e1} \mid^2 \mid U_{e2} \mid^2 \sin^2 \Delta_{21}, \\ P_{31} &= 4 \mid U_{e1} \mid^2 \mid U_{e3} \mid^2 \sin^2 \Delta_{31}, \\ P_{32} &= 4 \mid U_{e2} \mid^2 \mid U_{e3} \mid^2 \sin^2 \Delta_{32}, \end{aligned} \quad (2.46)$$

wobei gilt

$$\Delta_{ji} := \frac{\Delta m_{ji}^2 x}{4p}. \quad (2.47)$$

Die Überlebenswahrscheinlichkeit hängt also von den drei Massendifferenzen $\Delta m_{21}^2 = m_2^2 - m_1^2$, $\Delta m_{31}^2 = m_3^2 - m_1^2$ und $\Delta m_{32}^2 = m_3^2 - m_2^2$ ab, wobei nur zwei davon unabhängig sind, weil

$$\Delta_{31} = \Delta_{32} + \Delta_{21}. \quad (2.48)$$

Dies ist der vollständige Ausdruck für die Neutrinooszillationen unter voller Berücksichtigung der PMNS-Matrix, wie sie z. B. in Experimenten an Kernreaktoren beobachtet werden (s. Abschn. 3.4 und Gl. 4.18 ff.).

Wenn aber im Reaktorexperiment der Abstand zur Neutrinoquelle so gewählt wird, dass eine oder zwei der Teilwahrscheinlichkeiten vernachlässigt werden können, reduziert sich Gl. 3.46 auf die bereits bekannte Form der Zwei-Neutrino-Formel.

Allgemein erhalten wir für $P_{\alpha\beta}$ durch Einsetzen und Umformen den folgenden Ausdruck

$$P_{\alpha\beta}(x,t) = \left| \sum_i U_{\alpha i} U_{i\beta}^* \, e^{-i(m_i^2 t/2p)} \right|^2 . \quad (2.49)$$

Diese Größe kann umgeschrieben werden zu

$$P_{\alpha\beta}(x,t) = \sum_{i=1}^{3} \mid U^*_{\beta i} \mid^2 \mid U^*_{\alpha i} \mid^2 + 2 \sum_{i>j} \mid U^*_{\beta i} U_{\alpha i} U_{\beta j} U^*_{\alpha j} \mid \cos\left(2\pi \frac{x}{L_{ij}}\right), \quad (2.50)$$

wobei eine mögliche CP-Verletzung vernachlässigt wird. Die Größe L_{ij} bezeichnet wieder die Oszillationslänge, diesmal aber diejenige, welche durch die Massendifferenz der Zustände ν_i und ν_j hervorgerufen wird:

$$L_{ij} = 2\pi \frac{2p}{m_i^2 - m_j^2}. \quad (2.51)$$

Diese Gleichungen beschreiben die grundlegenden Eigenschaften von Neutrinooszillationen. Die Amplitude wird durch die Größe der Nebendiagonalelemente der leptonischen Mischungsmatrix festgelegt, also durch die Mischungswinkel. Die Oszillationslänge dagegen wird durch die Differenzen der Masseneigenwerte und der Neutrinoenergie bestimmt. Zumindest zwei der drei Masseneigenwerte müssen sich unterscheiden.

2.6 Neutrinooszillation und die quantenmechanische Unschärfebeziehung

Man erhält die identischen Resultate für die Oszillationswahrscheinlichkeiten, wenn man von ebenen Wellen mit festen Energiewerten ausgeht und somit verschiedene Impulswerte bei der Ausbreitung der Masseneigenzustände im Vakuum erhält. Beide Beschreibungen sind vollkommen äquivalent, in beiden Fällen ergeben sich aber erhebliche konzeptionelle Probleme. Unsere Annahme eines scharfen Impulses würde ja nach dem quantenmechanischen Unschärfeprinzip bedeuten, dass die Unsicherheiten für den Ort der Entstehung und des Nachweises unendlich groß wären. Und die Annahme einer scharfen Energie würde die Unsicherheit für den Zeitpunkt der Entstehung und des Neutrinonachweises unendlich werden lassen.

Die Heisenberg'sche Unschärfebeziehung und Neutrinooszillationen sind eng miteinander verknüpft. Wir wollen dies anhand eines Beispiels demonstrieren. Nehmen wir an, dass zum Zeitpunkt $t = 0$ ein Elektron-Neutrino ν_e entsteht. Im Zwei-Neutrino-Bild ist dann die Wahrscheinlichkeit, dass zur Zeit t ein Myonneutrino ν_μ beobachtet wird

$$P_\mu(t) = \sin^2(2\Theta)\, \sin^2\left(\frac{\Delta m_{21}^2 t}{4p}\right). \quad (2.52)$$

Weiter nehmen wir nun an, dass der Zeitpunkt des Entstehens des Neutrinos gemessen werden kann. Beim Elektroneinfang könnte das z. B. über den Nachweis des Rückstoßes erfolgen, der dabei auf den Atomkern übertragen wird. Die Wellenfunktion des Neutrinos zum Zeitpunkt $t = 0$ ist dann

$$\nu_e(0) = \cos\Theta\ \nu_1 + \sin\Theta\ \nu_2, \tag{2.53}$$

und wir wissen nicht, ob bei einem bestimmten Ereignis (d. h. Elektroneinfang) der Zustand ν_1 oder der Zustand ν_2 erzeugt worden ist.

Die Rückstoßenergie auf den Atomkern hängt von der Masse des Neutrinos ab. Wenn die Rückstoßenergie genau genug gemessen werden kann, dann können wir bestimmen, welcher der beiden Masseneigenzustände beim Elektroneinfang erzeugt worden ist. Die Wahrscheinlichkeit dabei ν_1 zu messen ist $\cos^2\Theta$, jene ν_2 zu messen beträgt $\sin^2\Theta$.

Nehmen wir an, wir messen bei einem bestimmten Ereignis den Zustand ν_1. In diesem Fall *kennen* wir die Wellenfunktion. Wir können ihre zeitliche Entwicklung in der Basis der Flavoreigenzustände angeben zu

$$\nu_e(t) = \nu_1\, e^{-iE_1t} = (\cos\Theta\ \nu_e - \sin\Theta\ \nu_\mu)\, e^{-iE_1t}. \tag{2.54}$$

Die Wahrscheinlichkeit dafür, dass wir in diesem Fall den Flavor ν_μ beobachten, ist also

$$P_{1\mu} = \cos^2\Theta\ \sin^2\Theta. \tag{2.55}$$

Für den anderen Fall, dass wir bei $t = 0$ den Zustand ν_2 beobachten, lautet die Zeitentwicklung

$$\nu_e(t) = \nu_2\, e^{-iE_2t} = (\sin\Theta\ \nu_e + \cos\Theta\ \nu_\mu)\, e^{-iE_2t}. \tag{2.56}$$

Die Wahrscheinlichkeit ν_μ zu beobachten, ist nun

$$P_{2\mu} = \sin^2\Theta\ \cos^2\Theta. \tag{2.57}$$

Insgesamt beträgt die gesamte Wahrscheinlichkeit den falschen Flavor ν_μ in unserem Gedankenexperiment zu beobachten

$$P_\mu = P_{1\mu} + P_{2\mu} = 2\sin^2\Theta\ \cos^2\Theta = \frac{1}{2}\sin^2(2\Theta), \tag{2.58}$$

was offensichtlich im Widerspruch zu unserer Oszillationsformel (Gl. 2.30) steht. Für nichttriviale Mischungswinkel Θ verschwindet auch in diesem Fall die Wahrscheinlichkeit für die Beobachtung von ν_μ nicht, allerdings ist sie unabhängig von der Zeit.

Der Grund für die unterschiedlichen Resultate liegt darin, dass wir bei einer Messung der Masseneigenzustände in das System eingreifen und den Zustand damit zum Zeitpunkt $t = 0$ nicht nur bezüglich seines Flavors sondern auch bezüglich seines Massenwerts eindeutig festlegen. Durch diesen Eingriff in das System zerstören wir das Oszillationsmuster, ganz analog wie in dem bekannten Beispiel des Doppelspaltversuchs: Dort wird das Interferenzmuster zweier Teilwellen hinter einem Doppelspalt dann zerstört, wenn man durch einen Eingriff in das System bestimmt, durch welchen Spalt das Teilchen geflogen ist. Neutrinooszillationen sind auch eine Interferenzerscheinung und beruhen auf der zeitlich kohärenten Überlagerung von Teilwellen.

Um die Masseneigenzustände messen zu können, benötigt man eine hinreichende Energieauflösung. In unserem Beispiel ist die Energie E_r des Kerns nach dem Rückstoß $E_r = Q - m_i^2/2M$, wenn Q die beim Zerfall insgesamt freiwerdenden Energie und M die Kernmasse bezeichnen. Um zwischen m_1 und m_2 unterscheiden zu können, sollte der Fehler der Energiemessung ΔE_r kleiner als die Differenz von E_r in diesen Fällen sein:

$$\Delta E_r < \frac{m_2^2 - m_1^2}{2M} = \frac{\Delta m_{21}^2}{2M}. \tag{2.59}$$

Nach der quantenmechanischen Unschärfebeziehung $\Delta E \Delta t \geq 1/2\,(\hbar = 1)$ erhalten wir für die Unsicherheit Δt in der Zeitmessung

$$\Delta t \geq \frac{1}{2\Delta E_r} > \frac{M}{\Delta m_{21}^2}. \tag{2.60}$$

Wir können den Zeitpunkt der Neutrinoentstehung nicht genauer bestimmen als Δt, und dies gilt natürlich auch für die Zeitmessung zwischen Neutrinoentstehung und Nachweis. Da für die Phase Φ der Oszillation gilt

$$\Phi(t) = \frac{\Delta m_{21}^2 t}{2p}, \tag{2.61}$$

beträgt ihre Unsicherheit

$$\Delta\Phi = \frac{\Delta m_{21}^2 \Delta t}{2p} > \frac{M}{2p}. \tag{2.62}$$

Aus Impuls- und Energieerhaltung folgt $M > 2p$ und deshalb gilt

$$\Delta\Phi > 1. \tag{2.63}$$

Die Masseneigenzustände können unterschieden werden, wenn die Energieauflösung es gestattet. Dann aber wird das Oszillationsmuster vollkommen verwaschen. Aus diesem Grund können wir dann den zeitlichen Verlauf der Oszillation nicht mehr beobachten. Wir sehen unter dieser Bedingung vielmehr eine über die Oszillationsperiode gemittelte Wahrscheinlichkeit

$$\bar{P}_\mu = \frac{1}{2}\sin^2(2\Theta) \tag{2.64}$$

in Übereinstimmung mit unserem obigen Ergebnis von Gl. 2.58.

2.7 Neutrinooszillationen und Wellenpakete

In der Realität haben die Neutrinoquelle sowie der Detektor einen definierten Ort mit gewissen Unsicherheiten. Damit sind auch die Neutrinozustände lokalisiert, und das Unschärfeprinzip impliziert, dass die Neutrinos eine Superposition verschiedener Impulszustände sein müssen. Die Neutrinowellenfunktion kann daher keine einzelne ebene Welle sein, sondern wird vielmehr als Überlagerung mehrerer ebener Wellen angesehen. Die daraus folgenden Konsequenzen werden z. B. in den folgenden Abhandlungen und in den darin enthaltenen Referenzen abgeleitet und diskutiert: [27], [28], [29].

Wellenpakete werden als Superposition ebener Wellen mit unterschiedlichen Impulsen beschrieben. Die zeitliche Entwicklung eines Masseneigenzustands mit der Masse m_i, der sich entlang der x-Achse ausbreitet, ist gegeben durch

$$\psi(x,t) = \int a(p)\, e^{-i(Et-px)}\, dp, \tag{2.65}$$

wobei $a(p)$ die Verteilungsfunktion der Amplitude des Impulses ist und $E = (m_i^2 + p^2)^{1/2}$. Wenn wir für die Wahrscheinlichkeitsverteilung des Impulses eine Gaußverteilung um den Mittelwert $\bar{p}$ mit der Standardabweichung σ_p annehmen, dann gilt

$$a(p) = \frac{1}{(\sqrt{2\pi}\sigma_p)^{-1/2}} \exp\left(\frac{-(p-\bar{p})^2}{4\sigma_p^2}\right). \tag{2.66}$$

Dabei nehmen wir an, dass die Impulsunschärfe klein ist gegenüber dem Impulsmittelwert, also $p >> \sigma_p$. Einsetzen in (2.65) und Ausführen der Integration ergibt

$$\psi(x,t) = \frac{1}{(\sqrt{2\pi}\sigma_x)^{-1/2}} \exp\left(\frac{-(x-\bar{\beta}t)^2}{4\sigma_x^2}\right) \exp\left(-i(\bar{E}t - \bar{p}x)\right), \tag{2.67}$$

mit der räumlichen Unschärfe

$$\sigma_x = \frac{1}{2\sigma_p}, \tag{2.68}$$

der mittleren Energie $\bar{E} = (\bar{p}^2 + m_i^2)^{1/2}$ und der mittleren Geschwindigkeit

$$\bar{\beta} \sim 1 - \frac{m_i^2}{2\bar{E}^2}. \tag{2.69}$$

Die Beziehung (2.68) gibt die quantenmechanische Unschärfebeziehung zwischen Ort und Impuls wieder. Aus Gl. 2.69 wird deutlich, dass sich Wellenpakete bei

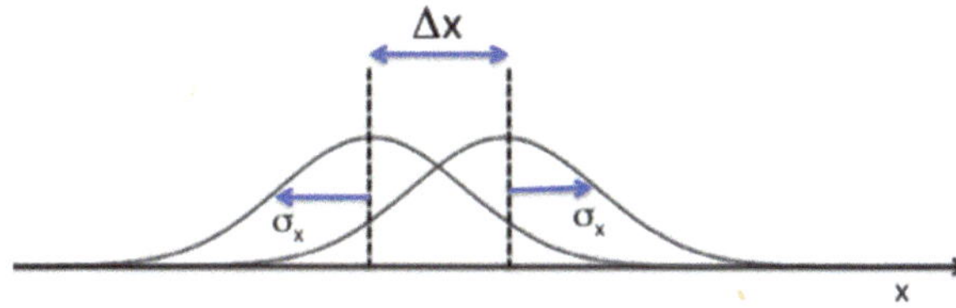

Abb. 2.2 Überlapp zweier Wellenpakete mit den Breiten σ_x nach der Distanz Δx (Gl. 2.70)

unterschiedlichen Massenwerten m_i mit verschiedenen Geschwindigkeiten ausbreiten. Der Abstand Δx zweier Wellenpakete mit Massen $m_{j,i}$ nach der Distanz x ist (Abb. 2.2)

$$\Delta x = \frac{\left(m_j^2 - m_i^2\right) \cdot x}{2\,\bar{E}^2}. \tag{2.70}$$

Bei einem bestimmten Abstand von der Quelle werden sich die Wellenpakete nicht mehr überlappen (wenn gilt $\Delta x >> \sigma_x$) und Neutrinooszillationen werden verschwinden.

Die Ableitung der Oszillationswahrscheinlichkeiten für Wellenpakete mit drei Neutrinos folgt konzeptionell den bisherigen Abhandlungen, ist aber einigermaßen langwierig, so dass wir hier auf eine explizite Darstellung verzichten wollen. Berechnungen der Oszillationswahrscheinlichkeiten für Wellenpakete (wir folgen hier z. B. [29]) ergeben

$$\begin{aligned} P_{\alpha\beta}(x) &= \sum_{i=1}^{3} \mid U_{\beta i}^* \mid^2 \mid U_{\alpha i}^* \mid^2 \\ &\quad + 2 \sum_{i>j} \mid U_{\beta i}^* U_{\alpha i} U_{\beta j} U_{\alpha j}^* \mid \cos\left(2\pi \frac{x}{L_{ij}}\right) \times e^{-(x/L_{ij}^{\mathrm{coh}})^2}, \end{aligned} \tag{2.71}$$

mit der Kohärenzlänge

$$L_{ij}^{\mathrm{coh}} = \frac{4\sqrt{2}E_\nu^2}{\mid \Delta m_{ij}^2 \mid}\sigma_x, \tag{2.72}$$

wobei σ_x die effektive Wellenpaketbreite ist, welche von der räumlichen Unschärfe von Quelle und Detektor abhängt. Das Oszillationsmuster wird durch den Exponentialfaktor $e^{-(x/L_{ij}^{\mathrm{coh}})^2}$ gedämpft. Die Kohärenzlänge wird bei hohen Energien größer und kleiner für größere Massendifferenzen.

Aufgrund ihrer verschiedenen Gruppengeschwindigkeiten entwickeln sich die Wellenpakete während der Propagation des Neutrinos unterschiedlich in Ort und Zeit. Nach einer bestimmten Distanz gibt es also kein Überlappen entsprechender Masseneigenzustände mehr und somit keine Kohärenz. Die Oszillationswahrscheinlichkeit hängt dann nicht mehr vom Abstand zwischen Quelle und Detektor ab.

Interessant ist es, die Kohärenzlänge in praktischen Einheiten zu berechnen [27]. Man erhält

$$L_{ij}^{\text{coh}} \simeq 57 \cdot 10^3\, m \left(\frac{E_\nu}{MeV}\right)^2 \left(\frac{eV}{\Delta m_{ij}^2}\right) \left(\frac{\sigma_x}{\dot{A}}\right). \tag{2.73}$$

Die aktuell bekannten Werte für Δm_{ij}^2 liegen in der Größenordnung über 10^{-5} $(\text{eV})^2$, und man sieht, dass Neutrinos astrophysikalischer Quellen, einschließlich der Sonne, auf der Erde als vollständig inkohärente Mischungen von Masseneigenzuständen ankommen[3]. Das Oszillationsmuster wäre also nicht mehr als Funktion von Zeit und Strecke beobachtbar. Andererseits kann für alle bekannten terrestrischen Experimente, welche Neutrinos aus Kernreaktoren oder Beschleunigern verwenden, festgestellt werden, dass hier Kohärenz vorliegt.

Es gibt im Grunde zwei Arten von Experimenten, welche Neutrinooszillationen nachweisen können. Man unterscheidet sie in *Appearance*- und *Disappearance*-Experimente. Bei Ersteren wird nach dem Auftauchen eines Flavors gesucht, der nicht von der Neutrinoquelle stammen kann. Ein typisches Beispiel dafür sind Beschleunigerexperimente, bei denen die Neutrinoenergien groß genug sind um alle Flavors in schwachen Wechselwirkungen mit geladenen Strömen zu produzieren. Diese Experimente zeichnen sich durch eine sehr hohe Sensitivität zur Messung von Oszillationsamplituden aus. Typische Beispiele für Disappearance-Experimente sind Reaktor- und solare Neutrinoexperimente, welche entweder reine ν_e- oder $\bar{\nu}_e$-Quellen mit Energien im $\sim$MeV-Bereich benutzen. In beiden Fällen sucht man nach einem Defizit im Neutrinofluss sowie, wenn möglich, nach einer durch die Oszillation hervorgerufene Verzerrung im Energiespektrum. In diesen Experimenten sind die Neutrinoenergien offensichtlich nicht ausreichend um geladene Myonen oder Tau-Leptonen zu erzeugen. Mit solchen Experimenten ist man jedoch sehr sensitiv auf kleine Werte Δm^2, insbesondere bei großen Entfernungen L zwischen Quelle und Detektor.

Wie oben schon erwähnt kann in manchen Fällen die Oszillation von Neutrinos näherungsweise mit der einfachen Zwei-Oszillationsformel beschrieben werden. Dies ist zum Beispiel der Fall für Experimente mit Reaktorneutrinos bei eher kurzen Distanzen ($L \sim 1\,\text{km}$), wenn die langsame Komponente aufgrund von $\Delta^2 m_{21}$ noch vernachlässigbar ist. Wir werden das später ausführlicher diskutieren.

Wir haben gesehen, dass Kohärenzeffekte das Auftreten der Oszillationen beeinflussen können. Aber auch experimentelle Gegebenheiten können den Nachweis der Oszillationen maßgeblich verändern. Falls zum Beispiel der Durchmesser der Neutrinoquelle oder des Detektors viel größer ist als die Oszillationslänge, wird der räumliche Effekt der Neutrinooszillation quasi herausgemittelt. In diesem Grenzfall ist keine Abhängigkeit von dem Abstand zwischen Quelle und Detektor zu beobachten und man kann nur eine gemittelte Oszillationswahrscheinlichkeit $\bar{P}_{\text{osc}}$

[3] Eine zusammenfassende Beschreibung der aktuellen Werte für Δm_{ij}^2 folgt in Kap. 4.

beobachten. Im Falle von zwei Neutrinos reduziert sich dieser Wert dann auf

$$\bar{P}_{\text{osc}} = \frac{1}{2} \sin^2 2\theta, \tag{2.74}$$

und ist folglich nur noch abhängig vom Mischungswinkel.

Bisher haben wir Neutrinooszillationen im Vakuum betrachtet. Durchqueren Neutrinos jedoch Materie, müssen im Allgemeinen Materieeffekte zusätzlich berücksichtigt werden.

2.8 Materieeffekte

Neutrinos, die Materie passieren, unterliegen der schwachen Wechselwirkung und dies führt zur kohärenten Vorwärtsstreuung an Teilchen der Materie, wie z. B. an Elektronen. Die kohärente Vorwärtsstreuung führt bei der Beschreibung der Propagation von Neutrinos durch Materie zu einem Brechungsindex, der von der Materiedichte abhängig ist. Analog kann man den Brechungsindex auch mit einem zusätzlichen effektiven Massenterm für Neutrinos in Materie beschreiben. Da die Wechselwirkung der Neutrinos mit Materie vom Flavor abhängig ist, werden sich diese effektiven Massenterme für verschiedene Flavors unterscheiden.

Folglich können Materieeffekte auch Änderungen der Beschreibung von Neutrinooszillationen bedingen, wenn Neutrinos Materie durchqueren. Es stellt sich heraus, dass insbesondere für solare und atmosphärische Neutrinoexperimente diese Materieeffekte von großer Bedeutung sein können, wenn Neutrinos die Sonnenmaterie oder die Erde durchdringen. Auch zukünftige Experimente an Beschleunigern, wenn hohe Neutrinoenergien im GeV-Bereich erreicht werden und der Neutrinostrahl lange Strecken unter der Erdoberfläche durchquert, werden Materieeffekte eine wichtige Rolle spielen und müssen berücksichtigt werden.

Materieeffekte wurden zuerst für solare Neutrinos diskutiert, da diese in einer sehr dichten Umgebung entstehen und sie die Sonnenmaterie mit variabler Dichte bis zum Vakuum durchqueren. Die Materieeffekte für Neutrinooszillationen wurden erstmals in Veröffentlichungen von Wolfenstein, Smirnov und Mikheyev [30], [31], [32] erläutert. Man bezeichnet diesen Effekt daher häufig als MSW-Effekt.

Den Zusammenhang zwischen dem Brechungsindex n_l für ein Neutrino mit dem Flavor l und der Amplitude der Vorwärtsstreuung wird vom sogenannten optischen Theorem geliefert und lautet

$$n_l = 1 + (2\pi N/p^2) f_l(0), \tag{2.75}$$

wobei N die Teilchenzahldichte, p der Impuls und $f_l(0)$ der Realteil der Amplitude der Vorwärtsstreuung sind. Beiträge zur Vorwärtsstreuung in Materie wie der Sonne oder der Erde leisten nur Atomkerne und Elektronen. Der Anteil durch Atomkerne geschieht durch die neutrale Wechselwirkung, weshalb er für alle Neutrinoflavors identisch ist.

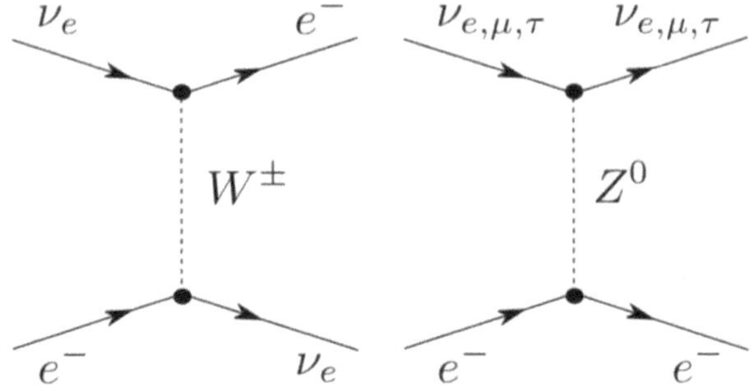

Abb. 2.3 Elastische Neutrinostreuung an Elektronen. Während $\nu_{\mu,\tau}$ nur über die neutrale Stromwechselwirkung streuen, erfolgt diese für ν_e auch über die geladene Stromwechselwirkung

Anders ist es bei der Streuung von Neutrinos an Elektronen: ν_e streuen an Elektronen über neutrale und geladene Wechselwirkungen, alle anderen Flavors jedoch nur über die neutrale Wechselwirkung. Dies wird in Abb. 2.3 illustriert.

Der Wirkungsquerschnitt für die kohärente Vorwärtsstreuung an Elektronen ist daher für Elektronneutrinos signifikant höher als für Neutrinos der anderen Arten. Dieser Unterschied führt zu einer Differenz zwischen den Brechungsindizes von ν_e und $\nu_{\mu,\tau}$ und beeinflusst die Wahrscheinlichkeiten der Neutrinooszillationen.

Um diese Effekte zu erläutern, ist es nützlich, sich die zeitliche Entwicklung der Masseneigenzustände im Vakuum in Erinnerung zu rufen:

$$\nu_i(x) = e^{-i\frac{m_i^2}{2p}x}\nu_i. \tag{2.76}$$

Diese Funktionen können als Lösungen der folgenden Bewegungsgleichungen dargestellt werden ($x = t$):

$$i\frac{d\nu_i}{dt} = \frac{m_i^2}{2p}\nu_i. \tag{2.77}$$

In Matrixform können wir schreiben

$$\begin{pmatrix} \nu_1(t) \\ \vdots \\ \nu_n(t) \end{pmatrix} = \underbrace{\frac{1}{2p}\begin{pmatrix} m_1^2 & & 0 \\ & \ddots & \\ 0 & & m_n^2 \end{pmatrix}}_{=:H^i} \begin{pmatrix} \nu_1 \\ \vdots \\ \nu_n \end{pmatrix}. \tag{2.78}$$

Im Vakuum ist der Hamilton-Operator H^i diagonal, und die Differentialgleichungen für die sich mit der Zeit entwickelnden Massenzustände entkoppeln. Die Massenzustände sind demnach dann stabil, wenn die Neutrinos sich im Vakuum bewegen. Der Hamilton-Operator H^α im Flavorzustand ist mit H^i verknüpft über

$$H^\alpha = UH^iU^\dagger. \tag{2.79}$$

Im Gegensatz zu H^i ist der Hamilton-Operator H^α nicht diagonal, weshalb zusätzliche Terme im Operator berücksichtigt werden müssen. Es sind allerdings nur relative Unterschiede relevant, da der Anteil des Brechungsindexes, der allen Neutrinoflavors zu eigen ist, die Entwicklung der Phase exakt gleich beeinflusst. Im Folgenden werden wir Materieeffekte in einem Zwei-Neutrino-Ansatz beschreiben.

In der Flavorbasis kann die zusätzliche geladene Wechselwirkung der Elektron-Neutrinos geschrieben werden als:

$$H^\alpha_{\text{mat}} = H^\alpha + \begin{pmatrix} V_{CC} & 0 \\ 0 & 0 \end{pmatrix}, \tag{2.80}$$

mit $V_{CC} = \sqrt{2} G_F N_e$, wobei G_F die Fermikonstante und N_e die Elektronendichte im Medium ist. Wie transformieren den Hamilton-Operator H_{mat} nun in die Basis der Masseneigenzustände und erhalten

$$\begin{aligned} H^i_{\text{mat}} &= U^\dagger H^\alpha_{\text{mat}} U = H^i + U^\dagger \begin{pmatrix} V_{CC} & 0 \\ 0 & 0 \end{pmatrix} U \\ &= \frac{1}{2p} \begin{pmatrix} m_1^2 + Ac^2 & Asc \\ Asc & m_2^2 + As^2 \end{pmatrix}, \end{aligned} \tag{2.81}$$

mit $A = 2\sqrt{2} G_F N_e p$.

Hier ist zu beachten, dass H^i_{mat} nicht mehr diagonal ist, falls $A \neq 0$. Die Diagonalisierung erfordert nun eine weitere Drehung. Der neue, in Materie relevante Mischungswinkel θ_{mat} lautet

$$\tan(2\theta_{\text{mat}}) = \frac{\sin 2\theta}{\cos 2\theta - A/\Delta m^2}. \tag{2.82}$$

Er hängt ab von dem Quotienten $A/\Delta m^2$ und wird identisch mit dem Mischungswinkel im Vakuum für $N_e \to 0$. Daraus lässt sich die Oszillationsamplitude in Materie berechnen:

$$\sin^2(2\theta_{\text{mat}}) = \frac{\sin^2(2\theta)}{\left(A/\Delta m^2 - \cos(2\theta)\right)^2 + \sin^2(2\theta)}, \tag{2.83}$$

sowie die neuen quadrierten Massendifferenzen:

$$(m^{\text{mat}}_{1,2})^2 \tag{2.84}$$

$$= \frac{1}{2}\left((m_1^2 + m_2^2 + A) \mp \sqrt{A - \Delta m^2 \cos^2(2\theta) + \Delta m^2 \sin^2(2\theta)}\right) \tag{2.85}$$

Die effektive Oszillationslänge L_{mat} in Materie ist gegeben durch

$$L_{\text{mat}} = L_{ij} \cdot \frac{\sin 2\theta_{\text{mat}}}{\sin 2\theta_{ij}}. \tag{2.86}$$

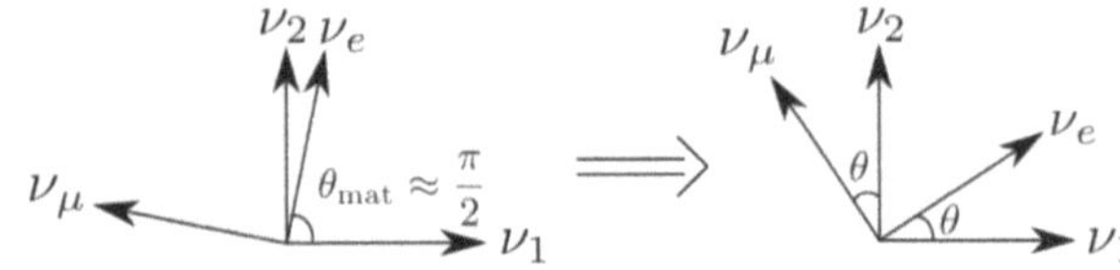

Abb. 2.4 Neutrinomischung und Rotationsschema im Vakuum (rechts) und bei Materiedominanz (links), wenn ν_e dem Zustand ν_2 sehr nahe kommt

Auch für Gl. 2.84 und 2.86 gilt $m_{1,2}^{\text{mat}} \to m_{1,2}$ und $L_{\text{mat}} \to L_{ij}$ für $N_e \to 0$. Im Allgemeinen unterdrückt Materie die Oszillationswahrscheinlichkeiten. In der Tat erhält man im Fall von $N_e \to \infty$, was gleichbedeutend ist mit $A \to \infty$, $\tan(2\theta_{\text{mat}}) \simeq \sin(2\theta)\Delta m^2/(-A)$ und somit $\theta_{\text{mat}} \simeq \pi/2$, was bedeutet, dass in diesem Extremfall die Massen- und Flavor-Eigenzustände nahezu parallel (bzw. antiparallel) liegen, wie dies in Abb. 2.4 schematisch dargestellt ist. Es existiert jedoch ein resonanter Wert $A = \Delta m^2 \cos(2\theta)$, der zu einer maximalen Oszillationsamplitude $\sin^2(2\theta_{\text{max}}) = 1$ führt, unabhängig davon, wie groß oder klein diese Amplitude im Vakuum ist. Resonanz tritt auf, wenn die Neutrinoenergie E_ν und die Elektronendichte in Materie N_e die Bedingung

$$E_\nu = \frac{\Delta m^2 \cos(2\theta)}{2\sqrt{2} G_F N_e} \tag{2.87}$$

erfüllen. Eine interessante Frage ist, ob Resonanz für solare Neutrinos eintreten kann. Nimmt man den Wert der Elektronendichte im solaren Zentrum $N_e = \rho N_A Z/A$ mit $\rho \approx 150\,\text{g/cm}^3$, die Avogadrozahl N_A und Z/A als durchschnittliches Verhältnis von Ladung zu Masse des solaren Plasmas, erhält man die Resonanzenergie E_{res} in der Sonne

$$E_{\text{res}} \simeq 6 \cdot 10^4 \frac{MeV}{(eV)^2} \cos(2\theta)\Delta m^2. \tag{2.88}$$

Unter Beachtung der aktuellen Oszillationsparameter $\Delta m_{21}^2 \simeq 8 \cdot 10^{-5}(eV)^2$ und $\cos 2\theta \simeq 0{,}38$, erkennt man, dass $E_{\text{res}} \simeq 2\,\text{MeV}$ und dass die Resonanzbedingung tatsächlich erfüllt wird, weil das solare Neutrinospektrum maximal $\approx 15\,\text{MeV}$ erreicht. Hierbei ist zu beachten, dass die Resonanzbedingung vom Vorzeichen von Δm_{21}^2 abhängt. Nur für $m_2 > m_1$ ist diese erfüllt.

Wenn Neutrinos sich durch ein Medium mit variabler Dichte ausbreiten, gilt es, numerisch ein System gekoppelter Differentialgleichungen zu lösen [31], [33], [34], [35]. Analytische Näherungslösungen zu diesem Problem werden z. B. in [36] diskutiert. Stellen wir uns ein Neutrino vor, welches im solaren Zentrum erzeugt wird und dann durch die Sonne zur Oberfläche propagiert. Für $E_\nu > 2$ bis $3\,\text{MeV}$ dominiert im solaren Zentrum der Materieeffekt, und das Elektron-Neutrino wird nahe beim Zustand ν_2 sein. Dies ist schematisch in Abb. 2.4 skizziert.

Es handelt sich also um eine invertierte Situation im Vergleich zum Vakuum, für welches ν_e näher bei ν_1 liegt. Während das Neutrino durch die Sonnenmaterie von innen nach außen propagiert, rotieren die orthogonalen Vektoren $\nu_{1,2}$ in Richtung der Mischungswinkel, wie sie im Vakuum vorgegeben sind. Sobald das Neutrino den Resonanzbereich erreicht, tritt volle Mischung, d. h. $\theta_{\text{mat}} = 45°$ auf. Die numerische

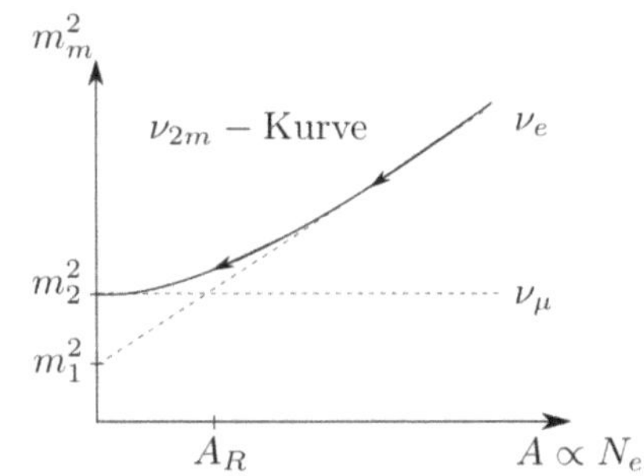

Abb. 2.5 Adiabatische Umwandlung eines ν_e zu einem ν_μ in solarer Materie. Hochenergetische Elektron-Neutrinos haben im Sonnenzentrum eine höhere effektive Masse aufgrund von Materieeffekten (hohe Werte von A). Bleiben sie auf ihrer Kurve (adiabatisches Verhalten), werden sie die Sonne größtenteils mit dem Masseneigenwert m_2 verlassen und mit höherer Wahrscheinlichkeit als im Vakuum in einem anderen Flavorzustand (hier mit ν_μ bezeichnet) beobachtet werden. Die Umwandlung findet nur statt, falls $m_2 > m_1$ gilt

Lösung bei der Berechnung des Masseneigenwerts als Funktion des Potential A wird in Abb. 2.5 schematisch gezeigt. Dies ist das Szenario der sogenannten adiabatischen Lösung der Bewegungsgleichung, bei der das Neutrino die Sonne im Zustand ν_2 mit dem Masseneigenwert m_2 verlässt. Unter dieser Voraussetzung wird das Neutrino im Detektor auf der Erde mit einer höheren Wahrscheinlichkeit als ν_μ oder ν_τ beobachtet werden als dies aus den Mischungswinkeln im Vakuum hervorgehen würde. Einer der Voraussetzungen ist eine genügend hohe Energie $E_\nu > E_{\text{res}}$ und die zweite bedingt eine positive Massendifferenz $m_{21}^2 > 0$.

Die oben diskutierte Resonanzenergie teilt das solare Spektrum in zwei Teile. Dies wird schematisch in Abb. 2.6 gezeigt. Neutrinos mit geringer Energie unterhalb von E_{res} werden kaum durch Materieeffekte beeinflusst, hochenergetische Neutrinos hingegen werden von ihnen dominiert. Wie wir später sehen werden, befinden sich die sogenannten solaren ^{7}Be- und pp-Neutrinos im sogenannten Vakuumregime, während ^{8}B-Neutrinos oberhalb von ≈ 2 bis 3 MeV durch den Materieeffekt dominiert werden. Der Übergangsbereich zwischen beiden Regimen kann durch Messung des Energiespektrums der solaren ^{8}B-Neutrinos über ihr gesamtes Spektrum bestimmt werden. Dies wird im Abschn. 3.1 der solaren Neutrinoexperimente ausführlich behandelt werden. Hier sei nur erwähnt, dass der MSW-Effekt experimentell bestätigt ist. Es ist bemerkenswert, dass damit ein eindeutiger Beweis für die sogenannte normale Hierarchie im ν_1, ν_2-Sektor, d. h. $m_2 > m_1$, gefunden werden konnte.

2.9 Zusammenfassung

Neutrinooszillationen sind periodische Änderungen des Flavors von Neutrinos in Zeit und Raum. Sie sind eine direkte Konsequenz endlicher Neutrinomassen und Mischung. Neutrino-Massenterme können entweder durch die Kopplung linkshändiger Neutrinos zu rechtshändigen Neutrinos (Dirac-Fall) oder zu rechtshändigen,

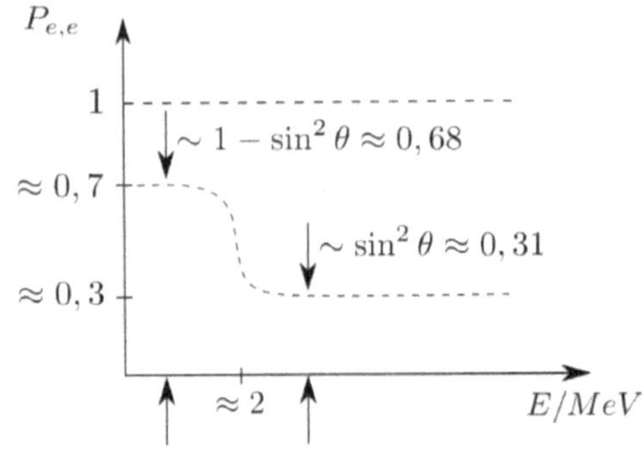

Abb. 2.6 Schematische Darstellung der Überlebenswahrscheinlichkeit $P_{e,e}$ eines im Sonneninneren erzeugten ν_e für die Beibehaltung seines Zustands als Funktion seiner Energie. Für niedrige Energien (Vakuumregime) ist $P_{e,e}$ signifikant höher als im Hochenergie-(Materie)-Regime. Hier wurden die aktuell bekannten Werte der Neutrinomischungsmatrix verwendet

ladungskonjugierten Zuständen (Majorana-Fall) eingeführt werden. Es sind auch gemischte Terme möglich. Im ersten Fall werden neue Zustände postuliert, die nicht an der schwachen Wechselwirkung teilnehmen und sterile Neutrinos genannt werden. Die Massen der rechtshändigen Neutrinos müssen nicht identisch mit denen der linkshändigen Neutrinos sein. Im Majorana-Fall ist das Neutrino und das Antineutrino identisch und die Leptonzahl wird um $\Delta L = \pm 2$ verletzt.

Voraussetzungen für das Auftreten von Neutrinooszillationen sind nicht entartete Masseneigenwerte und nichttriviale Mischungswinkel. Die Amplitude der Oszillation ist durch die Größe der Mischungswinkel gegeben, die Oszillationslänge durch den Quotienten der Quadrate der Massendifferenzen zu der Neutrinoenergie.

Neutrinooszillationen sind quantenmechanische Interferenzeffekte und unterliegen Kohärenzbedingungen. Materieeffekte können die Oszillationswahrscheinlichkeiten gegebenenfalls signifikant beeinflußen und stellen eine weitere Möglichkeit dar, Informationen über die Anordnung der Masseneigenwerte zu erhalten.

3 Experimente zu Neutrinooszillationen

Es gibt zwei Arten von Experimenten zur Untersuchung von Neutrinooszillationen. In sogenannten Appearance-Experimenten sucht man nach dem Auftreten eines neuen Flavors. In Disappearance-Experimenten wird nach einem Defizit im Fluß einer bestimmten Neutrinoart gesucht. Oft kann die Zwei-Neutrino-Näherung angewendet werden, um den Effekt der Neutrinooszillationen abzuschätzen. In diesem speziellen Fall erhalten wir mittels der im vorigen Kapitel entwickelten Formeln den folgenden Ausdruck für die Wahrscheinlichkeit $P_{\alpha\beta}$, bei einem Ausgangszustand α cincn Ncutrinoflavor β zu beobachten:

$$P_{\alpha\beta} = \sin^2(2\theta)\sin^2(\Phi(E_\nu, L)), \tag{3.1}$$

mit der Oszillationsphase $\Phi(E_\nu, L)$, wobei E_ν die Neutrinoenergie ist und L den Abstand zwischen Quelle und Detektor bezeichnet. In für Experimentatoren sinnvollen Einheiten bekommt man

$$\Phi(E_\nu, L) = \left(\frac{1{,}27\,\Delta m^2/\mathrm{eV}^2}{E_\nu/\mathrm{GeV}} \cdot L/\mathrm{km}\right), \tag{3.2}$$

mit Δm^2 als der Differenz der Quadrate zweier Masseneigenwerte. Die Überlebenswahrscheinlichkeit $P_{\alpha\alpha}$, den ursprünglichen Neutrinoflavor zu beobachten, ist dann $P_{\alpha\alpha} = 1 - P_{\alpha\beta}$.

Es waren solare Neutrinoexperimente, mit denen erste Anzeichen für Neutrinooszillationen beobachtet wurden. Frühe Experimente verzeichneten ein Defizit an Neutrinoereignissen gegenüber der Erwartung aus theoretischen Überlegungen. Es dauerte aber mehrere Jahrzehnte, bis mit dem SNO-Experiment endlich ein schlagender Beweis für die Existenz von Neutrinooszillationen erbracht werden konnte. Kurz vorher gelang dies dem Super-Kamiokande-Experiment mithilfe atmosphärischer

L. Oberauer und J. Oberauer, *Neutrinophysik*,
https://doi.org/10.1007/978-3-662-73322-6_3

Neutrinos. Das Phänomen der Neutrinooszillationen wurde dann mit Experimenten an Reaktoren und Beschleunigern eindrucksvoll bestätigt und die Genauigkeit der Oszillationsparameter im Laufe der Jahre stetig verbessert. Heute sind alle drei Mischungswinkel und die Werte der Massendifferenzen mit hoher Präzision bekannt.

In diesem Kapitel werden wir zuerst über die historische Entwicklung und den aktuellen Stand der Experimente mit solaren und atmosphärischen Neutrinos berichten, um dann die Ergebnisse moderner Experimente an Reaktoren und Beschleunigern zu diskutieren.

3.1 Solare Neutrinos

Unsere Sonne ist wie alle anderen Sterne auch ein gigantischer Fusionsreaktor. In ihrem Zentrum führt die kontinuierliche Bildung von Helium durch das Verschmelzen von vier Protonen zur Freisetzung von Energie. Diese nukleare Energie wird im Inneren der Sonne freigesetzt, dort wo Dichte und Temperatur auf höchsten sind. Der Transport dieser Energie an die Sonnenoberfläche erfolgt zuerst radiativ, also über Strahlung. Erst in den äußeren Schichten der Sonne erfolgt der Energietransport dominant über Konvektion. Letztlich wird die Energie in der Sonnenatmosphäre im Wesentlichen in Form elektromagnetischer Wellen in den Weltraum abgestrahlt. Ein kleiner Teil davon trifft auf unsere Erde und diese Energie ist die Basis für die Entwicklung von Leben auf unserer Erde.

Ein kleinerer Teil der nuklearen Energie aus dem Innern der Sonne wird in Form von Neutrinos emittiert. Der Nachweis dieser solaren Neutrinos ist unser Thema in diesem Abschnitt.

Die Fusion von vier Protonen zu Helium erfolgt nicht in einem Schritt, sondern in einer Reihe sukzessiver nuklearer Reaktionen. In Sternen kennt man zwei Hauptfolgereaktionen nuklearer Fusion von Protonen zu Helium: die pp-Kette und den CNO-Zyklus. Wir wissen heute, dass die pp-Kette in der Sonne bei der Energiefreisetzung dominiert, der CNO-Zyklus trägt dazu nur zu einem kleinen Teil bei.

Insgesamt belaufen sich die Fusionsprozesse immer auf

$$4\,\mathrm{p} \rightarrow^4 \mathrm{He} + 2\,e^+ + 2\,\nu_e, \tag{3.3}$$

mit einer freiwerdenden Energie von etwa 26,7 MeV. Der Großteil dieser Energie wird von der Sonne letztlich über Photonen abgestrahlt, nur etwa 2 % werden über Neutrinos freigesetzt. Wie aus Gl. 3.3 hervorgeht, ist die Sonne eine reine ν_e-Quelle. Es werden keine anderen Flavors produziert.

Da die Protonen eine abstoßende Coulombschwelle überwinden müssen, finden die nuklearen Fusionsprozesse hauptsächlich in den dichten und heißen Zentren stellarer Objekte über quantenmechanische Tunnelprozesse statt. Je schwerer die fusionierenden Atomkerne sind, desto höher ist die zu überwindende Coulombschwelle. In massiven Sternen, bei denen die Temperaturen im Zentrum und damit die kinetischen Energien der Atomkerne höher sind als in unserer Sonne, dominiert daher der CNO-Zyklus, bei denen die schweren C-, N- und O-Kerne als Katalysatoren wirken.

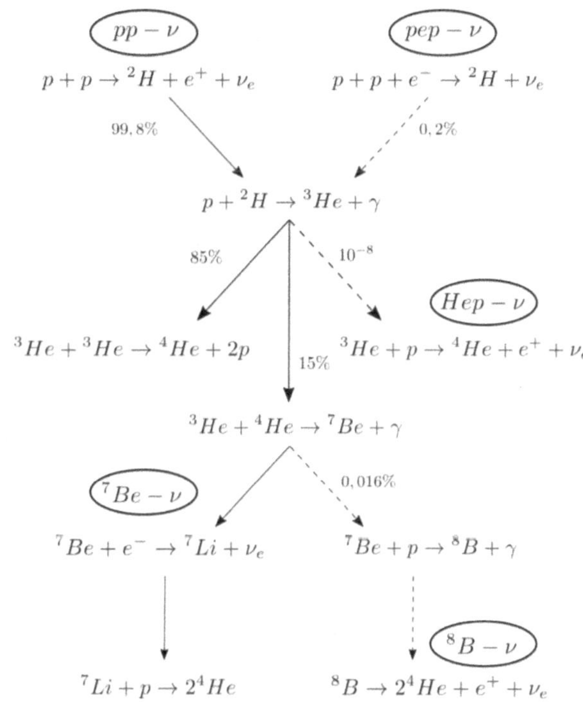

Abb. 3.1 Stellare pp-Ketten zur Fusion von Protonen zu Helium. Es ist der wichtigste Prozess für die Freisetzung von Energie in der Sonne. Alle Reaktionen mit Neutrinoemission sind angegeben und entsprechend ihres Ursprungs benannt. In allen Fällen werden solare Neutrinos im reinen ν_e-Zustand erzeugt

In der Sonne sind aber die pp-Ketten bei der Freisetzung der solaren Energie am wichtigsten, und wir werden uns in diesem Kapitel nur mit ihnen beschäftigen. In Abb. 3.1 werden die drei Ketten für die Bildung von Helium aus Wasserstoff gezeigt. Die einleitende pp-Reaktion

$$\mathrm{p} + \mathrm{p} \to {}^2\mathrm{H} + e^+ + \nu_e \tag{3.4}$$

liefert dabei den größten Beitrag zum solaren Neutrinospektrum. Sie ist ein Prozess der schwachen Wechselwirkung, was der Hauptgrund dafür ist, dass diese Reaktion so langsam abläuft und dies bestimmt letztlich die Lebensdauer unserer Sonne. Die dabei entstehenden pp-Neutrinos bilden ein kontinuierliches Spektrum mit einem Maximum bei 0,423 MeV. Die Fusion zweier Protonen mit einem Elektron

$$\mathrm{p} + e^- + \mathrm{p} \to {}^2\mathrm{H} + \nu_e \tag{3.5}$$

führt zur Produktion monoenergetischer pep-Neutrinos mit einer Energie von 1,445 MeV. Sie ist seltener als die Fusion zweier Protonen, und der resultierende Fluss von pep-Neutrinos ist daher gegenüber dem der pp-Neutrinos unterdrückt. Sehr viel intensiver sind sogenannte ^{7}Be-Neutrinos, welche aus dem Elektroneinfang an ^{7}Be-Kernen stammen:

$${}^7\mathrm{Be} + e^- \to {}^7\mathrm{Li} + \nu_e. \tag{3.6}$$

Die Elektronen werden dabei im Wesentlichen aus dem Sonnenplasma eingefangen, da die ^{7}Be-Atome wegen der hohen Temperaturen dort mit großer Wahrscheinlichkeit vollständig ionisiert sind. Die ^{7}Be-Neutrinos sind ebenfalls monoenergetisch mit zwei Linien bei 0,386 MeV (10 % Wahrscheinlichkeit) bzw. bei 0,863 MeV (90 %). Letztere entspricht dem Übergang des Grundzustands von ^{7}Be zum Grundzustand von ^{7}Li, während die Linie bei 0,386 MeV aus einem Übergang auf ein angeregtes Niveau des ^{7}Li-Kernes zurückzuführen ist. Die seltenen ^{8}B-Neutrinos stammen aus dem β^+-Zerfall von ^{8}B-Kernen

$$\begin{aligned} {}^8\mathrm{B} &\to {}^8\mathrm{Be}^* + e^+ + \nu_e, \\ {}^8\mathrm{Be}^* &\to 2\,{}^4\mathrm{He}, \end{aligned} \tag{3.7}$$

und bilden ein kontinuierliches Spektrum mit einer maximalen Energie von etwa 15 MeV. Die sogenannten hep-Neutrinos besitzen sogar noch höhere Energien, sind aber bisher, da ihr Fluss stark unterdrückt ist, nicht von besonderem experimentellen Interesse.

Details zu den Vorhersagen der Intensitäten der individuellen Neutrinoflüsse hängen zum einen vom verwendeten Sonnenmodell ab, zum anderen von den nuklearen Matrixelementen, welche die Verzweigungsverhältnisse zwischen den drei pp-Ketten bestimmen. Alle Sonnenmodelle müssen aber die wohlbekannte solare Luminosität, also die Leistung der von der Sonne abgestrahlten elektromagnetischen Strahlung, reproduzieren. Die Energiefreisetzung im Inneren der Sonne sollte im Gleichgewicht mit der Abstrahlung an ihrer Oberfläche sein, wenn die Sonne über einen Zeitraum der Größenordnung von 10^5 Jahren stabil ist. Dies entspricht in etwa der Zeitdauer, welche die elektromagnetische Strahlung benötigt, um vom Sonnenzentrum zur Sonnenoberfläche zu gelangen, wo sie ins Universum abgestrahlt wird.

Unter dieser Annahme erhalten wir mit Gl. 3.3 eine Abschätzung des totalen Neutrinoflusses Φ_ν auf der Erde. Es gilt

$$\Phi_\nu \approx \frac{2k}{Q} \approx 6{,}4 \cdot 10^{10}\,\mathrm{cm}^{-2}\,\mathrm{s}^{-1}, \tag{3.8}$$

mit der Solarkonstanten $k = 1367\,\mathrm{W} = 8{,}54 \cdot 10^{11}\,\mathrm{MeV\,cm^{-2}\,s^{1}}$ und der pro Reaktion (Gl. 3.3) frei werdenden Energie $Q = 26{,}7\,\mathrm{MeV}$. Ungefähr 64 Mrd. Neutrinos pro Sekunde durchqueren also auf der Erde eine Fläche von nur einem Quadratzentimeter. Den weitaus größten Anteil davon machen die pp- und ^{7}Be-Neutrinos aus.

Die Berechnung der Verzweigungsverhältnisse der pp-Ketten beruht auf Messungen der nuklearen Matrixelemente im Labor und theoretischen Korrekturen, welche die besondere Umgebung des Sonnenplasmas berücksichtigen. Eine Übersicht dazu findet man in [37].

Die Energiespektren der pp- und ^{8}B-Neutrinos folgen im Wesentlichen aus der Theorie der schwachen Wechselwirkung, wie wir sie in Abschn. 1.4 diskutiert haben.

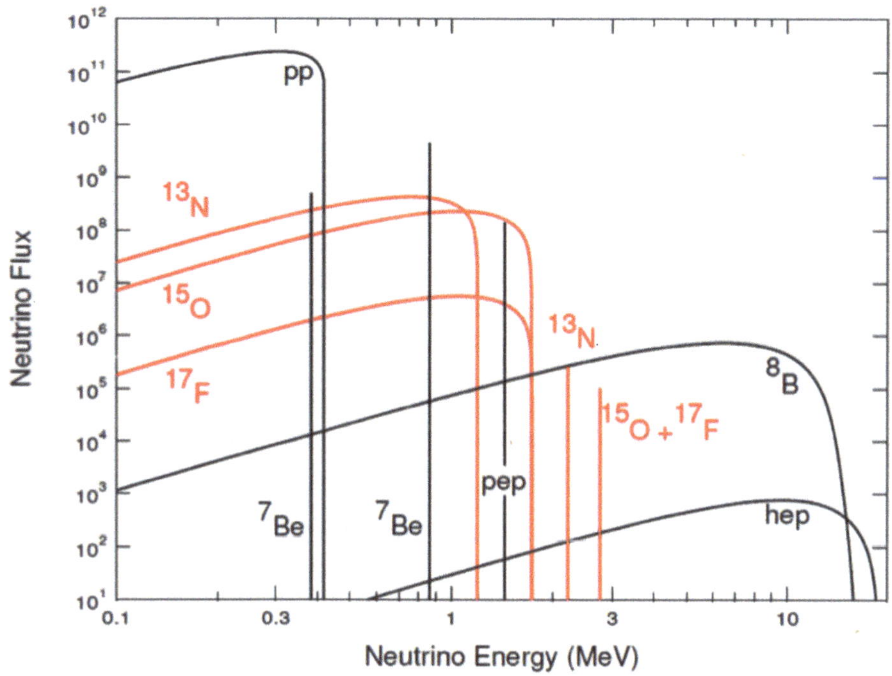

Abb. 3.2 Berechnetes solares Neutrinospektrum. Die Unsicherheiten der einzelnen Flüsse sind nicht angegeben. Die Beiträge der dominanten pp-Ketten sind in schwarz, die des CNO-Zyklus in rot dargestellt. Der Fluss der monoenergetischen Neutrinos hat die Einheit $cm^{-2}\,s^{-1}$, die kontinuierlichen Spektren die Einheit von $cm^{-2}\,s^{-1}\,MeV^{-1}$. Der Graph ist aus [37] entnommen

Die Lagen der monoenergetischen pep- und ^{7}Be-Linien sind ebenfalls durch kernphysikalische Messungen bekannt. Die Aufweitung der Linien durch den thermischen Dopplereffekt ist relativ gering: Bei ca. 15 Mio. Grad im Zentrum der Sonne macht dieser Effekt nur etwa 2 keV aus.

Das berechnete solare Neutrinospektrum ist in Abb. 3.2 zu sehen. Die Intensitäten der Neutrinoflüsse der einzelnen Zweige können experimentell dann gemessen werden, wenn es gelingt, den auf der Erde nachgewiesenen Neutrinos eine Energie zuzuordnen. Diese solare Neutrinospektroskopie ist einerseits von astrophysikalischem Interesse, um mehr Details über solare Fusionsprozesse zu erfahren, aber sie ist auch zwingend notwendig, um die Energieabhängigkeit des Übergangs ν_e zu anderen Flavors zu untersuchen, wie sie vom MSW-Effekt vorhergesagt wird. Am Ende dieses Kapitels werden wir dies im Zusammenhang mit den Experimenten SNO, SuperKamiokande und Borexino, welche Informationen zum solaren Neutrinospektrum liefern, genauer diskutieren.

Den ersten Hinweis auf die Beobachtung eines deutlich geringeren ν_e-Flusses lieferte das radiochemische solare Neutrinoexperiment von Raymond Davis und Mitarbeitern [38] in der Homestake Mine (USA), welches 1967 begonnen wurde (*Homestake*-Experiment). Es war ein wahres Pionierexperiment, mit dem Ziel zu beweisen, dass nukleare Fusionsprozesse die Basis der Energieumsetzung in der

Sonne sind. Als Target für solare Neutrinos wurde ein Tank mit einem Volumen von $6 \cdot 10^5$ Litern C_2Cl_4 verwendet. Über die Reaktion

$$\nu_e + {}^{37}\mathrm{Cl} \rightarrow e^- + {}^{37}\mathrm{Ar} \tag{3.9}$$

wurden solare Neutrinos mit einer Energieschwelle von 0,81 MeV nachgewiesen. Die ^{37}Ar-Kerne sind instabil und zerfallen mit einer Lebensdauer von 35 Tagen über Elektroneinfang zurück zu ^{37}Cl. Dabei werden Röntgenstrahlen und Auger-Elektronen emittiert, die in kleinen Proportionalzählkammern nachgewiesen wurden. Die Extraktion der ^{37}Ar-Atome aus dem Tank und ihren Transfer in die Proportionalzähler wurde durch Spülung des Tanks mit ultrareinem Heliumgas in Zeitabständen von mehreren Wochen durchgeführt. Im Mittel wurde ca. ein ^{37}Ar-Atom in zwei Tagen produziert, und durchschnittlich 16 Atome wurden pro Exposition extrahiert. Das Homestake-Experiment konnte als erstes überhaupt solare Neutrinos beobachten und zeigen, dass tatsächlich nukleare Fusion die Quelle der solaren Energie ist. Für diese Entdeckung wurde R. Davis 2002 mit dem Nobelpreis geehrt.

Aufgrund der Energieschwelle von 0,81 MeV muss der Hauptbeitrag des Signals vom solaren ^{8}B-Zweig und ein kleinerer, aber nicht vernachlässigbarer Anteil von den ^{7}Be-Neutrinos stammen. Man beobachtete nur $\sim 33\,\%$ der erwarteten Neutrinorate, was der Beginn des sogenannten solaren Neutrinorätsels war. Schon damals diskutierte man Neutrinooszillationen als mögliche Ursache dieses Ergebnisses, astrophysikalische Lösungen wurden aber im Allgemeinen favorisiert, da das Experiment primär auf den kleinen ^{8}B-Zweig, ganz am Ende der dritten pp-Kette, sensitiv war. Da der ^{8}B-Fluss extrem stark von der Temperatur im Zentrum der Sonne abhängt, hätte beispielsweise eine Absenkung dieser astrophysikalischen Größe um nur $\sim 5\,\%$ das Ergebnis des Homestake-Experiments bereits erklären können.

Nukleare Effekte, welche die Verzweigungsverhältnisse zugunsten der ersten pp-Kette verschieben könnten, wurden ebenfalls als Lösung diskutiert. Experimente zur Messung der relevanten astrophysikalischen nuklearen Matrixelemente auch bei kleinen Energien im keV-Bereich wurden durchgeführt [39]. Es konnten keine signifikanten Abweichungen von den Parametern gefunden werden, die Eingang zu den Berechnungen des Sonnenmodells fanden.

Trotzdem betrachtete man die Oszillationshypothese noch immer als exotische Lösung des solaren Neutrinorätsels. Natürlich hätte auch ein systematischer Fehler im Homestake-Experiment vorliegen können. Allerdings hat die Kollaboration über den Zeitraum mehrerer Dekaden Methoden zur Bestimmung der Wahrscheinlichkeit von Seitenreaktionen, die ebenfalls zur Bildung von ^{37}Ar-Atomen führen können, entwickelt und realisiert. Der größte Beitrag dazu stammt von Reaktionen kosmischer Teilchen an den Chlor-Kernen. Die Bildungswahrscheinlichkeit der ^{37}Ar-Atome wurde in verschiedenen Labortiefen und damit Abschirmungen gemessen. Damit konnte demonstriert werden, dass in der tiefen Homestake-Mine das Experiment realisierbar ist, und das Niveau der Intensität der Seitenreaktionen wurde recht genau bestimmt. Auch die Extraktions- und Detektionseffizienzen der ^{37}Ar-Atome wurden zahlreichen Tests unterworfen und deren systematische Unsicherheiten immer weiter verringert. Die Unsicherheit im Wirkungsquerschnitt beruhte im Wesentlichen auf jener des nuklearen Matrixelements. Die Übergangsstärke von ^{37}Cl auf den Grundzustand von ^{37}Ar kann man aus der wohlbekannten Lebensdauer des Rückzerfalls von ^{37}Ar ablesen. Beiträge von Übergängen auf angeregte Niveaus von ^{37}Ar wurden mithilfe theoretischer Berechnungen und durch Messung von (p,n)-Reaktionswirkungsquerschnitten an ^{37}Cl abgeschätzt. Eine direkte Messung mit einer künstlichen Neutrinoquelle konnte aber nicht durchgeführt werden.

Ein Nachteil radiochemischer Experimente ist, dass die Energieinformation beim Neutrinonachweis verloren geht: Das Homestake-Experiment ist ein reines Zählexperiment. Die erste Beobachtung solarer ^{8}B-Neutrinos mit Energieinformation gelang im *Kamiokande*-Experiment [40], das einen großvolumigen Wasser-Cherenkovdetektor als Target und Nachweisgerät verwendete. Der Detektor wurde in der Kamioka-Mine in den japanischen Alpen aufgebaut. Er bestand aus einem mit 3,0 kt Wasser gefüllten Zylinder, dessen Wände dicht mit Photovervielfachern zum Nachweis des Cherenkovlichts bestückt wurden.

Als Nachweisreaktion wurde die elastische Streuung von Neutrinos an Elektronen benutzt

$$\nu + e^- \rightarrow \nu + e^-, \tag{3.10}$$

wobei das Rückstoßelektron über den Cherenkoveffekt detektiert wird. Die im Experiment erreichte Nachweisschwelle lag bei ca. 5 MeV und daher konnten nur die ^{8}B-Neutrinos aus der pp-Kette erfasst werden. Die Flugrichtung des Rückstoßelektrons kann in einem Cherenkovdetektor durch die Analyse der Lage der Cherenkovringe rekonstruiert werden. Wegen der Impulserhaltung kann man daher die Richtung des Neutrinos, das der Streuung 3.10 unterliegt, ebenfalls bestimmen. Dies wird schematisch in Abb. 3.3 gezeigt. Damit konnte Kamiokande und später das wesentlich größere Nachfolgeexperiment *Super-Kamiokande* (Gesamtmasse 50 kt Wasser, 22,5 kt *fiducial volume*) demonstrieren, dass die so detektierten Neutrinos tatsächlich von der Sonne kommen. Bei Super-Kamiokande wird die Methode der Richtungsbestimmung mit einem Elektronenbeschleuniger getestet, der einzelne Elektronen mit definierter Energie in das Targetvolumen des Detektors injizieren kann.

Zudem kann der Ort der Wechselwirkung rekonstruiert und somit deren Verteilungsfunktion im Raum bestimmt werden. Beide Methoden sind essentiell, um solare Neutrinoereignisse von Untergrundsignalen zu trennen. Während nämlich die

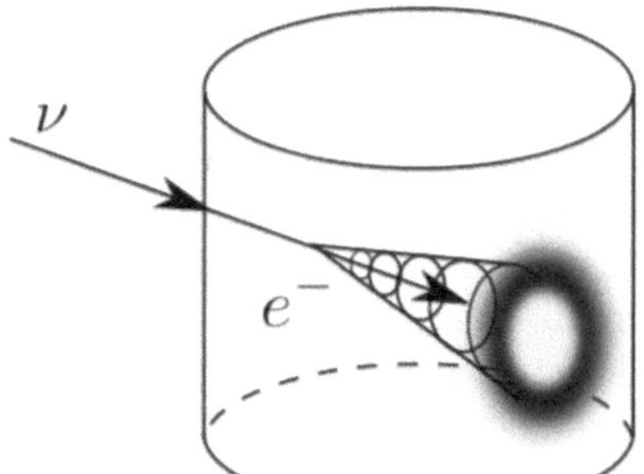

Abb. 3.3 Schematische Darstellung des Nachweises solarer Neutrinos in Kamiokande und Super-Kamiokande. Die Messung des Cherenkovrings erlaubt die Richtung des einfallenden Neutrinos und dessen Wechselwirkungsort im Detektor zu rekonstruieren

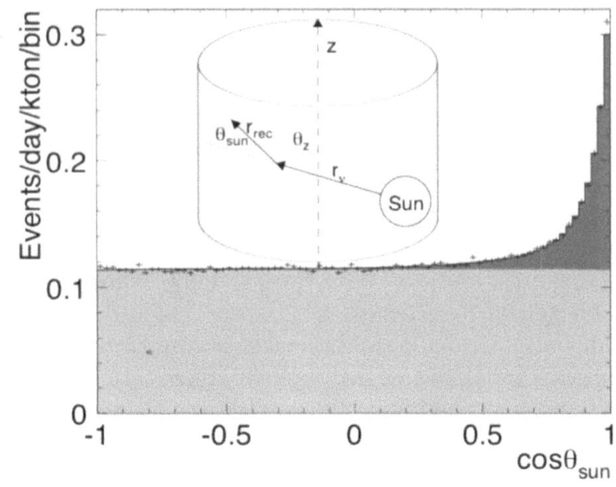

Abb. 3.4 Winkelverteilung solarer Neutrinoevents in Super-Kamiokande in Abhängigkeit von $\cos\Theta_{\text{sun}}$ (Erklärung s. Text). Die solaren Neutrinoereignisse konzentrieren sich in Vorwärtsrichtung $\cos\Theta_{\text{sun}} = 1$. Der Plot wurde von der Super-Kamiokande in [41] veröffentlicht

Neutrinoereignisse homogen im Detektorvolumen verteilt sind, konzentrieren sich Untergrundereignisse, die von externer Gammastrahlung oder Neutronen erzeugt werden, am Rand des Detektors. In der Datenanalyse wird daher ein sogenanntes *fiducial volume* im Inneren des Detektors als erlaubte Zone für Neutrinoereignisse definiert. Man verliert dadurch zwar an Targetmasse, erreicht aber im Allgemeinen ein deutlich verbessertes Verhältnis der Signal- zu Untergrundrate.

In Abb. 3.4 sieht man die von Super-Kamiokande gemessene Winkelverteilung solarer Events [41]. Die Größe Θ_{sun} bezeichnet dabei den Winkel zwischen der Geraden von der Sonne zur Erde und dem rekonstruierten Richtungsvektor des Rückstoßelektrons.

Die Information über die Energie des einfallenden Neutrinos gewinnt man aus der Messung der Intensität der Cherenkovstrahlung. Da der Streuwinkel aber unbekannt ist, kann für die ursprüngliche Energie des Neutrinos nur eine untere Grenze angegeben werden. Trotzdem ist diese Methode geeignet, eine signifikante Abweichung des Rückstoßspektrums solarer ^{8}B-Neutrinos von der erwarteten Form messen zu können.

Verglichen mit den Vorhersagen aus Sonnenmodellen beobachtete man in den experimentellen Ergebnissen von Kamiokande und Super-Kamiokande nur etwa 50 % des erwarteten Flusses der ^{8}B-Neutrinos. Die Form des Rückstoßspektrums zeigt dabei keine signifikante Abweichung von der erwarteten Form.

Die elastische Neutrinostreuung von ν_e an Elektronen tritt über die schwache cc- und die nc-Reaktion auf. Wenn Neutrinos auf dem Weg von der Sonne zur Erde ihren Flavor ändern, dann tragen auch die ν_μ- und ν_τ-Zustände zur Ereignisrate im Experiment bei. Deren Wirkungsquerschnitte sind im Vergleich zur ν_e-Streuung deutlich kleiner, weil sie im Gegensatz zu diesen nur über die nc-Reaktion streuen (Abb. 2.3). Im für solare Neutrinos relevanten Energiebereich ist der Wirkungsquerschnitt für die ν_e-Streuung um einen Faktor 5 bis 6 größer als für die ν_μ- oder ν_τ-Streuung. Das heißt, dass man unter der Hypothese von Neutrinooszillationen in den Experimenten Kamiokande und Super-Kamiokande eine reduzierte Zählrate erwartet, bei der

Analyse zur Bestimmung der Oszillationsparameter aber auch die Beiträge der oszillierten Zustände ν_μ und ν_τ berücksichtigt werden müssen. Der erlaubte Parameterbereich für Mischungswinkel und Massendifferenzen konnte so von Kamiokande und Super-Kamiokande stark eingeschränkt werden. Zusätzliche Grenzen insbesondere für den Mischungswinkel Θ_{12} wurden aus der Analyse der Form des Rückstoßspektrums gewonnen, da z. B. für kleine Winkel eine starke Deformation im relevanten Energiebereich beobachtet hätte werden müssen.

Einen weiteren großen Schritt hin zur Lösung des solaren Neutrinorätsels stellten die radiochemischen Galliumexperimente *GALLEX* [42], sein Nachfolgeexperiment *GNO* (Gallium-Neutrino-Observatory) [43] im Gran-Sasso-Untergrundlabor in Italien und *SAGE* (Soviet-American-Gallium-Experiment) [44] in Baksan, tief unter dem Elbrusgebirge in Rußland, dar. In beiden Experimenten wurden solare Neutrinos mittels der Reaktion

$$^{71}\mathrm{Ga} + \nu_e \rightarrow {}^{71}\mathrm{Ge} + e^- \qquad (3.11)$$

bei einer Energieschwelle von 0,233 MeV nachgewiesen. Ähnlich wie im Homestake-Experiment werden die Ge-Atome aus großen Tanks extrahiert und gasförmig (GeH_4) in kleine Proportionalzählkammern eingebracht, um Röntgenstrahlen und Augerelektronen vom nachfolgenden Elektroneinfang von ^{71}Ge (Lebensdauer 16,5 Tage) zu messen. Wegen der geringen Energieschwelle waren diese Experimente die ersten, die Neutrinos aus der einleitenden pp-Reaktion 3.4 beobachten konnten, welche 90 % aller solarer Neutrinos ausmachen.

Für GALLEX verwendete man 101 t einer Galliumtrichlorid-Salzsäure-Lösung, welche 30,3 t Gallium enthielt. Die Verteilung des von 1991 bis 1998 in GALLEX und später in GNO gemessenen solaren Neutrinosignals über der Zeit ist in Abb. 3.5 dargestellt.

Das SAGE-Experiment startete die Messung der solaren Neutrinorate im Dezember 1989. Die letzte Veröffentlichung erschien im Juli 2009, das Experiment läuft aber noch immer mit Ausnahme weniger Unterbrechungen. Als Target wurden 50 bis 57 t flüssigen Galliums in mehreren Tanks im Baksan-Laboratorium gelagert. Die produzierten Ge-Atome wurden wie in GALLEX und GNO in kleine Proportionalzähler transferiert. Die chemischen Extraktionsmethoden beider Experimente unterschieden sich allerdings deutlich, sodass ein Vergleich der Ergebnisse beider Experimente auch als gegenseitige Überprüfung dieser Methoden angesehen werden kann.

Die Resultate aller drei Galliumexperimente sind miteinander in sehr guter Übereinstimmung. Wie im Homestake-Experiment können auch hier Neutrinoereignisse nur gezählt werden. Die dabei verwendete Einheit von 1 SNU *(Solar Neutrino unit)* entspricht einem Neutrinoeinfang pro Sekunde in 10^{36} Atomen. Der gewichtete Mittelwert von SAGE, GALLEX und GNO ergibt $66{,}1 \pm 3{,}1$ SNU [43], [44] und liegt damit signifikant unterhalb der vorhergesagten Werte der Sonnenmodelle, welche alle um die 130 SNU liegen.

In Abb. 3.6 werden die jährlich gemittelten Resultate von SAGE aus den Jahren 1990 bis 2008 gezeigt. Deutlich erkennt man die über die Zeit verbesserte statistische

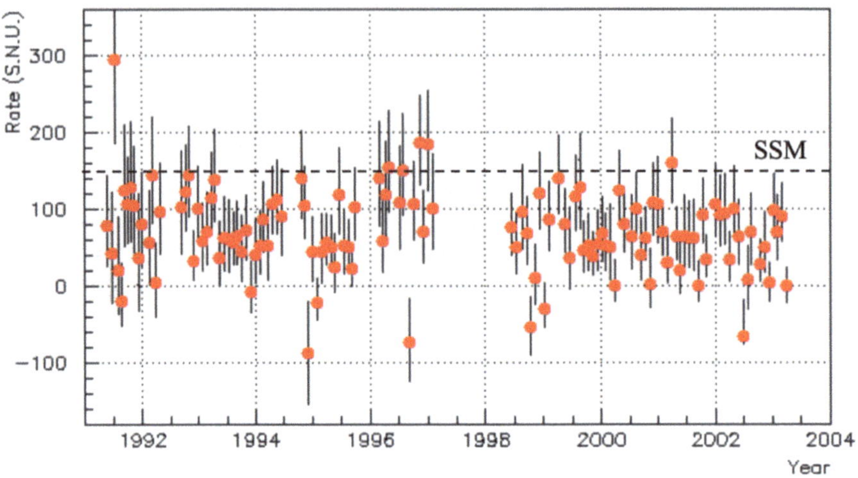

Abb. 3.5 Zählraten solarer Neutrinos der GALLEX- und GNO-Experimente von 1991 bis 2004. Die experimentellen Datenpunkte liegen im Mittel deutlich unterhalb der Vorhersage von Sonnenmodellen (SSM), die bei ca. 150 SNU liegen. Entnommen aus [43] und mit der SSM-Vorhersage ergänzt

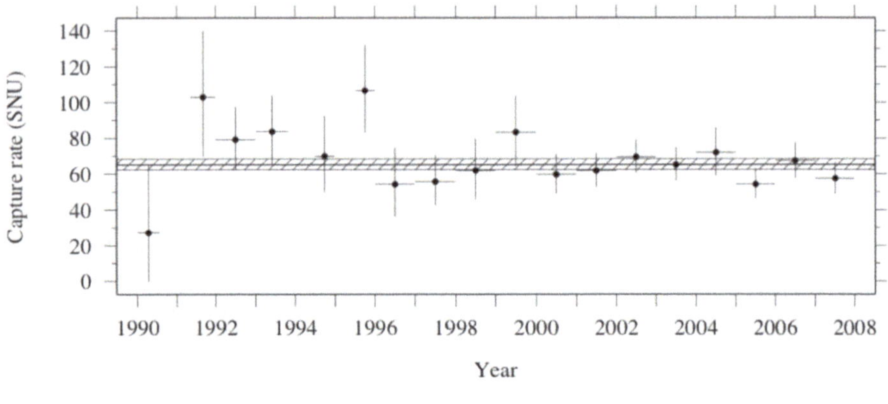

Abb. 3.6 Jährlich gemittelte SAGE-Resultate von 1990 bis 2008 [44]. Das schraffierte Band zeigt den am besten gefitteten Wert mit seiner gesamten Unsicherheit. Die Vorhersage der Sonnenmodelle liegt bei etwa 130 SNU

Aussagekraft des Experiments. Die experimentellen Verfahren von SAGE und GALLEX inklusive der chemischen Extraktions- und Zählverfahren wurden überprüft, indem man das Galliumtarget mit einer extra dafür hergestellten ^{51}Cr-Neutrinoquelle bestrahlte. Die Quelle mit einer Anfangsaktivität von 1,6 MCi[1] wurde durch Bestrahlung von angereichertem ^{50}Cr mit thermischen Neutronen in einem Kernreaktor her-

[1] $1\ \text{Ci} = 3{,}7 \cdot 10^{10}\ \text{Bq}$.

Abb. 3.7 Resultate aller Neutrinoquellen-Experimente mit Galliumdetektoren. Gezeigt wird jeweils das Verhältnis von gemessener zu erwarteter Zählrate

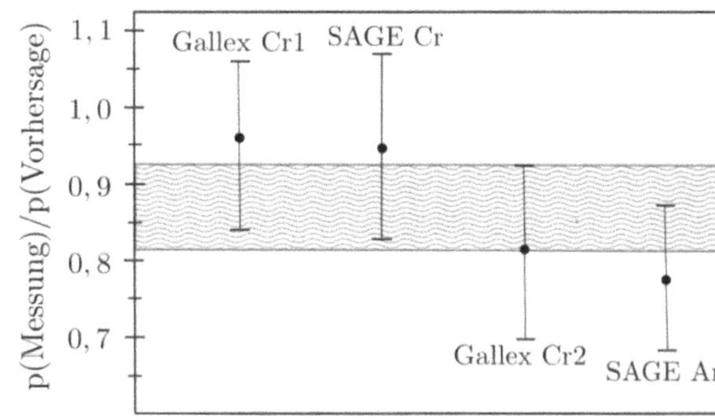

gestellt und im Falle von GALLEX für 3,5 Monate im GALLEX-Tank installiert. Die Quelle emittiert Neutrinos als Folge des Elektroneinfangs

$$^{51}\mathrm{Cr} + e^- \rightarrow {}^{51}\mathrm{V} + \nu_e, \tag{3.12}$$

mit Energien von 0,751 MeV (90,1 %) und 0,431 MeV (9,9 %), die somit über der Nachweisschwelle der Galliumexperimente liegen. Später wurde für das SAGE-Experiment eine ^{37}Ar-Neutrinoquelle verwendet, die über die Rückreaktion von Gl. 3.9 monoenergetische Neutrinos bei 0,8 MeV emittiert. Detaillierte Informationen zu diesen Experimenten findet man in [44] und in den darin enthaltenen Referenzen.

Der gewichtete Mittelwert des Verhältnisses der beobachteten zu den erwarteten Raten beträgt $R = 0{,}87 \pm 0{,}05$, also etwas mehr als zwei Standardabweichungen entfernt vom Wert eins. In Abb. 3.7 werden die Resultate der Quellenexperimente zusammengefasst gezeigt.

SAGE sowie GALLEX und GNO haben unabhängig voneinander die Extraktions- und Nachweiseffizienzen mit hoher Genauigkeit bestimmt. Es gibt keinen Hinweis darauf, dass versteckte Fehler für die Diskrepanz verantwortlich sein könnten. Eine mögliche Lösung wurde im Zusammenhang mit dem Wirkungsquerschnitt der Reaktion 3.11 vorgeschlagen [45]. Neben dem Grundzustand von ^{71}Ge können in den Quellenexperimenten auch noch zwei angeregte Niveaus über erlaubte Übergänge erreicht werden. Die nuklearen Matrixelemente dafür sind im Gegensatz zum Übergang in den Grundzustand nicht sehr gut bekannt. Wenn die Übergangsstärken zu den angeregten Niveaus überschätzt wären, so könnte das Ergebnis der Quellenexperimente besser verstanden werden. Es ist allerdings so, dass um die 95 % aller Reaktionen von (3.11) den Grundzustand von ^{71}Ge bevölkern und daher selbst eine komplette Unterdrückung der Übergänge in die angeregten Zustände die Diskrepanz nicht vollständig erklären, sondern nur abschwächen könnte. Die Gallium-Quellenexperimente werden im Zusammenhang mit der sogenannten Reaktorneutrinoanomalie, die als Zeichen für die Existenz von sterilen Neutrinos interpretiert werden kann, diskutiert. Dies wird im Abschn. 4.5 der noch offenen Fragen thematisiert werden.

Unabhängig von der Interpretation der Quellenexperimente haben alle Galliumexperimente gezeigt, dass eine astrophysikalische Lösung des solaren Neutrinorätsels im Wesentlichen ausgeschlossen werden kann. Die Galliumexperimente sind sensitiv auf ν_e *aller* solaren Zweige, und sie weisen insbesondere einen großen Anteil der Neutrinos aus der pp-Reaktion 3.4 auf. Daraus folgt, dass ein erheblicher Teil der solaren ν_e auf ihrem Weg zur Erde sich so verändern, dass sie mit der Reaktion 3.11 nicht mehr nachzuweisen sind. Weil aber die Reaktion 3.11 als geladene Stromwechselwirkung ausschließlich auf den Flavor ν_e sensitiv ist, könnten Neutrinooszillationen dafür verantwortlich sein. Solare Neutrinos, die auf ihrem Weg zur Erde in ν_μ oder ν_τ oszilliert sind, können keine geladene Stromwechselwirkung an ^{71}Ga der Art

$$\nu_{\mu,\tau} +^{71} \text{Ga} \rightarrow^{71} \text{Ge} + \mu^-, \tau^- \qquad (3.13)$$

bewirken, weil ihre Energien zur Erzeugung der geladenen Leptonen nicht ausreicht.

Wie könnte man nun solare Neutrinooszillationen eindeutig nachweisen? Prinzipiell könnte man an Appearance-Experimente denken. Jedoch sind diese generell nicht möglich, wie wir an Gl. 3.13 gesehen haben. Unabhängig von der Reaktion besitzen solare Neutrinos nicht genügend Energie, um geladene μ^- oder gar τ^- zu erzeugen. Einen Ausweg aus diesem Dilemma kann nur über den Weg gehen, sowohl die geladene (cc) als auch die neutrale (nc) Stromwechselwirkung zu benutzen. Ändern solare Neutrinos zum Teil ihren Flavor von ν_e in ν_μ oder ν_τ, dann nehmen immer noch alle an der nc-Reaktion teil.

Den Durchbruch erzielte dann das *SNO*-Experiment (Sudbury Neutrino Observatory) mit genau dieser Strategie. Es konnte so zeigen, dass ein beträchtlicher Teil der solaren ^{8}B-Neutrinos tatsächlich ihren Flavor auf ihrem Weg von der Sonne zur Erde ändert.

Der Beweis, dass dies durch Neutrinooszillationen verursacht wird, wurde dann von dem *KamLAND*-Experiment mit Reaktorneutrinos erbracht. Beide Ergebnisse wurden in der Zeitspanne zwischen den Jahren 2001 und 2002 veröffentlicht. Unabhängig davon konnten bereits im Jahre 1998 die Existenz von Oszillationen atmosphärischer Neutrinos mit Super-Kamiokande aufgezeigt werden. Wir werden beide weiter unten diskutieren.

Beim SNO-Experiment in der Sudbury-Mine in Kanada wurde eine Plexiglaskugel (12 m Durchmesser) mit 1 kt schwerem Wasser (D_2O) gefüllt, welches sowohl als Neutrinotarget als auch als Cherenkovmedium fungierte (Abb. 3.8). Ein äußeres Volumen mit ultrareinem leichten Wasser agierte als Abschirmung gegen äußeren Untergrund wie Gammastrahlung und Neutronen.

SNO verwendete drei verschiedene Reaktionen zur Neutrinodetektion. Über die cc-Reaktion

$$\nu_e + {}^2\text{D} \rightarrow p + p + e^- \qquad (3.14)$$

wurde der Fluss und das solare ν_e-Spektrum bei einer Reaktionsschwelle von 1,4 MeV bestimmt. Identifiziert wurden diese Ereignisse über den Nachweis des Cherenkovlichts, das von dem Elektron produziert wird.

Abb. 3.8 SNO-Detektor. Blick von unten innerhalb des Acryltanks mit 12 m Durchmesser, welcher die Photovervielfacher enthält, vor Füllung des Detektors

Die nc-Reaktion am Deuteron

$$\nu_\alpha + {}^2\mathrm{D} \rightarrow \; p + n + \nu_\alpha, \tag{3.15}$$

mit $\alpha = e, \mu, \tau$ bei einer Energieschwelle von 2,2 MeV ermöglicht die Bestimmung des totalen Flusses aller Neutrinoflavors.

Zusätzlich wurde wie im größeren Leichtwasserdetektor von Super-Kamiokande die elastische Neutrinostreuung an Elektronen

$$\nu + e^- \rightarrow \; \nu + e^- \tag{3.16}$$

nachgewiesen. In allen drei Kanälen lag die effektive Energieschwelle in dem Bereich, in welchem nur solare ^{8}B-Neutrinos detektiert werden können.

Das kinetische Energiespektrum der Elektronen der cc-Reaktion 3.14 (Abb. 3.9) stimmt sehr gut überein mit der erwarteten Form des β^+-Zerfalls von ^{8}B. Auch die Winkelverteilung der rekonstruierten Richtungsvektoren der Elektronen ist konsistent mit der Erwartung solarer Neutrinoereignisse.

Die in den nc-Reaktionen emittierten Neutronen wurden auf drei verschiedene Arten während drei Phasen des SNO-Experiments nachgewiesen. Zuerst verwendete man den Neutroneinfang am Deuteron mit der darauffolgenden Gammaemission. In einer zweiten Phase wurde dem schweren Wasser NaCl hinzugefügt. Der Neutroneinfang an ^{35}Cl mit seinem deutlich größeren Wirkungsquerschnitt und dem Nachweis der dabei emittierten Gammastrahlung mit 2,35 MeV erhöhte die Effizienz des Neutronnachweises signifikant. Schließlich wurden ^{3}He-gefüllte Proportionalzählrohre innerhalb des Detektors zum Nachweis der Neutronen eingesetzt.

Aus den Zählraten der Reaktionen 3.14 und 3.15 wurden die Flüsse Φ_e und Φ_{total} unter Berücksichtigung der jeweiligen Wirkungsquerschnitte berechnet. Dabei ist

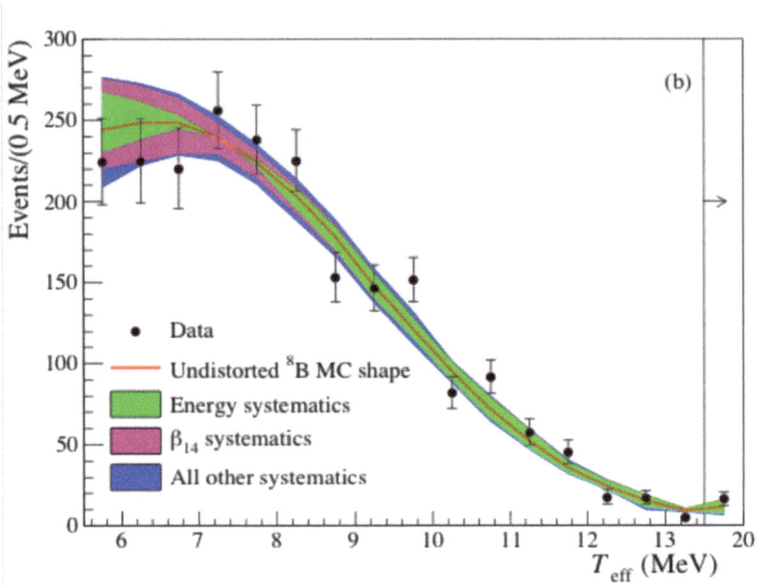

Abb. 3.9 Das SNO-Energiespektrum der cc-Events mit den statistischen Fehlerbalken im Vergleich zur Vorhersage eines ungestörten solaren ^{8}B-Spektrums mit kombinierten systematischen Unsicherheiten. Entnommen aus [46]

Φ_{total} der gesamte solare Neutrinofluss mit Energien über 5 MeV. Die Größe $\Phi_{\mu,\tau} = \Phi_{\text{total}} - \Phi_e$ ist folglich der Fluss der in ν_μ oder ν_τ oszillierten Neutrinos. Für den Fall, dass Neutrinos nicht oszillieren, erwartet man $\Phi_{\mu,\tau} = 0$. Die von SNO gemessenen Flüsse mit ihren statistischen (stat) und systematischen (syst) Unsicherheiten sind [47]

$$\Phi_{\mu\tau} = (3{,}41 \pm 0{,}45(\text{stat})^{+0{,}48}_{-0{,}45}(\text{syst})) \cdot 10^6\,\text{cm}^{-2}\,\text{s}^{-1},$$
$$\Phi_e = (1{,}76 \pm 0{,}05(\text{stat}) \pm 0{,}09(\text{syst})) \cdot 10^6\,\text{cm}^{-2}\,\text{s}^{-1}.$$

Damit konnte klar gezeigt werden, dass ein beträchtlicher Teil der solaren Neutrinos ihren Flavor auf dem Weg zur Erde ändert. Der gesamte Neutrinofluss [47], [46]

$$\Phi_{\text{total}} = (5{,}25 \pm 0{,}16(\text{stat})^{+0{,}11}_{-0{,}13}(\text{syst})) \cdot 10^6\,\text{cm}^{-2}\,\text{s}^{-1}$$

stimmt gut mit den Vorhersagen der Sonnenmodelle überein. Das solare Neutrinorätsel ist gelöst. Es gibt kein Defizit solarer Neutrinos, sondern ein beträchtlicher Anteil wandelt seinen Flavor auf dem Weg zur Erde, sodass diese in cc-Reaktionen nicht mehr nachweisbar sind.

Die Ereignisraten aus der elastischen Streuung an Elektronen (Reaktion 3.16), wie sie in Super-Kamiokande und SNO gemessen wurden, bestätigen dieses Ergebnis. Zusammenfassend werden die Resultate in Abb. 3.10 mit den jeweiligen Unsicherheiten gezeigt.

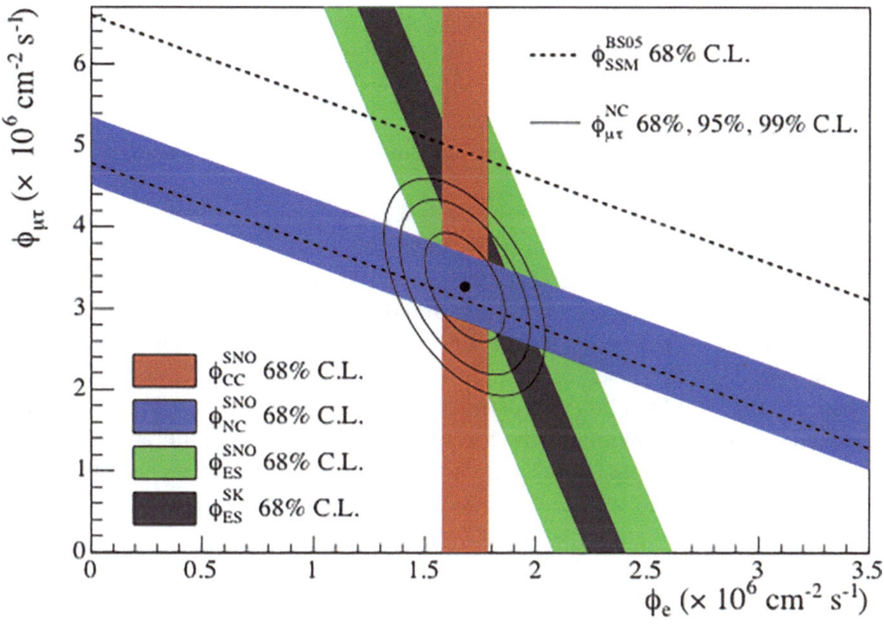

Abb. 3.10 SNO-Ergebnis: Der Fluss der solaren μ- und τ-Neutrinos im Vergleich zu dem ν_e-Fluss. Der Bereich des totalen Neutrinoflusses, wie er durch Sonnenmodelle vorhergesagt wird, ist durch die gestrichelten Linien angegeben. Das enge ES-Band stammt von Super-Kamiokande. Die Schnittpunkte dieser Bänder mit der Achse stellen die $\pm 1\sigma$ Unsicherheiten dar. Entnommen aus [46]

Aus dem SNO-Ergebnis berechnet sich eine Überlebenswahrscheinlichkeit von ca. 31 % für solare Neutrinos mit $E > 5\,\text{MeV}$. Dieser Wert ist deutlich kleiner als der gemittelte Wert der radiochemischen Galliumexperimente, der bei etwa 50 % liegt. Berücksichtigt man die Verzweigungsverhältnisse innerhalb der pp-Ketten, so errechnet sich für die pp-Neutrinos aus Reaktion 3.4 eine Überlebenswahrscheinlichkeit von ca. 68 % (vgl. mit Abb. 2.6). Dieses Ergebnis ist ohne den MSW-Effekt in solarer Materie nicht erklärbar, und ein deutlicher Hinweis darauf, dass das Massen-Splitting $\Delta m_{21}^2 = m_2^2 - m_1^2$ positiv sein muss, wobei wir wie üblich ν_1 als den Masseneigenzustand definieren, der den größten Anteil an ν_e besitzt. Dazu haben wir Ergebnisse von Reaktor- und Beschleunigerexperimenten vorgezogen, aus denen eindeutig hervorgeht, dass die solaren Neutrinos im Wesentlichen durch den Mischungswinkel θ_{12} und Δm_{21}^2 geprägt werden.

Es ist bemerkenswert, dass mithilfe des MSW-Effekts ein Teil der Massenhierarchie bei den Neutrinos aufgeklärt werden kann. Den Materieeffekt in der Sonne genauer zu untersuchen ist daher von großem Interesse. Im Beispiel des Kapitels über Neutrinooszillationen in Materie haben wir die Überlebenswahrscheinlichkeit der solaren Neutrinos als Funktion ihrer Energie für den Fall der aktuell gültigen Oszillationsparameter angegeben. In diesem Szenario ist die Überlebenswahrscheinlichkeit bei Energien unterhalb $\sim 2\,\text{MeV}$ durch den Erwartungswert im Vakuum gegeben, im hochenergetischen Fall dominiert dagegen der Materieeffekt .

Im *Borexino*-Experiment [48] im italienischen Gran-Sasso-Untergrundlabor gelang die Messung der solaren pp-, ^{7}Be-, pep- und ^{8}B-Neutrinos. Damit sind bis auf die stark unterdrückten hep-Neutrinos alle relevanten Neutrinozweige der drei pp-Ketten experimentell erfasst worden. Zum erstenmal konnte so die energieabhängige Überlebenswahrscheinlichkeit solarer Neutrinos vollständig in einem Experiment bestimmt werden.

Als Neutrinotarget dient in Borexino ein Flüssigszintillator mit einer totalen Masse von etwa 300 t. Dieser ist in einer dünnen Nylonkugel enthalten und umgeben von einer transparenten, nicht szintillierenden Flüssigkeit derselben Dichte. Zum Nachweis solarer Neutrinos wird in Borexino die elastische Streuung an Elektronen $\nu + e^- \rightarrow \nu + e^-$ verwendet, wobei die Rückstoßelektronen durch ihr Szintillationslicht von 2212 Photovervielfachern detektiert werden, welche innerhalb einer Stahlkugel mit 14 m Durchmesser montiert sind. Dieser sogenannte innere Detektor ist von einem zweiten Stahltank mit 18 m Höhe umgeben, welcher ultrareines Wasser und 208 Photovervielfacher enthält. Dieser äußere Detektor wird als hocheffizientes Myonveto für Borexino verwendet. Eine Skizze des Borexinodetektors findet man in Abb. 3.11.

Der Szintillator hat eine hohe Lichtausbeute, wodurch eine niedrige Energieschwelle deutlich unterhalb des MeV-Bereichs ermöglicht wird. In Borexino werden etwa $5 \cdot 10^2$ Photoelektronen bei einer Energiedeposition von 1 MeV registriert und somit eine Energieauflösung von etwa 5 % (1σ) bei dieser Energie erreicht. Dies ist ein klarer Vorteil im Vergleich zu Cherenkovdetektoren. Die Szintillationsemission ist jedoch isotrop. Dies bedeutet, dass im Gegensatz zu Super-Kamiokande keine Richtungsinformation abgeleitet werden kann. Bei Borexino wurde daher sehr hoher

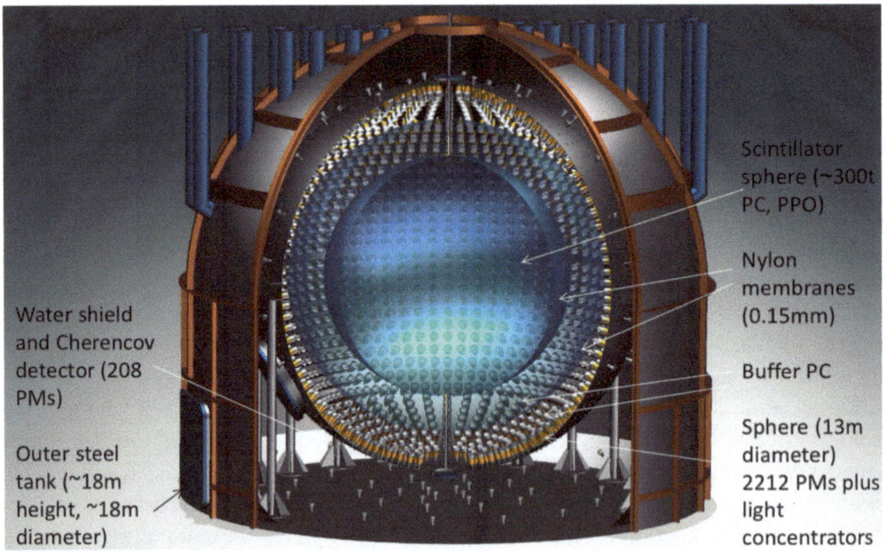

Abb. 3.11 Skizze des solaren Neutrinoexperiments Borexino im Gran-Sasso-Untergrundlaboratorium in Italien. Erklärung s. Text

Wert auf die Vermeidung radioaktiver Verunreinigungen gelegt, und es wurden nur ultrareine Materialien bei der Fertigstellung des Detektors verwendet.

Für die Überprüfung dieser Materialien wurden zum Teil neue Analysemethoden entwickelt. So konnte man z. B. mit Neutronen-Aktivierungsanalyse, gepaart mit hochsensitiver Gammaspektroskopie die Urankonzentration im Szintillator bis zu einer Massengrenze von 10^{-17} bestimmen [49]. Als ein weiteres Beispiel sei die Entwicklung von ultrareinem N_2-Gas erwähnt, das u. a. zur Reinigung des Szintillators verwendet wurde. Die Anforderungen für das N_2-Gas waren: 7 μBq/m^3 für ^{222}Rn und 0,2 ppt für Ar und Kr. Diese Werte konnten mithilfe speziell entwickelter Techniken gemessen werden. Radioaktives Radon wurde durch Vorkonzentration und anschließender Messung in Miniatur-Zählrohren mit einer Empfindlichkeit von ca. 0,5 μBq/m^3 bestimmt [50]. Ähnliche Methoden wurden entwickelt, um die Emanation von Radon aus der Nylonfolie zu bestimmen, die zur Herstellung des Szintillatorbehälters verwendet wurde. Edelgas-Massenspektrometrie wurde verwendet, um geringste Konzentrationen radioaktiver ^{39}Ar- und ^{85}Kr-Isotope messen zu können. Es wurden dabei Sensitivitäten von 1,4 nBq/m^3 für ^{39}Ar und 0,1 μBq/m^3 für ^{85}Kr in N_2 erreicht [51]. Mit dem 5 t Prototyp-Detektor CTF (Counting-Test-Facility), der im Gran Sasso Untergrundlabor von 1994 bis 2002 betrieben wurde, konnte viele der gerade genannten Parameter ‚in-situ' gemessen werden, und wichtige Entwicklungsschritte hin zu einem hochreinen Szintillator erfolgreich durchgeführt werden [52]. Die Aktivitäten im Szintillator aufgrund der Zerfälle radioaktiver Isotope der U- und Th-Ketten konnten in der CTF über den Nachweis verzögerter Koinzidenzen mit hoher Sensitivität bestimmt werden. So liefert z. B. die Sequenz des Betazerfalls von ^{214}Bi und der kurz darauf folgende Alphazerfall von ^{214}Po ($T_{1/2}$ = 164 μs) eine hervorragende Möglichkeit die Aktivität der ^{238}U-Kette zwischen ^{222}Rn und ^{210}Pb zu bestimmen.

Die Szintillationsflüssigkeit wurde auf verschiedene Weisen gereinigt, mit dem Ziel extrem geringe Massenkonzentrationen von U und Th im Bereich $< 10^{-16}$ zu erreichen, sodass alle Isotope der Zerfallsreihen keinen nennenswerten Beitrag zum Untergrund leisten. Letztlich sind dann in der Tat nur noch die beiden Isotope ^{210}Bi und ^{210}Po von Bedeutung, die als Tochterkerne des Isotops ^{210}Pb mit einer Lebensdauer von ca. 32 Jahren vom säkularen Gleichgewicht der ^{238}U-Kette getrennt sind. Die erreichten Konzentrationen von U und Th im Szintillator von Borexino sind dann tatsächlich deutlich unterhalb von 10^{-18}.

Aus der Verteilung der Ankunftszeiten der Szintillationsphotonen an den Photovervielfachern kann der Ort der Wechselwirkung im Detektor rekonstruiert und so ein *fiducial volume* definiert werden, das einer Targetmasse von ca. 100 t entspricht. Damit können Untergrundereignisse ausgeschlossen werden, die von externer Gammastrahlung oder Neutronen stammen. Die Genauigkeit der Ortsrekonstruktion entspricht einer Auflösung von etwa 10 cm in einer Richtung (1σ). Mithilfe von Pulsformanalyse kann man Neutrinosignale von Untergrundereignissen trennen, die von Alphazerfällen im Szintillator stammen. Dabei nutzt man aus, dass die Fluoreszenzzeit des Szintillators vom spezifischen Energieverlust dE/dx der Teilchen abhängt und dieser für Elektronen und Alphateilchen unterschiedlich ist. Mit dieser Methode kann man die Untergrundsignale von ^{210}Po sehr effizient von Neutrinosignalen trennen. Es wurden auch Methoden zur Identifikation von Myonen im inneren Detektor und zur Rekonstruktion ihrer Spuren entwickelt, sodass zusammen mit dem äußeren Detektor eine Nachweiseffizienz für Myonen von 99,99(5) % erreicht wird. Dies ist wichtig zur Identifizierung von Untergrundereignissen, die aus radioaktiven Zerfällen stammen, deren Ausgangskerne durch Spallationsreaktionen kosmischer Myonen an ^{12}C-Atomen im Szintillator erzeugt werden [53], [54]. Dabei werden Neutronen aus dem Kohlenstoffkern mit hoher Wahrscheinlichkeit herausgeschlagen, und nach ihrer Thermalisierung durch den Einfang am Wasserstoff und dem Nachweis der dabei emittierten Gammastrahlung mit einer Energie von 2,2 MeV detektiert. Mit der Methode der verzögerten Dreifachkoinzidenz von Myon, Neutron und radioaktivem Zerfall können diese Spallationsereignisse mit hoher Wahrscheinlichkeit identifiziert werden.

Borexino begann 2007 mit der Datennahme. Der Nachweis solarer ^{7}Be-Neutrinos[2] wurde 2008 veröffentlicht [55]. Die Kinematik der Neutrinostreuung an Elektronen entspricht der Comptonstreuung von Photonen, da die Neutrinomasse hier vernachlässigt werden kann. Damit ist die kinetische Energie T, die auf das Elektron übertragen wird, gegeben als

$$T = E_\nu \left(1 - \frac{mc^2}{mc^2 + E_\nu (1 - \cos\theta)}\right), \tag{3.17}$$

mit der Elektronenruhemasse $mc^2 \approx 0{,}511\,\mathrm{MeV}$, der Neutrinoenergie E_ν und dem Streuwinkel θ. Der maximale Energieübertrag T_m erfolgt bei einer Streuung $\theta = 180^0$, also bei Rückwärtsstreuung:

$$T_m = \frac{E_\nu}{1 + \frac{mc^2}{2E_\nu}}. \tag{3.18}$$

Im Falle der monoenergetischen ^{7}Be-Neutrinos ($E_\nu = 0{,}86\,\mathrm{MeV}$) ist $T_m \approx 0{,}66\,\mathrm{MeV}$. Der differentielle Streuquerschnitt der Neutrino-Elektron-Streuung folgt prinzipiell nach Gl. 1.11. Die entsprechenden Feynmangraphen sind in Abb. 2.3 abgebildet und eine Ableitung für den differentiellen Streuquerschnitt findet man z. B. in [26]:

$$\frac{d\sigma_\nu}{dT}(E_\nu, T) = \frac{\sigma_e}{mc^2}\left[g_l^2 + g_r^2(1 - \frac{T}{E_\nu})^2 - g_l g_r \frac{mc^2 T}{E_\nu^2}\right], \tag{3.19}$$

mit $\sigma_e \approx 8{,}81 \times 10^{-45}\,\mathrm{cm}^2$ und den Größen

$$g_l = \pm\frac{1}{2} + \sin^2\theta_W \qquad \text{und} \qquad g_r = \sin^2\theta_W. \tag{3.20}$$

Für ν_e-Streuung gilt das positive Vorzeichen in Gl. 3.20, für ν_μ- oder ν_τ-Streuung das negative. Der Streuquerschnitt im ersten Fall ist größer, weil dort die geladene

[2] Die Messung solarer ^{7}Be-Neutrinos war das Hauptziel der Kollaboration.

und die neutrale Stromwechselwirkung zur Streuung beitragen, ν_μ- oder ν_τ-Streuung aber nur über die neutrale Wechselwirkung erfolgen kann (Abb. 2.3). Der totale Wirkungsquerschnitt ist dann

$$\sigma_{tot} = \int_0^{T_m} \frac{d\sigma_\nu}{dT}(E_\nu, T)dT \tag{3.21}$$

$$= \frac{\sigma_e}{mc^2} T_m \left[g_l^2 + g_r^2 - T_m \frac{(2E_\nu + g_l g_r mc^2)}{2E_\nu^2} + \frac{T_m^2}{3E_\nu^2} \right]. \tag{3.22}$$

Das Verhältnis der totalen Streuquerschnitte für ν_e- zu $\nu_{\mu,\tau}$-Streuung ist

$$\frac{\sigma_{tot}(\nu_e)}{\sigma_{tot}(\nu_{\mu,\tau})} \approx 4{,}5 \tag{3.23}$$

für die ^{7}Be-Neutrinos.

In Abb. 3.12 ist das Rückstoßspektrum der ^{7}Be-Neutrinos, wie es in Borexino bei hoher Statistik gemessen wurde, gezeigt [56].

Dazu wurden nur folgende Bedingungen angewandt: Kein Signal im Myonveto, Ortsrekonstruktion innerhalb des Referenzvolumens von 100 t und Pulsformanalyse

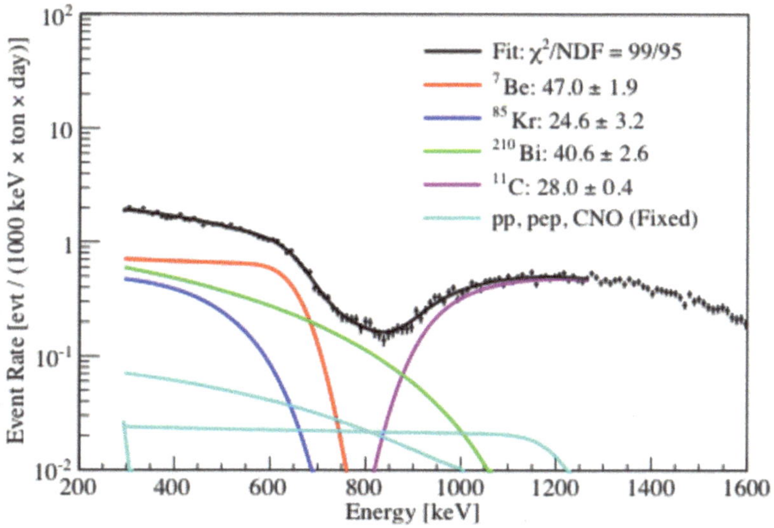

Abb. 3.12 Fit des in Borexino gemessenen Spektrums der Rückstoßelektronen aufgrund von elastischer Streuung solarer ^{7}Be-Neutrinos (rote Linie) im inneren Referenzvolumen von 100 t nach Anwendung des Myonvetos und Pulsformanalyse zur Identifizierung von Alpha-Zerfällen. Der Fit beinhaltet die elastische Neutrinostreuung an Elektronen (Gl. 3.19) unter Berücksichtigung der Überlebenswahrscheinlichkeit (Gl. 3.29) für ^{7}Be-Elektronneutrinos. Die im Experiment bestimmten Beiträge des verbleibenden intrinsischen Untergrunds (^{85}Kr und ^{210}Bi) und kosmogen erzeugter ^{11}C-Kerne im Target werden gezeigt. Zum Vergleich werden die aus dem Sonnenmodell berechneten Beiträge solarer pp- und pep-Neutrinos gezeigt. Entnommen aus [56]

zur Identifizierung der Alphazerfälle von ^{210}Po. Die gemessene Zählrate von ^{7}Be-Neutrinos in Borexino in 100 t und pro Tag ist

$$R(^7\mathrm{Be}) = 46{,}0 \pm 1{,}5(\mathrm{stat})\,^{\pm 1{,}5}_{\pm 1{,}6}(\mathrm{syst}). \tag{3.24}$$

Die Unsicherheit dieser Messung ist somit kleiner als 5 % und damit geringer als die theoretische Unsicherheit. Die Form des Spektrums der Rückstoßelektronen zeigt eine flache Verteilung mit einer Kante bei ca. 0,66 MeV, die der maximalen Rückstoßenergie der ^{7}Be-Neutrinos entspricht (Abb. 3.12). Die Verschmierung der Kante ist durch die instrumentelle Auflösung des Detektors bedingt.

Der totale Wirkungsquerschnitt für die Streuung der ν_e-Elektronen bei 0,862 MeV beträgt $\sigma_e = 5{,}78 \times 10^{-45}\,\mathrm{cm}^2$ und für die $\nu_{\mu,\tau}$-Streuung $\sigma_{\mu,\tau} = 1{,}28 \times 10^{-45}\,\mathrm{cm}^2$. Unter der Annahme, dass die Rate alleine auf ν_e-Streuung zurückzuführen ist, lässt sich der entsprechende Fluß auf $\Phi_e = (2{,}79 \pm 0{,}13) \times 10^9\,\mathrm{cm}^{-2}\,\mathrm{s}^{-1}$ berechnen, der deutlich kleiner als der von den Sonnenmodellen vorhergesagte ist. Den gesamten Fluss solarer ^{7}Be-Neutrinos bezeichnen wir mit Φ_t. Dessen theoretischer Wert ist $\Phi_t = (4{,}3 \pm 0{,}2) \times 10^9\,\mathrm{cm}^{-2}\,\mathrm{s}^{-1}$, wobei der Fehler im Wesentlichen durch astrophysikalische Unsicherheiten begründet ist (s. Kap. 5).

Zur Interpretation der Daten muss sowohl ν_e- als auch $\nu_{\mu,\tau}$-Streuung berücksichtigt werden. Mit R als experimentell beobachtete Rate pro Elektron, ergibt sich

$$R = \Phi_e \cdot \sigma_e + \Phi_{\mu,\tau} \cdot \sigma_{\mu,\tau}, \tag{3.25}$$

mit $\Phi_{\mu,\tau}$ als Summe der ν_μ- und ν_τ-Flüsse. Für den gesamten Fluss Φ_t gilt die Beziehung

$$\Phi_t = \Phi_e + \Phi_{\mu,\tau}. \tag{3.26}$$

Der ν_e-Fluss kann daher als

$$\Phi_e = \frac{R - \Phi_t\,\sigma_{\mu,\tau}}{\sigma_e - \sigma_{\mu,\tau}} \tag{3.27}$$

geschrieben werden und die Überlebenswahrscheinlichkeit P (d. h. der Übergang $\nu_e \to \nu_e$) als

$$P = \frac{R - \Phi_t\,\sigma_{\mu,\tau}}{\Phi_t\,(\sigma_e - \sigma_{\mu,\tau})}. \tag{3.28}$$

Daraus resultiert eine ν_e-Überlebenswahrscheinlichkeit $P_{0,862}$ bei $E_\nu = 0{,}862\,\mathrm{MeV}$ von

$$P_{0,862} = 0{,}51 \pm 0{,}07\,. \tag{3.29}$$

Der Fehler von $P_{0,862}$ ist von den Unsicherheiten der Vorhersagen der Sonnenmodelle dominiert. Ein Nicht-Oszillations-Szenario kann mit 7σ ausgeschlossen werden. Unter der Standardannahme von Oszillationen mit drei Neutrinos und den heute gültigen Mischungswinkeln erhält man für den gesamten ^{7}Be-Fluss

$$\Phi_t(^7\text{Be}) = (4{,}43 \pm 0{,}22) \times 10^9\,\text{cm}^{-2}\,\text{s}^{-1}, \tag{3.30}$$

in guter Übereinstimmung mit den Werten der Sonnenmodelle.

Mithilfe der erwähnten Dreifachkoinzidenz konnten die monoenergetischen pep-Neutrinos (Gl. 3.5) bei 1,44 MeV [57] von Untergrundereignissen getrennt und ihr Fluss vermessen werden. Die pep-Neutrinorate pro Tag und innerhalb des Referenzvolumens beträgt

$$R(\text{pep}) = 3{,}1 \pm 0{,}6(\text{stat}) \pm 0{,}3(\text{syst}). \tag{3.31}$$

Aus dieser Zählrate errechnet sich in eine Überlebenswahrscheinlichkeit von

$$P_{1,44} = 0{,}62 \pm 0{,}17 \tag{3.32}$$

bei $E_\nu = 1{,}44$ MeV. Der entsprechende gesamte pep-Fluss beträgt

$$\Phi_t(\text{pep}) = (1{,}63 \pm 0{,}35) \times 10^8\,\text{cm}^{-2}\,\text{s}^{-1}, \tag{3.33}$$

wiederum in guter Übereinstimmung mit den theoretischen Werten der Sonnenmodelle von

$$\Phi_t = (1{,}47 \pm 0{,}02) \times 10^8\,\text{cm}^{-2}\,\text{s}^{-1}. \tag{3.34}$$

Die theoretische Unsicherheit des pep-Flusses ist deshalb kleiner als die des ^{7}Be-Flusses, weil Erstere stark durch die Sonnenluminosität eingeschränkt ist. Daher wäre eine zukünftige Messung der pep-Neutrinos mit höherer Genauigkeit sehr interessant, um den solaren MSW-Effekt mit hoher Präzision untersuchen zu können.

Der pp-Neutrinofluss ist wie derjenige der pep-Neutrinos aus dem gleichen Grund mit hoher Genauigkeit bekannt. Eine Messung seiner Zählrate würde eine Ableitung der Oszillationsparameter mit hoher Präzision erlauben. Der Nachweis der niederenergetischen pp-Neutrinos wurde in Borexino möglich, nachdem man Intensität und spektrale Form des niederenergetischen Untergrunds der Betazerfälle von ^{14}C-Atomen, die sich im organischen Szintillator von Borexino mit einer Konzentration von etwa 2×10^{-18} befinden, mit hoher Genauigkeit studiert hatte. Borexino beobachtet innerhalb des Referenzvolumens eine pp-Neutrino-Zählrate von 144 ± 13 Events pro Tag [58]. Auf Basis dieses experimentell bestimmten Wertes wurde die Überlebenswahrscheinlichkeit der pp-Neutrinos im Energiefenster von 0,2 MeV bis 0,4 MeV zu

$$P_{0,2-0,4} = 0{,}612 \pm 0{,}133 \tag{3.35}$$

berechnet. Der entsprechende gesamte pp-Fluss berechnet sich zu

$$\Phi_t(\text{pp}) = (6{,}42 \pm 0{,}85) \times 10^{10}\,\text{cm}^{-2}\,\text{s}^{-1}, \tag{3.36}$$

wiederum in guter Übereinstimmung mit dem erwarteten Wert von $\sim 6 \times 10^{10}\,\mathrm{cm}^{-2}\,\mathrm{s}^{-1}$, den wir am Anfang dieses Kapitels mit einfachen Argumenten abgeschätzt haben (Gl. 3.8).

In Borexino wurden zudem solare Neutrinos aus dem ^{8}B-Zerfall gemessen [59]. Die Besonderheit liegt hier in der zu Super-Kamiokande oder SNO niedrigeren effektiven Schwelle von 3 MeV. Alle Resultate von Borexino stimmen mit der Hypothese von Neutrinoflavor-Übergängen als Folge von Materieeffekten innerhalb der Sonne überein. Zudem stimmen alle Resultate mit den Vorhersagen der Sonnenmodelle überein.

Durch Borexino und den zusätzlichen Informationen aller anderen solaren Neutrinoexperimente erreicht man einen umfassenden Überblick über die energieabhängige Überlebenswahrscheinlichkeit. In Abb. 3.13 werden die Resultate von Borexino, SNO und Super-Kamiokande mit den Vorhersagen des MSW-Effekts verglichen.

Die Überlebenswahrscheinlichkeiten für die niederenergetischen pp-, ^{7}Be- und pep-Neutrinos sind also signifikant höher als die der hochenergetischen ^{8}B-Neutrinos. Dies stimmt mit den Vorhersagen des MSW-Effekts unter der Voraussetzung eines relativ großen Mischungswinkels mit $\sin^2\theta_{12} \approx 0{,}31$ und $\Delta m^2_{21} \approx 7 \cdot 10^{-5}\,\mathrm{eV}^2$ überein. Die Beobachtung des MSW-Effekts bedeutet, dass $\Delta m^2_{21} = m^2_2 - m^2_1 > 0$, der Eigenwert m_2 also größer ist als m_1.

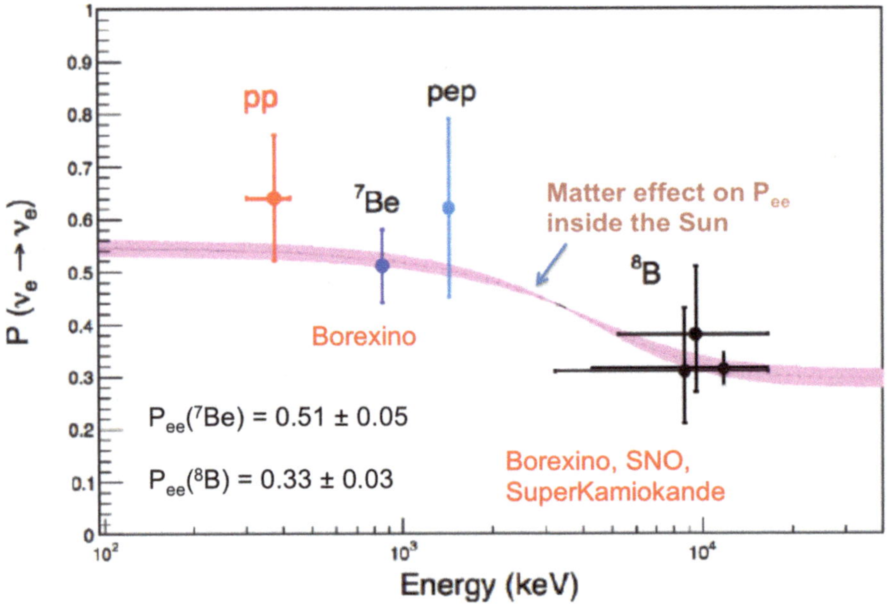

Abb. 3.13 Resultate der ν_e-Überlebenswahrscheinlichkeit solarer Neutrinos. Das farbige Band entspricht der Vorhersage gemäß dem solaren Materieeffekt sowie den aktuellen Oszillationsparametern mit $\sin^2\theta_{12} \approx 0{,}31$. Die Ergebnisse zu pp, ^{7}Be und pep stammen allein aus dem Borexino-Experiment. Das kontinuierliche ^{8}B-Neutrinospektrum ist das Resultat von Super-Kamiokande, SNO und Borexino. Letzteres liefert Daten bei einer Energieschwelle von 3 MeV

3.2 Atmosphärische Neutrinos

Atmosphärische Neutrinos werden in der oberen Atmosphäre der Erde durch das konstante Bombardement geladener kosmischer Strahlung, in erster Linie hochenergetischer Protonen, erzeugt. Dies wird in Abb. 3.14 schematisch dargestellt. In starken Wechselwirkungen der kosmischen Protonen mit Stickstoff- und Sauerstoffnukliden werden instabile Mesonen, allen voran die leichtesten Pionen (π^+, π^0, π^-) gebildet. Myon-Neutrinos entstehen dann sukzessive aus den Zerfällen geladener Mesonen: $\pi^+ \to \mu^+ + \nu_\mu$ und $\pi^- \to \mu^- + \bar{\nu}_\mu$. Wegen der positiven Ladung der Protonen entstehen dabei mehr ν_μ als $\bar{\nu}_\mu$.

Ein Teil der geladenen Myonen wird vor Erreichen der Erdoberfläche über $\mu^+ \to e^+ + \bar{\nu}_\mu + \nu_e$ bzw. über $\mu^- \to e^- + \nu_\mu + \bar{\nu}_e$ zerfallen (die Lebensdauer für Myonen in ihrem Ruhesystem beträgt $\tau_\mu \simeq 2{,}2\,\mu s$) und zum gesamten Fluss atmosphärischer Neutrinos beitragen. Neben den Pionen werden auch die schwereren Kaonen in der Atmosphäre erzeugt, wenn auch mit signifikant kleinerer Wahrscheinlichkeit. Die geladenen Kaonen K^+ und K^- liefern über ihre dominanten Zerfälle (ca. 64 % Wahrscheinlichkeit) $K^+ \to \mu^+ + \nu_\mu$ und $K^- \to \mu^- + \bar{\nu}_\mu$ ebenfalls einen Beitrag zum atmosphärischen Neutrinospektrum.

Unterscheidet man nicht zwischen Neutrinos und Antineutrinos, so kann man insgesamt zwei Myon-Neutrinos auf ein Elektron-Neutrino erwarten. Erreicht das Myon jedoch die Erdoberfläche bevor es zerfällt, gibt das Myon seine Energie dort sehr effizient ab, und die letztlich entstehenden Neutrinos haben niedrige Energien unterhalb von 0,1 GeV. Daher gilt das Verhältnis $r = \nu_\mu : \nu_e \sim 2$ nur näherungsweise im Energiebereich zwischen ca. 0,1 GeV und ca. 3 GeV. Da die Wahrscheinlichkeit des Myons zur Erdoberfläche zu gelangen aufgrund des Effekts der relativistischen Zeitdilatation mit der Energie zunimmt, erhöht sich das Verhältnis r bei höheren

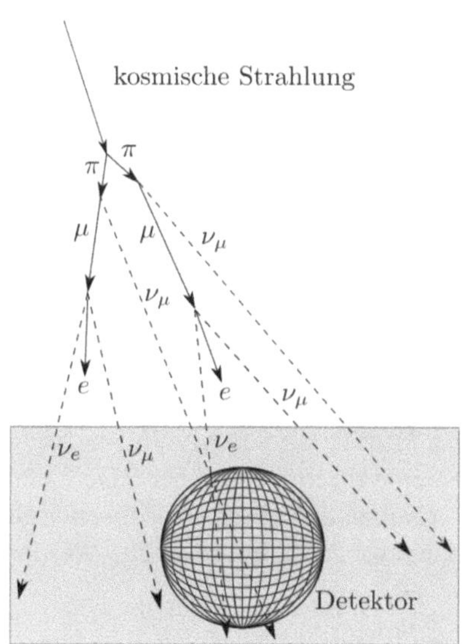

Abb. 3.14 Bildhafte Darstellung der Produktion atmosphärischer Neutrinos aufgrund der starken Wechselwirkung kosmischer Teilchen und den darauffolgenden schwachen Zerfällen geladener Mesonen

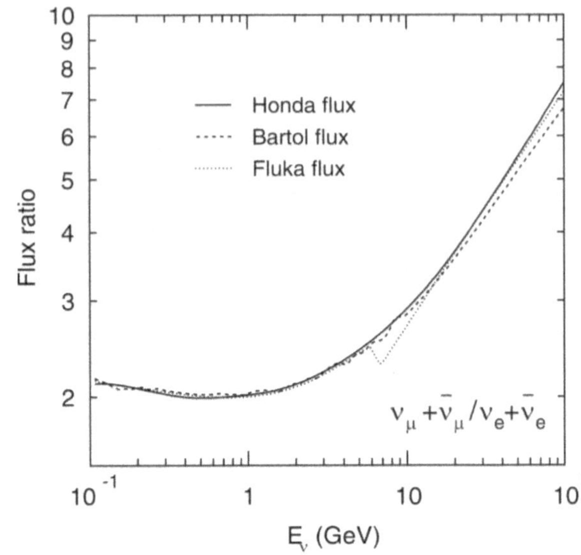

Abb. 3.15 Berechnetes Verhältnis von Myon- zu Elektron-Neutrinofluss in der Atmosphäre als Funktion der Energie. Es sind drei Beiträge unabhängiger Gruppen, Honda et al. [60], Barr et al. (Bartol) [61] und Battistoni et al. (Fluka) [62] dargestellt. Entnommen aus [64]

Energien. Das Verhältnis des Myon- zu Elektron-Neutrinoflusses als Funktion der Neutrinoenergie wird in Abb. 3.15 gezeigt.

Das atmosphärische Neutrino-Energiespektrum erreicht bei etwa 1 GeV ein Maximum und fällt dann mit einem Potenzgesetz ähnlich zu dem der kosmischen Protonen ab (siehe z. B. [61]). Die Distanz zwischen Neutrinoproduktion und Nachweis in einem Detektor variiert zwischen ca. 20 km und ca. $1.3 \cdot 10^4$ km, je nachdem, ob die Neutrinos direkt über dem Detektor oder auf der anderen Seite der Erde erzeugt wurden.

Die Neutrinonachweis und die Identifikation der Neutrinoart erfolgt in atmosphärischen Neutrinoexperimenten über cc-Reaktionen an einem Nukleon X (Proton oder Neutron)

$$\nu_e + X \to e + Y, \tag{3.37}$$

$$\nu_\mu + X \to \mu + Y, \tag{3.38}$$

mit Y als einem finalen hadronischen Zustand. Diese Reaktionen werden als quasi-elastische Streuprozesse bezeichnet. Oberhalb der nötigen Schwellenenergien dominieren sie über der elastischen Streuung an Elektronen, weil der Wirkungsquerschnitt proportional zum Quadrat der Schwerpunktsenergie $\sqrt{s}$ verläuft und näherungsweise gilt $s \approx 2mE_\nu$, wobei m die Masse des Targets ist. Die Mindestenergie zur Erzeugung von Myonen beträgt 110 MeV und zur Produktion von Tau-Leptonen ist eine Energie von über 3 GeV nötig.

Neben diesen quasielastischen Streuprozessen findet bei höheren Energien resonante Δ-Produktion[3] statt, bei der neben dem geladenen Lepton auch ein Pion

[3] Die Δ-Resonanz bei ca. 1,2 GeV bezeichnet den ersten angeregten Zustand von Nukleonen.

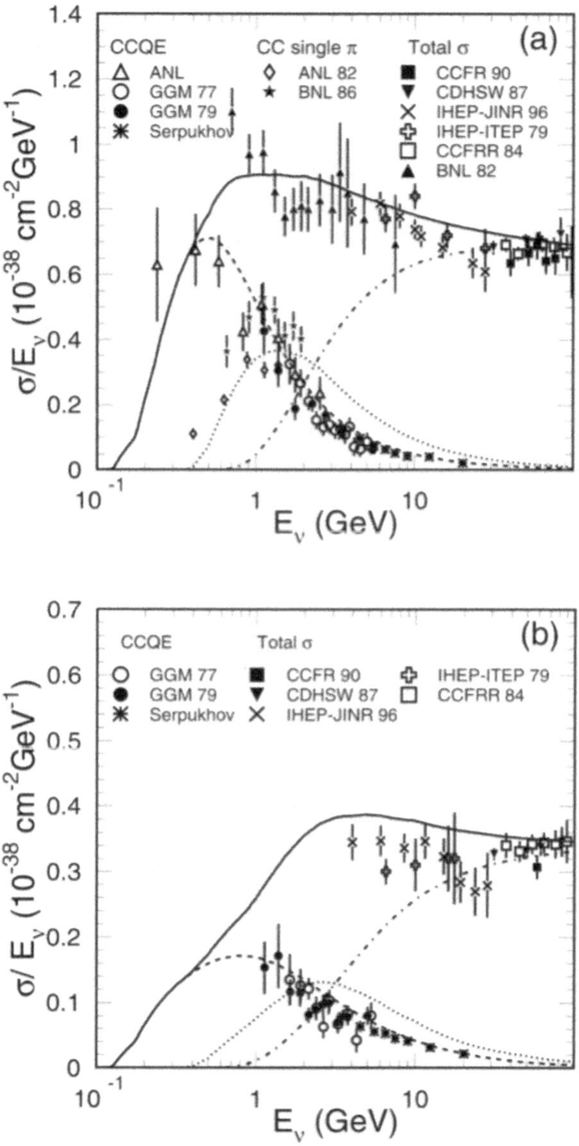

Abb. 3.16 Wirkungsquerschnitt des geladenen Stroms von Neutrino- (**a**) und Antineutrinowechselwirkungen (**b**) dividiert durch die Neutrinoenergie. Die durchgezogene Linie gibt den berechneten gesamten Wirkungsquerschnitt an [64]. Die gestrichelte, gepunktete und gepunktet-gestrichelte Linie stellen die Wirkungsquerschnitte der berechneten quasi-elastischen Streuung, der resonanten Mesonproduktion sowie der tiefinelastischen Streuung dar. Es sind die Datenpunkte verschiedener Experimente angegeben. Entnommen aus [64]

emittiert wird. Bei noch höheren Energien beginnt die tiefinelastische Streuung an den Quarks der Nukleonen zu dominieren. Oberhalb von etwa 1 GeV verläuft der Wirkungsquerschnitt der Neutrino-Nukleon-Wechselwirkung fast linear mit E_ν. Die Neutrino-Wechselwirkungsrate im Detektor nimmt mit $\sim E_\nu^{-2}$ ab, da der atmosphärische Neutrinofluss näherungsweise mit E_ν^{-3} skaliert. In Abb. 3.16 werden die Wirkungsquerschnitte der geladenen Neutrino- und Antineutrinoströme als Funktion der Energie gezeigt [63].

Wegen ihres relativ kleinen Flusses benötigt man für den Nachweis atmospärischer Neutrinos Detektoren mit großen Volumina. Dazu bieten sich Wasser-Cherenkovdetektoren an, mit denen man relativ leicht große Targetmassen erzielen kann. Experimentell beobachtet werden dabei die Photonen, die von den geladenen Leptonen (Gl. 3.37 und 3.38) als Cherenkovlicht emittiert werden. Die gemessene Lichtintensität wird dabei zur Bestimmung der kinetischen Energien der Leptonen herangezogen. Daraus kann man die ursprüngliche Energie des Neutrinos rekonstruieren, wenn die Leptonen vollständig im Detektor gestoppt werden.

Für den Wasser-Cherenkovdetektor Super-Kamiokande (SK) in Japan liegt der messbare Energiebereich atmosphärischer Neutrinos zwischen ca. 100 MeV und mehreren GeV. Die untere Schwelle ist durch die Mindestenergie gegeben, die für die Produktion von Myonen nötig ist. Die obere Grenze folgt aus der mit der Energie steigenden Reichweite der Myonen im Detektor. Bei Energien mit mehreren GeV verlassen die Myonen mit hoher Wahrscheinlichkeit den Detektor, bevor sie ihre gesamte kinetische Energie dort deponiert haben.[4] Insgesamt wird so mit dem SK-Detektor ein messbarer Bereich von Massendifferenzen zwischen $\Delta m^2 \sim 0{,}1\ \mathrm{eV}^2$ und $\Delta m^2 \sim 10^{-4}\ \mathrm{eV}^2$ abgedeckt.

Im Superkamiokande-Experiment wird zum Nachweis atmosphärischer Neutrinos ein Wasser-Cherenkovdetektor mit zylindrischer Form und einer gesamten Masse von ca. 50 kt verwendet (Abb. 3.17). Dabei werden 11.200 Photovervielfacher (pm) mit 50 cm Durchmesser sowie 1900 Photovervielfacher mit 20 cm Durchmesser für den inneren bzw. äußeren Detektor eingesetzt. Der äußere Teil detektiert eindringende geladene Teilchen wie kosmische Myonen und der innere Detektor wird für die Neutrinoanalyse verwendet.

Als *fiducial volume* wird bei der Datenanalyse eine Detektormasse von 22,5 kt verwendet. Neutrinoereignisse, die in diesem Referenzvolumen auftreten und die in diesem Volumen ihre kinetischen Energien deponieren, werden als *vollständig*

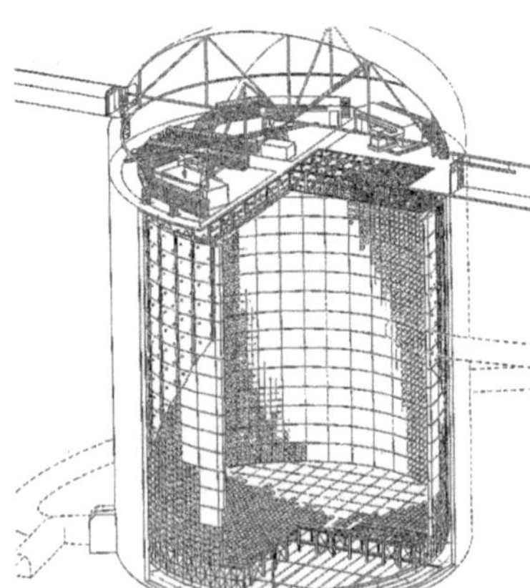

Abb. 3.17 Skizze des 50 kt Super-Kamiokande Wasser-Cherenkovdetektors in der Kamioka-Mine in Japan. Entnommen aus [64]

[4] Die Reichweite von Myonen mit einer Energie von 5 GeV beträgt ca. 25 m in Wasser.

enthaltene Events bezeichnet. Leptonen, die aufgrund von Neutrinoreaktionen im Referenzvolumen erzeugt werden, den Detektor aber verlassen, werden als *teilweise enthaltene* Events bezeichnet. Bei ihnen kann nur die Neutrinorichtung, aber nicht die Energie rekonstruiert werden.[5] Daneben werden auch hochenergetische Leptonen gemessen, die außerhalb des Detektors von atmosphärischen Neutrinos erzeugt wurden und in ihn eindringen, dort entweder gestoppt werden, oder ihn vollständig durchdringen.

Mit der Position des Cherenkovrings kann die Richtung des Neutrinos bestimmt werden und damit auch die Länge der Baseline zwischen Neutrinoerzeugung und der Detektion. Der Zusammenhang zwischen den Richtungen des einfallenden Neutrinos und des geladenen Leptons ist am stärksten für quasielastische Streuungen, welche als vollständig enthaltene Events mit einer einzelnen Cherenkov-Ringstruktur innerhalb des Referenzvolumens des Detektors auftreten. Natürlich ist dieser Zusammenhang energieabhängig und steigt wegen des relativistischen Boostfaktors mit der Neutrinoenergie an. Für $E_\nu \gtrsim 1\,GeV$ ist die Winkelauflösung 20° und besser. Da Elektronen zum einen bei diesen hohen Energien elektromagnetische Schauer erzeugen und sie zudem viel stärker streuen als Myonen, bis sie schließlich gestoppt werden, erscheint ihr Cherenkovring viel ausgewaschener, was als Merkmal verwendet wird, um mit zwischen Myon- und Elektronevents unterscheiden zu können (Abb. 3.18).

Frühe Beobachtungen durch kleinere Wasser-Cherenkovexperimente, *IMB* [65] und *Kamiokande* [66], ergaben ein deutlich geringeres Verhältnis der Anzahl der $\nu_\mu -$ zu den $\nu_e -$Events als der erwartete Wert ~ 2. Dies wurde jedoch nicht durch andere Experimente wie *Frejus* [67] und *NUSEX* [68] bestätigt, welche Eisenkalorimeter verwendeten, mit denen die Spuren geladener Teilchen vermessen werden konnten. Diese Detektoren waren allerdings sehr viel kleiner und ihre statistischen Unsicherheiten deshalb deutlich größer. Insbesondere war es mit diesen Instrumenten

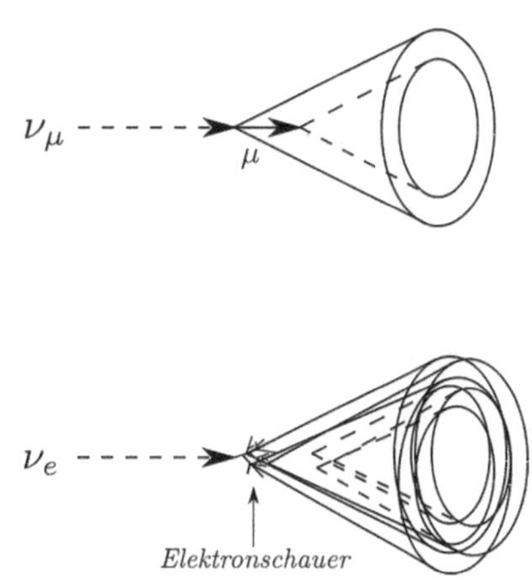

Abb. 3.18 Vergleich der Cherenkovringe gestoppter Myonen und Elektronen. Erstere erzeugen schärfer definierte Ringe, während Elektronen stärker streuen und bei den Energien atmosphärischer Neutrinos zudem aufschauern. Dies wird in Super-Kamiokande zur Unterscheidung zwischen Ereignissen von Myon- und Elektron-Neutrinos genutzt

[5] Es kann nur eine untere Grenze für die Energie ermittelt werden.

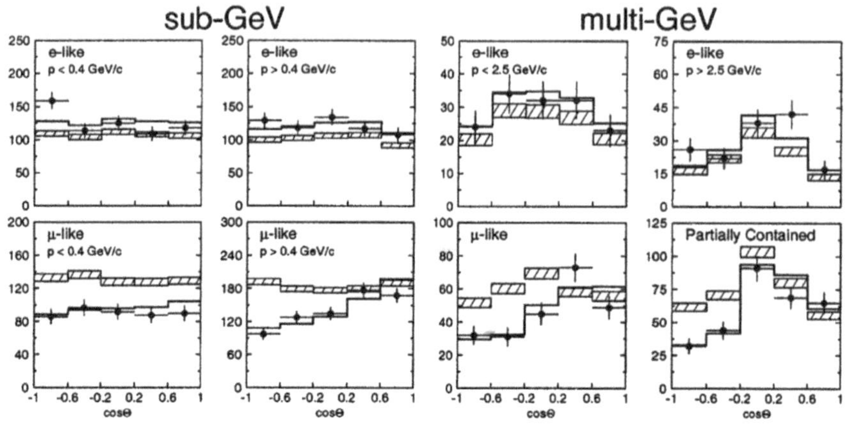

Abb. 3.19 Zenitwinkelverteilungen atmosphärischer Neutrinos im Super-Kamiokande-Experiment: $\cos\theta = -1$ entsprechen von unten kommenden Neutrinos, die eine Distanz von etwa 13000 km zurückgelegt haben. In allen Energiebereichen weisen ν_μ-Ereignisse ein signifikantes Defizit auf gegenüber den erwarteten Verteilungen bei der Nichtexistenz von Oszillationen. Die Kurven folgen aber der Vorhersage von ν_μ-Oszillationen mit nahezu maximaler Mischungsamplitude und einer Massendifferenz $\Delta m^2 \sim 10^{-3}$ eV^2 (durchgezogene Kurven). Entnommen aus [69]

nicht möglich, die Winkelabhängigkeit der Intensitäten atmosphärischer Neutrinos zu bestimmen.

Der Durchbruch erfolgte durch das Super-Kamiokande-Experiment. Ausschlaggebend dafür war die Möglichkeit, die Häufigkeit der ν_e- und ν_μ-Ereignisse getrennt als Funktion des Zenitwinkels zu vermessen. Die Resultate dieser Messungen wurden zum ersten Mal 1998 auf der Neutrinokonferenz in Takayama, Japan, von der SK-Kollaboration verkündet [69]. In Abb. 3.19 werden die Zenithwinkelverteilungen von ν_e- und ν_μ-Ereignissen mit quasielastischer Streuung und mit einem Cherenkovring gezeigt. Sie entsprechen den oben diskutierten vollständig enthaltenen Ereignissen und werden in zwei Kategorien unterschiedlicher Energiebereiche eingeordnet. In allen Verteilungen entspricht $\cos\theta = -1$ von unten kommenden Neutrinos, die eine Strecke von ca. $1{,}3 \cdot 10^4$ km von ihrer Produktion bis zum Nachweis im Detektor zurücklegen, während $\cos\theta = +1$ einer Laufstrecke von ca. 20 km entspricht.

Man erkennt ein deutliches Defizit an ν_μ–Events, was gut mit der Annahme von Neutrinooszillationen mit nahezu vollständiger Mischung, d. h. $\sin^2 2\theta \sim 1$, übereinstimmt. Weitere Analysen von Ereignissen anderer Topologien, wie z. B. teilweise enthaltene Ereignisse unterstützen die Hypothese von Neutrino-Oszillationen. Zusätzlich sind die Daten ein Hinweis für $\nu_\mu \Leftrightarrow \nu_\tau$-Oszillationen, weil die ν_e-Verteilungen keine Abweichungen zeigen.

Für vollständig enthaltene ν_e- und ν_μ-Ereignisse sind sowohl die Energie als auch die Richtung rekonstruierbar, und es ist möglich die Überlebenswahrscheinlichkeit für ν_μ in einem Histogramm als Funktion von L/E_ν darzustellen. Wenn Neutrinooszillationen im Vakuum tatsächlich die Ursache für das beobachtete ν_μ-

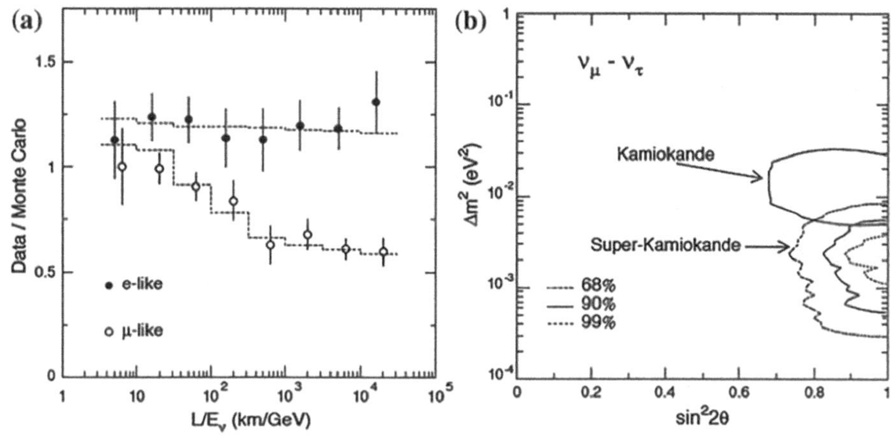

Abb. 3.20 **a** Das Verhältnis von $\nu_\mu-$ und ν_e-artigen Events über den mittels Monte-Carlo berechneten Werten als Funktion von L/E_ν [69]. Die gestrichelte Linie zeigt die erwartete Form von $\nu_\mu \to \nu_\tau$-Oszillationen mit $\Delta m^2 = 2{,}2 \cdot 10^{-3}\, eV^2$ und vollständiger Mischung. **b** Erlaubter Parameterbereich für Δm^2 über $\sin^2 2\theta$. Auch die Daten des vorangegangenen Kamiokande-Experiments sind zum Vergleich dargestellt

Defizit sind, dann sollte deren Überlebenswahrscheinlichkeit einer wohldefinierten Kurve folgen, weil die Oszillationswahrscheinlichkeit neben der Amplitude (die durch den Mischungswinkel festgelegt ist) nur noch die Phase L/E_ν als freien Parameter kennt. Die von Super-Kamiokande gemessenen Verteilungen werden in Abb. 3.20 gezeigt und stammen aus der Publikation [69] von 1998. Wäre die Oszillation überwiegend vom Typ $\nu_\mu \Leftrightarrow \nu_e$, hätte man einen signifikanten Anstieg des ν_e-Spektrums bei größeren L/E_ν-Werten beobachtet. Ebenfalls dargestellt sind die entsprechenden Diagramme Δm^2 über $\sin^2(2\theta)$ im Vergleich zu den älteren Resultaten von Kamiokande, welche Anhaltspunkte für größere Werte des Massensplittings aufwiesen. Nicht angegeben sind die Ausschlussgrenzen des Frejus-Experiments, welche Super-Kamiokande nicht widersprechen, da die Sensitivität von Frejus auf $\Delta m^2 \gtrsim 3 \cdot 10^{-3}\, eV^2$ beschränkt war, was gerade über dem aktuell erlaubten Parameterbereich liegt.

Inzwischen sind die Daten sehr viel präziser, atmosphärische Neutrinooszillationsmessungen haben eine Ära hoher Genauigkeit erreicht. Die Abb. 3.21 zeigt das aktuelle ν_μ-Spektrum über L/E_ν in einem engeren Bereich des Azimutwinkels, in dem die experimentelle Auflösung optimal ist [70]. Wieder werden nur vollständig enthaltene Ereignisse bei der Analyse berücksichtigt. Der ν_μ-Fluss dividiert durch die Monte-Carlo-Vorhersage ist gegen L/E_ν aufgetragen. Im Fall ohne Oszillationen sollten die Daten um den Wert eins herum streuen. Das Verschwinden der ν_μ über $L/E_\nu \sim 3 \cdot 10^2$ km/GeV ist offensichtlich. Die Verteilung der Daten wird mit der Erwartung kohärenter (schwarze, durchgezogene Kurve) und nicht kohärenter Oszillation (gestrichelte Kurve) verglichen. Man erkennt, dass die Daten von Super-Kamiokande das Bild der kohärenten Oszillation durch die signifikante Absenkung bei $L/E_\nu \sim 5 \cdot 10^2$ km/GeV unterstützen, im Einklang mit unseren Überlegungen aus Kap. 2.

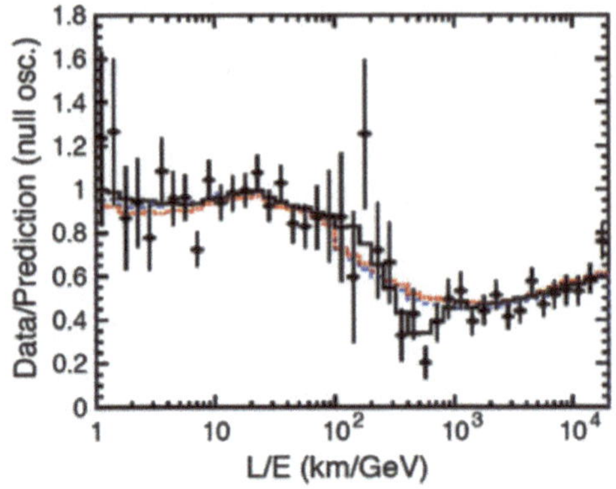

Abb. 3.21 L/E-Analyse atmosphärischer Neutrinodaten, veröffentlicht von der Super-Kamiokande-Kollaboration in [70]. Das Szenario kohärenter Oszillationen (durchgezogene Kurve) wird gegenüber nicht-kohärenten Szenarien (gestrichelte Linien) unterstützt

Die momentan besten Fitwerte für die Oszillationsparameter[6] von Super-Kamiokande [71] sind (cl = 90 %)

$$\begin{aligned} 0{,}407 &< \sin^2\theta < 0{,}583\,, \\ 1{,}7\cdot 10^{-3} &< \Delta m^2/\,\mathrm{eV}^2 < 2{,}7\cdot 10^{-3}. \end{aligned} \tag{3.39}$$

Die Zenitwinkelverteilungen weisen darauf hin, dass es sich hier um $\nu_\mu \leftrightarrow \nu_\tau$-Oszillationen mit einer großen Amplitude handelt. Deswegen sollten ν_τ im Spektrum atmosphärischer Neutrinos enthalten sein! Die Beobachtung geladener τ-Leptonen, welche in atmosphärischen Neutrinooszillationen entstanden sind, ist aus verschiedenen Gründen jedoch schwierig. Zunächst einmal ist die Eventrate aufgrund der Energieschwelle von 3,5 GeV gering: Nur ca. ein Event pro kt Target erwartet man innerhalb der Messung eines Jahres. Zudem ist das τ-Lepton sehr kurzlebig und nur die Zerfallsprodukte sind beobachtbar. In 65 % aller Fälle zerfällt es in ein unsichtbares Neutrino und in viele Hadronen. Ähnliche topologische Strukturen werden allerdings auch in nc-Wechselwirkungen aller Neutrinoflavors erzeugt, was einen nicht zu vernachlässigenden Untergrund bei der Suche nach cc-ν_τ-Events in einem Wasser-Cherenkovdetektor wie Super-Kamiokande verursacht. Für die Suche nach ν_τ-Events in Super-Kamiokande werden verschiedene kinematische Variablen analysiert, indem man mit statistischen Methoden wie *maximum likelihood* und *artificial neural network* die Kandidatenevents von den Untergrundsignalen trennt. Damit war es möglich, nach mehreren Jahren Messzeit statistisch die Existenz der ν_τ im Spektrum atmosphärischer Neutrinos nachzuweisen. Diese Analysen basieren auf den Daten von Super-Kamiokande aus der Phase-I der Datennahme (Datennahme von 2806 Tagen bei einem Referenzvolumen von 22,5 kt) und schließt die Hypothese keine ν_τ-Ereignisse zu beobachten mit $3{,}8\sigma$ aus [72].

Im Jahr 2013 beobachtete auch das *IceCube*-Neutrinoobservatorium am Südpol atmosphärische Neutrinooszillationen [73]. Der IceCube-Detektor besteht aus einer großen Anordnung von photosensitiven Modulen die in Form vieler ‚strings' tief im

[6] Die Neutrino-Massenhierarchie ist als freier Parameter offen gelassen.

antarktischen Eis am Südpol versenkt wurden. Der aktive Bereich des Detektors zum Nachweis von Neutrinos nimmt dabei das gigantische Volumen von etwa 1 km^3 ein.

Die ursprüngliche wissenschaftliche Zielsetzung von IceCube besteht in der Messung kosmischer Neutrinos bei extrem hohen Energien (s. Abschn. 5.5). Das Experiment ist aber auch in der Lage atmosphärische Neutrinos nachzuweisen. Im Gegensatz zu SuperKamiokande ist die Energieschwelle bei IceCube höher und das Auflösungsvermögen niedriger, aber durch die enorme Targetmasse ist es möglich, den sehr kleinen Fluss atmosphärischer Neutrinos bei hohen Energien zu vermessen. IceCube stellt somit eine interessante Ergänzung zu SuperKamiokande beim Studium der Oszillationen atmosphärischer Neutrinos dar.

Die Messung atmosphärischer Neutrinooszillationen ermöglicht der sogenannte DeepCore-Detektor, eine Erweiterung von IceCube mit einer dichteren Matrix optischer Sensoren und einer damit verbundenen geringeren Energieschwelle von etwa 20 GeV. Das Szenario ohne Oszillationen kann von IceCube mit einer 5σ-Signifikanz ausgeschlossen werden. Die Daten werden am besten mit den Oszillationsparametern $\sin^2\theta > 0{,}93$ und $1{,}8 \cdot 10^{-3} < \Delta m^2/\,\mathrm{eV}^2 < 2{,}9 \cdot 10^{-3}$ beschrieben, was mit dem Resultat von Super-Kamiokande übereinstimmt.

3.3 Long-Baseline-Beschleunigerneutrinos

Die Untersuchung und schließlich die Überprüfung atmosphärischer Neutrinooszillationen mit einer unabhängigen Neutrinoquelle war von extrem großer Bedeutung. Bereits wenige Jahre nach der Entdeckung der Oszillationen gelang dies mithilfe von Neutrinos, die in Beschleunigern erzeugt wurden.

Die Produktion von Beschleunigerneutrinos erfolgt auf ähnliche Art wie die der atmosphärischen Neutrinos: Auf hohe Energien beschleunigte Protonen werden zu einem Target geleitet, in welchem über hadronische Wechselwirkungen geladene Mesonen entstehen. Diese werden fokussiert und so als Strahl zu einem Vakuum-Zerfallstunnel geführt (Abb. 3.22).

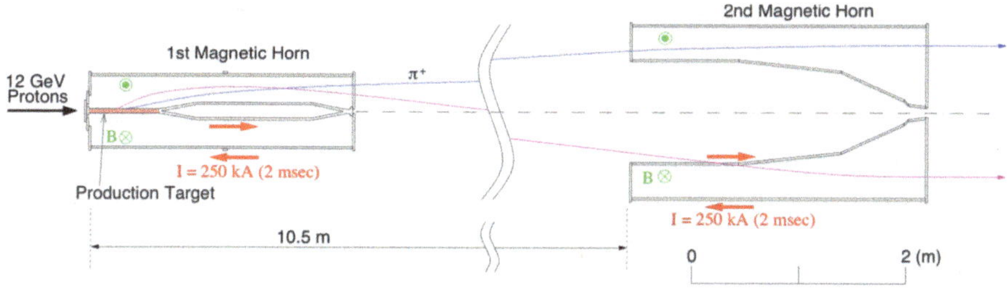

Abb. 3.22 Schematische Darstellung der im K2K-Experiment verwendeten ‚Neutrinokanone'. Ein Strahl von Protonen mit 12 GeV wird auf ein Aluminiumtarget geleitet. Mithilfe eines elektrischen Stroms von 250 kA wird ein ringförmiges Magnetfeld im Inneren sogenannter magnetischer Hörner erzeugt, in denen die Pionen fokussiert und in einen Vakuumtunnel geführt werden, in welchem sie über die schwache Wechselwirkung unter Emission von Neutrinos zerfallen. Entnommen aus [74]

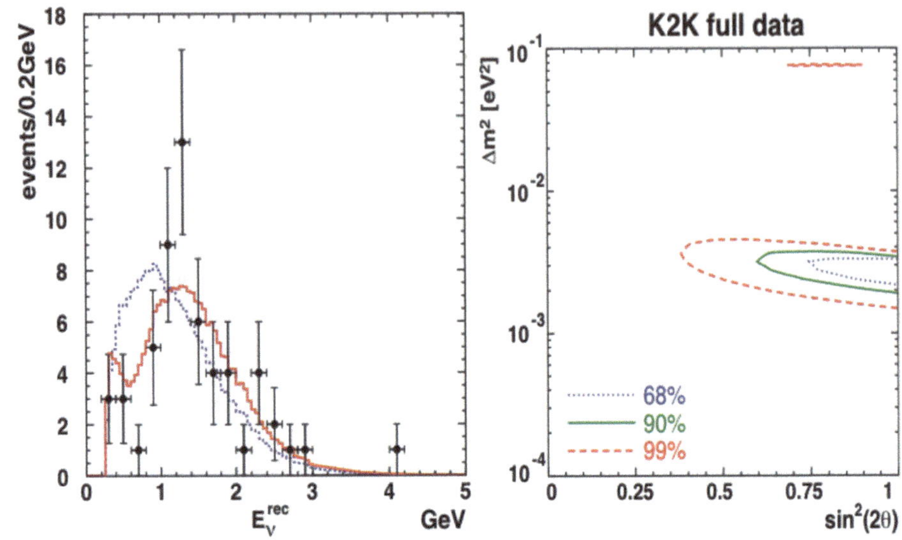

Abb. 3.23 Ergebnisse des Long-Baseline-Beschleunigerexperiments K2K: Die durchgezogene Linie auf der linken Seite (Energiespektrum) stellt den besten Fit der Daten mit Oszillationen dar, die gestrichelte Linie zeigt den erwarteten Verlauf ohne Oszillationen. Im rechten Plot sieht man die erlaubten Parameterinseln für 1-, 2-, und 3σ-Ausschließungskurven. Entnommen aus [74]

Myon-Neutrinos erhält man aus pionischen Zerfällen $\pi \to \mu + \nu_\mu$. Hierbei können je nach Vorzeichen der Pionladung sowohl Neutrinos als auch ihre Antiteilchen generiert werden.

Das Myonen-Verzweigungsverhältnis des geladenen Pionenzerfalls ist fast 100 %. Zudem ist die Länge des Tunnels so gewählt, dass die meisten der Myonen am Ende des Tunnels gestoppt werden. Auf diese Weise erhält man einen sehr reinen ν_μ-Strahl. Im K2K-Experiment in Japan wurde ein gepulster Protonenstrahl mit 12 GeV verwendet, um Myonen im GeV-Bereich zu erzeugen. Der so erzeugte ν_μ-Strahl wurde auf den 250 km entfernten Super-Kamiokande-Detektor gerichtet. Ein weiterer, kleinerer Neutrinodetektor im kurzen Abstand hinter dem Zerfallstunnel dient als Monitor des Neutrinoflusses. Die gemessene Verteilung der ν_μ-Ereignisse wird in Abb. 3.23 gezeigt. Man beobachtet eine signifikante Abnahme der Rate im Energiebereich unter 1 GeV im Widerspruch zur Annahme, dass keine Oszillationen vorliegen (gepunktete Linie), aber in guter Übereinstimmung mit der Hypothese, dass Neutrinooszillationen existieren (durchgezogene Linie) [74]. Die Daten bestätigen somit das Ergebnis atmosphärischer Neutrinomessungen.

Das *MINOS*-Experiment in den USA hat Neutrinooszillationen mit Beschleunigerneutrinos bei höheren Energien in einer Entfernung von 735 km gemessen [75]. Anstelle eines Cherenkovdetektors verwendete man ein großes Eisen-Szintillations kalorimeter mit der Möglichkeit die Spuren geladener Teilchen zu vermessen, die in Neutrinoreaktionen entstehen. Der Beschleuniger am Fermilab, nahe Chicago, kann π^+- und auch π^--Mesonenstrahlen durch Änderung der Polarität der fokussierenden Magneten erzeugen. MINOS kann daher nicht nur das Verschwinden von ν_μ, sondern auch von $\bar{\nu}_\mu$ als Funktion der Energie beobachten. und mit dieser Methode Oszillationen von Neutrinos und Antineutrinos testen. Ein naher Monitor dient wiederum zur Messung der Intensität der Neutrinoquelle, und ein ferner Detektor zum Nachweis der Neutrinos nach einer durchlaufenen Distanz von 735 km befindet sich im Untergrundlabor der Soudanmine in Minnesota, USA.

Der Vergleich der Ereignisraten zwischen dem nahen und dem fernen Detektor belegt wiederum das Verschwinden von ν_μ-Neutrinos. Die Zählrate als Funktion der Neutrinoenergie zeigt der Plot links der Abb. 3.24. Das Ergebnis stimmt perfekt mit dem Resultat des K2K-Experiments überein und bestätigt die Oszillationshypothese. Darüber hinaus wurde der erlaubte Parameterbereich für den Mischungswinkel und die Massendifferenz der zugrunde liegenden Oszillation weiter eingeschränkt (rechter Plot der Abb. 3.24).

Alle experimentellen Daten stimmen also sehr gut überein mit der Hypothese der Neutrinooszillationen und mit MINOS begann eine Ära hochpräziser Messungen des Massensplittings Δm^2. Zum ersten mal konnte der entsprechende Parameterbereich auf einer linearen Skala angegeben werden (vgl. Abb. 3.23 und 3.24).

K2K und MINOS sind beides Disappearance-Experimente, da die Neutrinoenergie nicht groß genug ist, um $\tau^\pm$-Leptonen mit hoher Rate zu erzeugen. Da die Energieschwelle für die Erzeugung geladener Tau-Leptonen bei ca. 3,5 GeV liegt, benötigen ν_τ-Appearance-Experimente sehr lange Distanzen d zwischen Quelle und Detektor, da die Oszillationslänge linear mit der Neutrinoenergie wächst. Weil der Neutrinostrahl bei diesen Energien einen Öffnungswinkel von ca. 0,15° aufweist, beträgt der Durchmesser des Strahls am Ort des Detektors mehrere Kilometer und die Strahlintensität nimmt in guter Näherung mit $\sim 1/d^2$ ab.

Ein weiteres Problem in ν_τ-Appearance-Experimenten ist die Tatsache, dass $\tau^\pm$-Leptonen Teilchen mit einer sehr kurzen Lebensdauer sind. Um eine ν_τ-Spur mit den entstandenen Zerfallsprodukten zu beobachten, muss ein sehr fein segmentierter und dennoch großer Detektor konstruiert werden. Innerhalb des CNGS (CERN-Neutrinos to Gran-Sasso)-Projekts wurde ein gepulster ν_μ-Strahl mit einer durchschnittlichen Energie von etwa 17 GeV vom CERN bei Genf zum Gran-Sasso-Untergrundlabor

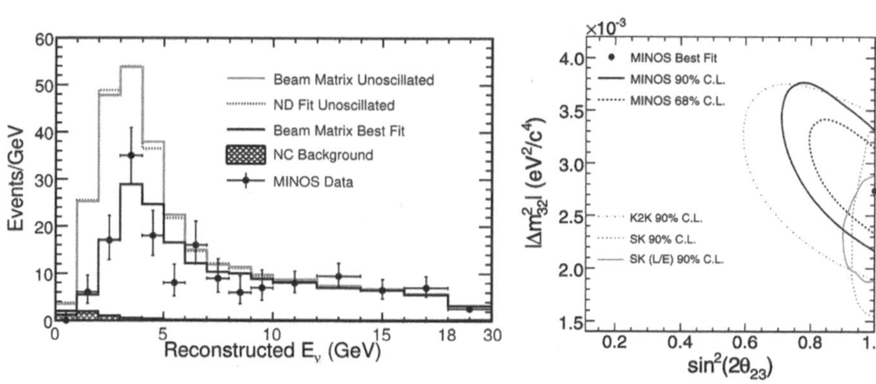

Abb. 3.24 Links: ν_μ Spektrum im fernen MINOS-Detektor. Rechts: Erlaubter Bereich der Oszillationsparameter und Vergleich mit Ergebnissen anderer Experimente. Entnommen aus [75]

geschickt. Der dort befindliche *OPERA*-Detektor wurde konstruiert, um ν_τ-Events zu beobachten, ist also als Appearance-Experiment konzipiert. OPERA ist ein Hybriddetektor, der aus einem Target von 1,3 kt Bleiziegeln besteht, welche mit dünnen Emulsionsschichten ausgestattet sind. Die Ziegel sind in Ebenen angeordnet und von Szintillationsdetektoren mit sehr guter Ortsauflösung umgeben. Diese ermöglichen es, Neutrinokandidaten zu selektieren und die Ziegel zu identifizieren, in welchen die Neutrinowechselwirkung registriert wurde. Mithilfe eines Roboters wurden diese Ziegel aus dem Detektor während des Betriebs entfernt und die Emulsionen mit speziell dafür entworfenen Analysegeräten fotografisch ausgewertet. Ein großes Myonenspektrometer innerhalb eines starken externen Magnetfelds erlaubt die Identifikation der Myonenladung sowie die Bestimmung der Impulse der Myonen.

Die Baseline von 732 km zwischen dem CERN und dem Gran-Sasso-Labor ist nicht gerade optimal für die Beobachtung von ν_τ-Appearance, da die Oszillationsphase $\Phi(E_\nu, L) = (\Delta m^2 \cdot L)/4E_\nu \sim 0{,}083 \cdot (\pi/2)$ (wir haben den Wert $\Delta m^2 \sim 2{,}4 \cdot 10^{-3}\,\mathrm{eV}^2$ verwendet) doch recht weit entfernt vom Oszillationsmaximum bei $\Phi = \pi/2$ liegt.

Trotz dieser Tatsache gelang es dem Experiment in der Tat einige ν_τ-Events zu identifizieren und damit einen direkten Beweis zur Existenz der Oszillation $\nu_\mu \rightarrow \nu_\tau$ zu erbringen. Insgesamt hat man drei ν_τ-Events über einen Zeitraum von fünf Jahren registriert [76]. Das Resultat stimmt unter Berücksichtigung der gesamten Neutrinoluminosität, Nachweiseffizienz und der Oszillationswahrscheinlichkeit mit den Erwartungen aktueller Neutrinoparameter überein. Das erste Mal konnte somit das Auftreten von $\nu_\mu \Leftrightarrow \nu_\tau$-Oszillationen direkt beobachtet werden, nachdem das Super-Kamiokande-Experiment bereits Hinweise auf die Existenz von ν_τ bei atmosphärischen Neutrinos gefunden hatte. In Abb. 3.25 sieht man die projizierte Topologie des dritten ν_τ-Kandidaten des OPERA-Experiments.

Deutlich zu erkennen ist die Signatur des τ-Events, nach welchem die Kollaboration gesucht hat: Das oszillierte ν_τ erzeugt ein geladenes τ-Lepton in einer cc-Reaktion des Typs $\nu_\tau + X \rightarrow Y + \tau$, wobei X und Y hadronische Zustände sind. Das τ-Lepton zerfällt nach einer Weglänge von $\sim 400\,\mu$m via $\tau \rightarrow \mu + \nu_\tau + \nu_\mu$. Die Neutrinos verlassen den Detektor ohne zu wechselwirken, tragen aber einen Impuls fort, weshalb man einen Knick zwischen den τ- und μ-Spuren erkennt.

In Japan wurde das *T2K*-Experiment als Nachfolger des Pionierprojekts K2K aufgebaut. Ein Protonenstrahl mit 30 GeV, welcher von dem Proton-Synchrotron des Beschleunigerlabors JPARC generiert wird, wird verwendet, um hochenergetische Pionen zu erzeugen, welche in einen Zerfallstunnel geleitet werden. Wieder wird der ν_μ-Strahl zum Super-Kamiokande-Detektor in einer Entfernung von 295 km geschickt. T2K ist ein Beschleunigerexperiment der neuen Generation mit einer bedeutend erhöhten Neutrinoluminosität. Zusätzlich wurden mehrere nahe Detektoren mit der Fähigkeit zur Spurrekonstruktion errichtet um den Neutrinostrahl optimal zu monitoren. Mithilfe dieses Aufbaus konnte die intrinsische Elektron-Neutrino-Komponente des Strahls, ein nicht reduzierbarer Untergrund des Appearance-Signals, experimentell bestimmt werden [77]. Der Super-Kamiokande-Detektor befindet sich nicht zentral im Neutrinostrahl, sondern in einem Winkel von ca. 2,5° zur Achse. Die Strahlintensität ist bei dieser *off-axis*-Position zwar geringer,

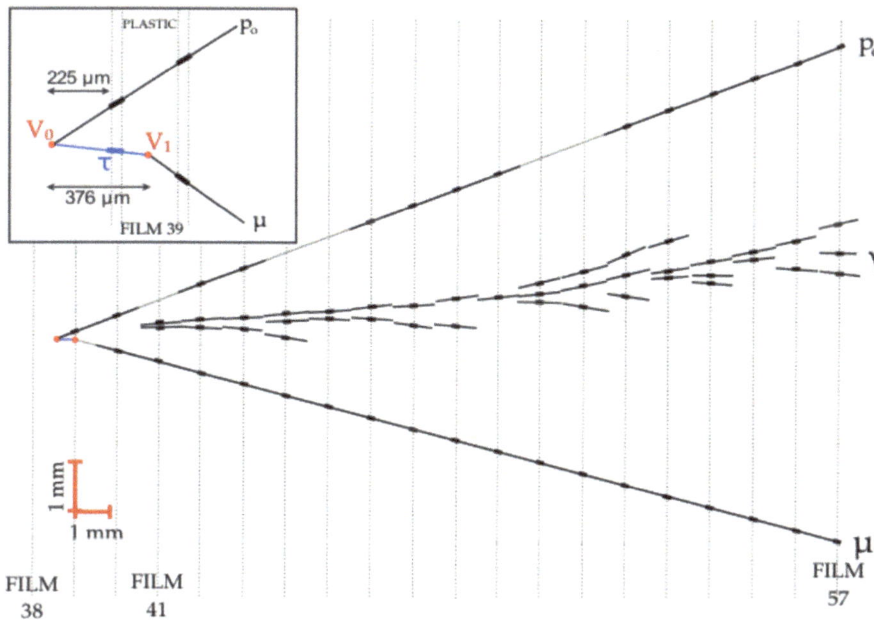

Abb. 3.25 Der dritte ν_τ-Kandidat aus OPERA in projizierter Topographie. Im kleinen Ausschnitt oben ist der Knick in der τ-μ-Spur gezeigt. Entnommen aus [76]

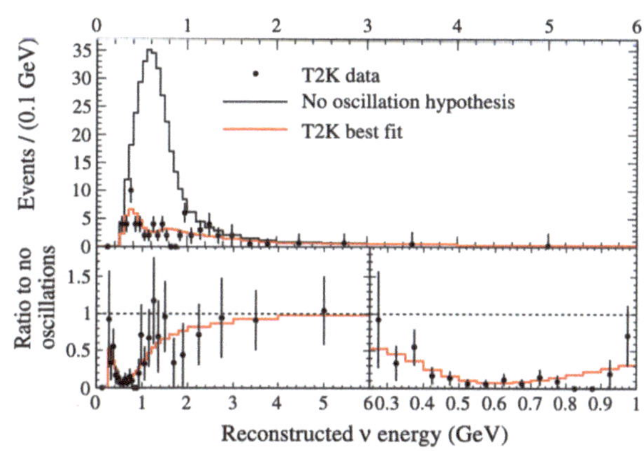

Abb. 3.26 Die Disappearance-ν_μ-Messung von T2K bei hoher Statistik. Die *no-oscillation*-Hypothese kann klar ausgeschlossen werden (oben). Aus dem Energieverlauf der registrierten Myon-Neutrinos können die Oszillationsparameter bestimmt werden (unten). Entnommen aus [78]

dieser Nachteil wird aber durch die dort sehr viel schmälere Verteilung der Neutrinoenergien mehr als kompensiert. Das T2K-Experiment hat ν_μ-Disappearance mit einer sehr hohen Statistik nachweisen können [78] (Abb. 3.26).

Die 58 μ-artigen Ereignisse, welche einzelne Cherenkovringe im SK-Detektor erzeugt haben, sind dargestellt. Der beobachtete Effekt stimmt sehr gut mit früheren Messungen von Super-Kamiokande, K2K und MINOS überein. Neben diesem Erfolg liegt die weitere Bedeutung von T2K in seinem Potential ν_e-Appearance-Effekte zu erforschen. Dies ist wichtig, weil auf diese Weise die Kopplung durch den Mischungswinkel θ_{13} untersucht werden kann und erste Einsichten zu *CP*-verletzenden Effekten ermöglicht werden. Wir werden diese Aspekte in Abschn. 4.4.2 vertiefen.

3.4 Reaktorneutrinos

Nukleare Reaktoren emittieren Elektron-Antineutrinos $\bar{\nu}_e$ mit sehr hohen Intensitäten. Neutrinoexperimente an Kernreaktoren haben daher eine lange Geschichte. Tatsächlich war es der berühmte *Poltergeist*-Detektor am Savannah-River-Reaktor (USA), mit dem F. Reines und Cowan 1956 das allererste Mal Neutrinos direkt nachweisen konnten [1]. Die Quellen der Reaktorneutrinos sind die Betazerfälle neutronenreicher Isotope, welche Spaltprodukte der Isotope ^{235}U, ^{238}U, ^{239}Pu, und ^{241}Pu sind. In kommerziellen schwach angereicherten Kernreaktoren tragen alle U- und Pu-Isotope zum gesamten Spektrum bei, in einigen besonderen Fällen, wie bei Forschungsreaktoren mit hoch angereichertem ^{235}U-Gehalt, sind die Beiträge von ^{238}U und den Pu-Isotopen vernachlässigbar. Das gesamte Energiespektrum ist die Summe aller Betaspektren. Zu diesem Gesamtspektrum, welches einen kontinuierlichen Verlauf mit Maximalwerten bei etwa 10 MeV hat, tragen ca. 10^4 Betazerfälle von ungefähr 800 Isotopen, gewichtet mit ihrer Spaltausbeute und ihrer Übergangsstärke, bei.

Eine einfache Abschätzung für den Neutrinofluss eines Reaktors erhält man, wenn man berücksichtigt, dass pro Spaltung eine mittlere Energie $\bar{E} \approx 210\,\text{MeV}$ und ungefähr drei Antineutrinos ($n_\nu \approx 3$) freigesetzt werden. Demzufolge emittiert ein Reaktor mit der thermischen Leistung P_{th} folgenden Gesamtfluß Φ_ν an $\bar{\nu}_e$:

$$\Phi_\nu = n_\nu \frac{P_{\text{th}}}{\bar{E}} \approx 9 \times 10^{19}\,\text{s}^{-1} \left(\frac{P_{\text{th}}}{\text{GW}}\right). \tag{3.40}$$

Ein Kernreaktor mit einer thermischen Energie von 4 GW erzeugt also weit mehr als 10^{20} $\bar{\nu}_e$ pro Sekunde und versorgt ein Experiment im Abstand von 20 m mit einem Fluß von ca. $10^{13}\,\text{cm}^{-2}\,\text{s}^{-1}$ (Abb. 3.27).

Eine genaue Berechnung des gesamten Spektrums *ab initio* ist sehr schwierig in Anbetracht der großen Zahl an Betazerfällen sowie der Tatsache, dass nicht alle Spaltungsausbeuten, Intensitätsverteilungen und Formfaktoren bekannt sind. Systematische Effekte und fehlende Informationen in nuklearen Datenbanken führen zu relativen Unsicherheiten im Bereich von 10 % bis 20 % [79]. Das integrale $\bar{\nu}_e$-Spektrum kann jedoch aus der Messung des kumulativen Betaspektrums der oben aufgeführten spaltbaren Isotope und mittels eines Algorithmus welcher diese Beta- in Neutrinospektren konvertiert, abgeleitet werden. Kumulative Betaspektren von ^{235}U, ^{239}Pu, und ^{241}Pu sind am BILL-Spektrometer am ILL-Forschungsreaktor bereits in den 1980er Jahren gemessen worden [80], [81], [82], [83]. Schließlich wurde auch das kumulative Spektrum von ^{238}U, welches ausschließlich einer spontanen Spaltung mit schnellen Neutronen unterliegt, am FRM-II in Garching aufgenommen [84]. Da auch die Konversionsmethode systematische Unsicherheiten besitzt, wurde eine

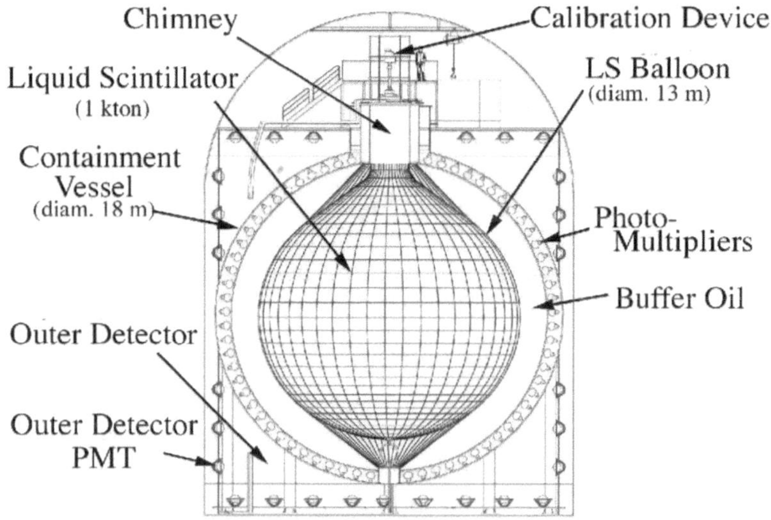

Abb. 3.27 Skizze des 1 kt Flüssigszintillationdetektors des KamLAND-Reaktorneutrinoexperiments in Japan

präzisere Herangehensweise entwickelt, welche auf einer Kombination der Informationen aus nuklearen Datenbanken und den Betaspektren der hauptsächlich zur Spaltung beitragenden Isotope basiert [79]. Während die Spektrumsformen und ihre Unsicherheiten vergleichbar sind mit denen der früheren Analyse der BILL-Daten, ist die Normierung durchschnittlich um etwa +3 % verschoben. Mögliche Auswirkungen auf die Interpretation vorangegangener Oszillationsexperimente werden in Abschn. 4.5 diskutiert.

Der Neutrinonachweis erfolgt in all den hier diskutierten Experimenten über den sogenannten inversen Betazerfall

$$\bar{\nu}_e + p \rightarrow e^+ + n. \tag{3.41}$$

Das Target sowie die Detektormaterialien sind in der Regel organische Flüssigszintillatoren mit einer hohen Zahl freier Protonen. Das geladene Positron produziert ein promptes Lichtsignal, wohingegen das Neutron durch Stöße kinetische Energie verliert, bis es schließlich von einem Kern eingefangen wird. Die typische Zeitkonstante für diesen Prozess liegt bei einem Neutroneneinfang an einem Proton im Bereich von etwa $2 \cdot 10^2$ μs. Experimentell wird somit das Merkmal einer *verzögerten Koinzidenz* genutzt, um Neutrino- von Untergrundsignalen mit hoher Effizienz zu unterscheiden. Neutroneneinfang an einem Proton führt aufgrund der Reaktion $p + n \rightarrow {}^2\text{H} + \gamma$ zu einer Gammaemission mit 2,2 MeV. Um die sichtbare Energie des verzögerten Events zu erhöhen und um die durchschnittliche Einfangzeit unter ca. 10^2 μs zu verkürzen, können chemische Elemente mit großen Wirkungsquerschnitten für den Einfang thermischer Neutronen hinzugefügt werden, was das

Signal-zu-Untergrund-Verhältnis deutlich verbessern kann, wenn das Experiment mit einem hohen statistischen Untergrund konfrontiert wird.[7]

Nur Neutrinos mit Energien oberhalb der Reaktionsschwelle $Q = m_n + m_e - m_p \simeq 1{,}8\,\text{MeV}$ können zur Eventrate beitragen. Die sichtbare Energie E_{vis} eines Neutrinoevents wird durch die Annihilationsenergie der Positronen von $\sim 1\,\text{MeV}$ erhöht und beträgt $E_{\text{vis}} \simeq E_\nu - 0{,}8\,\text{MeV}$. Die kinetische Energie des Neutrons liegt unterhalb von ca. 0,1 MeV und kann üblicherweise vernachlässigt werden. Der Wirkungsquerschnitt des inversen Betazerfalls kann mittels der Neutronlebensdauer τ_n sowie des Phasenraumfaktors f_{ps} ausgedrückt werden als

$$\sigma_\nu = \frac{2\pi^2/m_e^5}{\tau_n f_{\text{ps}}} E_e p_e \sim 0{,}98 \cdot 10^{-43}\,\text{cm}^2\,(E_e p_e/\text{MeV}^2)\,, \tag{3.42}$$

wobei E_e die Energie und p_e der Impuls des Positrons ist. Das Neutrinospektrum hat eine kontinuierliche Verteilung mit einem breiten Peak bei etwa 4 MeV. Dies ist das Ergebnis des exponentiell abfallenden Reaktorflusses gefaltet mit dem Neutrinowirkungsquerschnitt, welcher bei diesen Energien effektiv mit E_ν^2 ansteigt (Abb. 3.28).

Alternativ kann der Wirkungsquerschnitt natürlich durch die schwache Kopplungskonstante ausgedrückt werden. Mit dem obigen Ausdruck können die Unsicherheiten der schwachen Kopplungskonstanten, des Cabibbowinkels und nuklearer Effekte vermieden werden, aber er koppelt den Wirkungsquerschnitt mit dem

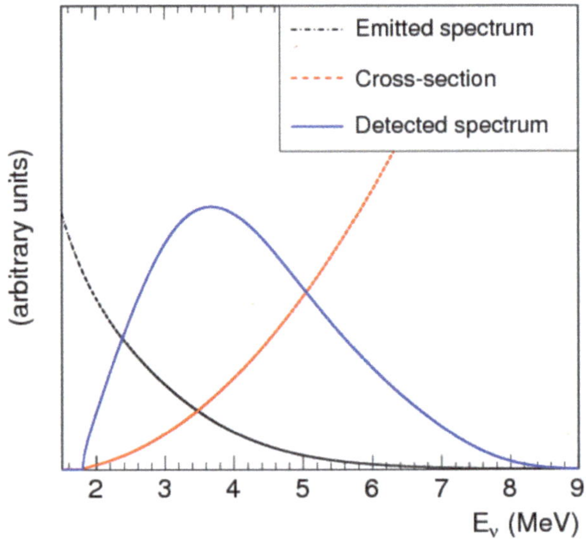

Abb. 3.28 Im Experiment sichtbares Reaktorneutrinospektrum für den Fall, dass keine Oszillationen vorliegen. Schematische Darstellung mit willkürlichen Einheiten. Von Müller et al. [79]

[7] Gd-Isotope haben beispielsweise extrem hohe Wirkungsquerschnitte für den Einfang thermischer Neutronen und emittieren eine Gammakaskade mit einer durchschnittlichen Gesamtenergie von ca. 8 MeV.

reziproken Wert der Neutronlebensdauer. Systematische Unsicherheiten der Neutronlebensdauer haben somit einen Einfluss auf die Genauigkeit der Reaktorneutrinoexperimente, welche den inversen Betazerfall als Detektionsreaktion nutzen. Um diese systematischen Effekte zu vermeiden, verwenden manche Experimente einen zusätzlichen nahen Detektor, welcher dieselbe Targetflüssigkeit benutzt und zudem als Monitor des vom Reaktor emittierten Neutrinoflusses dient. Letzteres ist wichtig, weil die verschiedenen Beiträge der U- und Pu-Isotope zu den nuklearen Brennstoffen während des Reaktorbetriebs über die Zeit variieren und sowohl der Fluss als auch das Spektrum von Reaktorneutrinos sich leicht ändern können, selbst wenn die Reaktorleistung konstant gehalten wird.

Reaktorexperimente sind immer Disappearance-Experimente, da die Neutrinoenergien zu gering sind, um geladene Myonen oder Tau-Leptonen zu erzeugen. Neutrinooszillationen können in Reaktorexperimenten durch Analyse des gemessenen Neutrinospektrums und des gesamten Flusses beobachtet werden. Die allgemeine Formel zur Berechnung der Überlebenswahrscheinlichkeit P_{ee} für Reaktorneutrinos haben wir bereits in Kap. 2 vollständig behandelt (Gl. 3.46, 3.47, 3.48 und 2.48). Oft ist aber die einfache Näherung der Oszillation mit zwei Neutrinos anwendbar. Dann kann der im Experiment gemessene spektrale Neutrinofluss $\Phi(E_\nu)$ näherungsweise geschrieben werden als

$$\Phi(E_\nu) = \Phi_0(E_\nu)\left(1 - \sin^2(2\theta) \cdot \sin^2(\Delta m^2\, L/4E_\nu)\right), \tag{3.43}$$

wobei $\Phi_0(E_\nu)$ das sichtbare Energiespektrum der Reaktorneutrinos ohne Oszillationen sein soll und L der Abstand zwischen Reaktor und Detektor ist. Interessant ist der Vergleich der solaren und Reaktorneutrinoexperimente, weil Erstere Neutrinos (d. h. ν_e) analysieren und Letztere Antineutrinos (d. h. $\bar{\nu}_e$) verwenden. Im Falle von CPT-Invarianz[8] sollten die Auswirkungen auf die Oszillationswahrscheinlichkeiten in beiden Fällen dieselben sein.

Das *KamLAND*-Experiment im Kamioka-Untergrundlabor in Japan ist ein Reaktorneutrinoexperiment, welches einen 1-kt-Flüssigszintillator als Neutrinotarget verwendet und seit dem Jahre 2001 Daten aufnimmt. Eine Skizze des Detektors ist in Abb. 3.27 dargestellt. Zum Signal im KamLAND-Detektor tragen etwa 70 Kernreaktoren in Japan und Korea bei. Die meisten Reaktoren haben Abstände zwischen 150 und 200 km zu KamLAND. Erste Resultate wurden von KamLAND bereits im Jahre 2002 veröffentlicht, wir zeigen in Abb. 3.29 das von KamLAND gemessene Neutrinospektrum, das im Jahre 2008 publiziert wurde [85].

Eine energieabhängige Abweichung der experimentellen Daten von der Erwartung ohne Oszillation ist offensichtlich. Die gemessene Energieverteilung stimmt sehr gut mit Neutrinooszillationen überein. Die dazu gehörenden Oszillationsparameter werden unten angegeben. Aus Abb. 3.29 ist ersichtlich, dass Untergrundbeiträge, wie zum Beispiel Alpha-Neutron Reaktionen an ^{13}C, die Diskrepanz zu dem erwarteten Spektrum ohne Oszillation nicht erklären können. In KamLAND

[8] *C = charge conjugation, P = parity transformation, T = time reversal.*

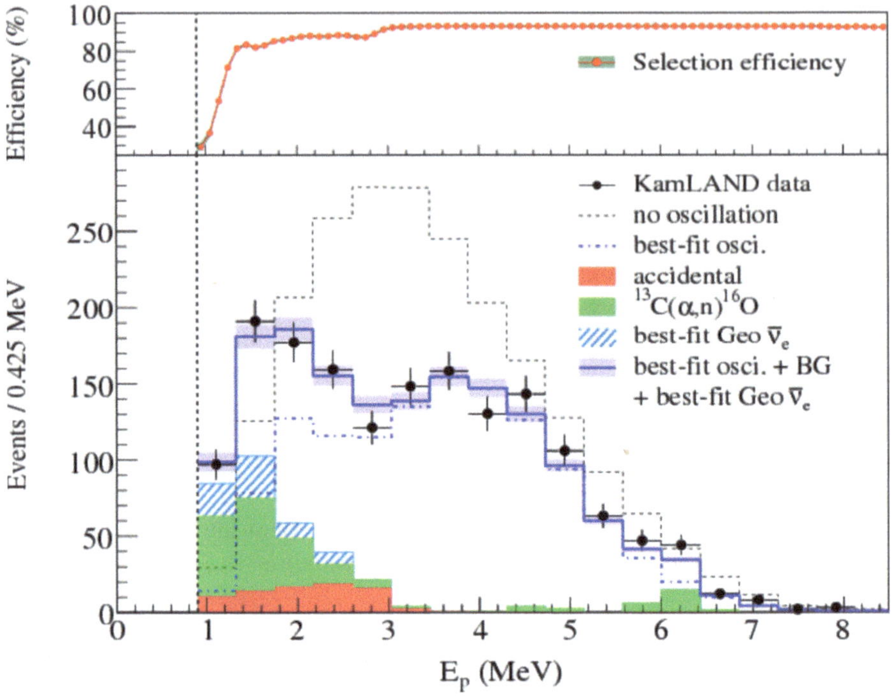

Abb. 3.29 Das Reaktorneutrinospektrum von KamLAND mit den wichtigsten Untergrundbeiträgen und der energieabhängigen Nachweiseffizienz (oben). Die Abweichung von der Erwartung zu der *no-oscillation*-Hypothese (gestrichelte Kurve) ist offensichtlich. Entnommen aus der KamLAND-Publikation [85]

wurden auch zum ersten Mal sogenannten Geoneutrinos gemessen. Diese stammen aus den Betazerfällen der Isotope der radioaktiven Uran- und Thoriumzerfallsketten. Mehr dazu in Abschn. 6.2. Das langfristige Abschalten der japanischen Kernreaktoren als Folge des Erdbebens und Tsunamis im März 2011 resultierte in einen zeitweise deutlich reduzierten Reaktorfluss. Dies ermöglichte der Kollaboration ihr Untergrundmodell experimentell zu überprüfen [86].

Betrachtet man die von den solaren und atmosphärischen Neutrinos bekannten Δm^2-Werte, dann wird klar, dass bei den Energien von Reaktorneutrinos im $\sim$MeV-Bereich und bei den oben angegebenen Abständen zwischen Quellen und Detektor beide Mischungswinkel θ_{12} und θ_{13} berücksichtigt werden müssen. Es ist also zur Analyse das Formelpaket 3.46, 3.47, 3.48 und 2.48 anzuwenden. Allerdings war aus früheren Reaktorexperimenten bei kurzen Abständen (s. Abschnitt unten) bereits bekannt, dass θ_{13} deutlich kleiner als θ_{12} sein muss. Deswegen war klar, dass das in KamLAND beobachtete Spektrum (Abb. 3.29) im Wesentlichen von der Oszillation mit dem Mischungswinkel θ_{12} stammen muss. Wegen $\Delta m^2_{13} \approx \Delta m^2_{23} >> \Delta m^2_{12}$ ist die Oszillation mit θ_{13} im KamLAND-Experiment spektral nicht auflösbar (Abb. 3.32), macht sich also nur durch einen gemittelten, energieunabhängigen Unterdrückungsterm bemerkbar.

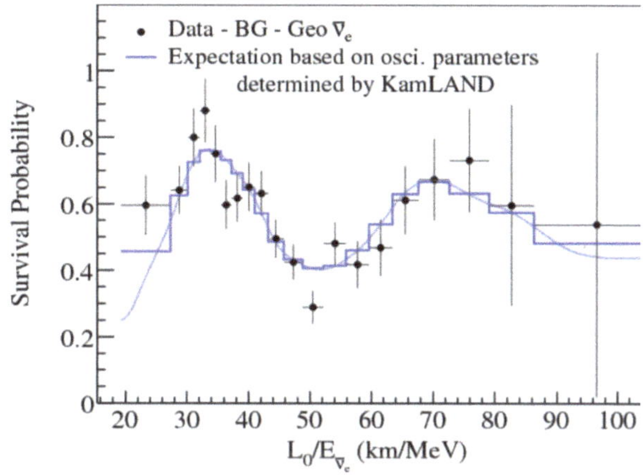

Abb. 3.30 Die Neutrinodaten von KamLAND als Funktion von E_ν/L im Vergleich zu der Erwartung ohne Oszillation unter Verwendung der Parameter des besten Fits. Die Fehlerbalken sind rein statistischer Natur. KamLAND-Kollaboration [85]

In Abb. 3.30 wird die Überlebenswahrscheinlichkeit der Reaktorneutrinos als Funktion von L/E_ν gezeigt und die Oszillation sichtbar gemacht. Aus der Tiefe der Oszillation im Bereich $L/E_\nu \approx 50$ km/MeV kann der Mischungswinkel abgelesen werden, und aus der Position des Minimums kann zudem Δm^2_{21} berechnet werden.

Die Analyse ergibt, dass die spektrale Deformation gut mit der Zweineutrinoformel mit einem Mischungswinkel $\theta_{12} \sim 35^\circ$ und mit $\Delta m^2_{21} \sim 7{,}5 \cdot 10^{-5}\,(\text{eV})^2$ beschrieben werden kann.

Das Borexino-Experiment bestätigte im Jahre 2010 in einer unabhängigen Messung der Neutrinos aus europäischen Reaktoren (die mittlere Distanz zum Detektor betrug ca. 1000 km) die Existenz der Oszillation [87]. Die Hypothese eines Szenarios ohne Oszillationen wurde mit 99,6 % Wahrscheinlichkeit ausgeschlossen.

Im November 2025 veröffentlichte die internationale JUNO-Kollaboration ihr erstes Ergebnis zur Messung von Oszillationen von Reaktorneutrinos [88]. Der Detektor wurde in einem dafür extra neu errichteten Untergrundlabor in China nach zwölfjähriger Bauzeit aufgebaut und begann Ende August 2025 mit der Datennahme. Das JUNO-Experiment (Jiangmen-Underground-Neutrino-Observatory) ist prinzipiell ähnlich aufgebaut wie KamLAND, benutzt aber eine Szintillatormenge von ca. 20 kt Masse, ist also etwa zwanzigmal so groß wie KamLAND. Der Standort des Detektors wurde so gewählt, dass die Entfernung (ca. 53 km) zu den nächst beiden Reaktorstationen dem Maximum der Oszillation mit Δm^2_{21} bei einer Neutrinoenergie von etwa 4 MeV entspricht. Das hauptsächliche Ziel von JUNO ist neben einer präzisen Messung von Oszillationsparametern die Bestimmung der sogenannten Neutrinomassenanordnung. Daneben stehen astrophysikalische Ziele wie die Messung solarer und atmosphärischer Neutrinos sowie die Messung von Neutrinos aus Supernovae-Explosionen im Zentrum des JUNO-Experiments. Eine genauere Beschreibung des Aufbaus des JUNO-Detektors und seiner wissenschaftlichen Ziele erfolgt in den Abschn. 4.4.1 und Kap. 5.

Bereits nach etwa sechs Wochen Datennahme konnte JUNO die Genauigkeit in der Messung des Mischungswinkels θ_{12} und der Massendifferenz Δm^2_{21} deutlich verbes-

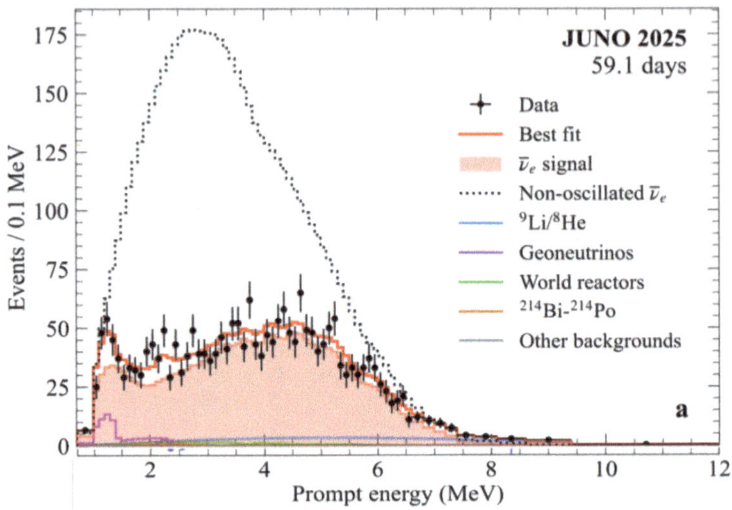

Abb. 3.31 Das Energiespektrum der von JUNO nach 60 Tagen Messzeit registrierten Reaktorneutrinos. Aufgetragen ist das Histogramm der gezählten Ereignisse, welche die Bedingung der verzögerten Koinzidenz erfüllen, über der sichtbaren Energie des ersten (‚prompten') Events. Hintergrund bildet sich im Wesentlichen aus ununterscheidbaren Geoneutrinos im niederenergetischen Bereich und Beta-Neutronkaskaden aus kosmogen erzeugten radioaktiven ^{9}Li- und ^{8}He-Kernen. Aus [88]

sern. Das resultierende Spektrum der registrierten Reaktorneutrinos zeigt Abb. 3.31. Wesentlicher Hintergrund bilden zum einen terrestrische Neutrinos (‚Geo-Neutrinos' in Abb. 3.31) und Beta-Neutron-Kaskaden radioaktiver ^{9}Li- und ^{8}He-Kerne, die beim Durchgang kosmischer Myonen durch den Szintillator in Spallationsreaktionen an C-Kernen entstanden sind.

Die in [88] publizierten Werte für $\sin^2\theta_{12}$ und Δm^2_{21} lauten:

$$\sin^2\theta_{12} = 0{,}3092 \pm 0{,}0087 \tag{3.44}$$

$$\Delta m^2_{21} = (7{,}50 \pm 0{,}12) \times 10^{-5}\,\mathrm{eV}^2. \tag{3.45}$$

Zeitgleich mit JUNO veröffentlichte das SNO+-Experiment in Kanada sein Ergebnis zu Messungen von Reaktorneutrinos. SNO+ ist das Nachfolgeexperiment des solaren Neutrino-Experiments SNO. Sein Hauptziel ist die Suche nach dem neutrinolosen Doppelbetazerfall (s. Abschn. 4.3.1). Dazu wurde das schwere Wasser entfernt und der SNO-Detektor mit ca. 1kt flüssigem Szintillator gefüllt, mit dem auch Reaktorneutrinos über den inversen Betazerfall an freien Protonen nachgewiesen werden können. Die Neutrinos stammen im Wesentlichen aus drei Reaktorstationen mit Entfernungen von 240 km, 350 km und 355 km zum Detektor. Das Ergebnis bestätigt die Messung von JUNO (3.44 und 3.45) mit den Werten:

$\sin^2\theta_{12} = 0{,}310 \pm 0{,}012$ und
$\Delta m^2_{21} = (7{,}93^{+0{,}21}_{-0{,}24}) \times 10^{-5}\,\mathrm{eV}^2$ [89].

Dabei ist zu beachten, dass der Wert für den Mischungswinkel das Resultat einer Kombination des solaren Resultats und der eigentlichen Messung ist. Der Fit an die Reaktordaten alleine liefert das Ergebnis $\sin^2\theta_{12} = 0{,}505 \pm 0{,}134$.

Wir fassen kurz zusammen:

Man kann den Mischungswinkel θ_{12} den Ergebnissen solarer Experimente (ν_e-Disappearance) und den Resultaten der Reaktorexperimente KamLAND und JUNO ($\bar{\nu}_e$-Disappearance) zuordnen. Die Wellenlänge der Oszillation der in beiden Arten von Experimenten registrierten Effekte wird durch die Massendifferenz Δm^2_{21} bestimmt.

Die mit atmosphärische Neutrinos (ν_μ- und $\bar{\nu}_\mu$-Disappearance) und mit Long-Baseline-Beschleunigerexperimenten (ν_μ- und $\bar{\nu}_\mu$-Disappearance und Appearance) beobachteten Oszillationen werden durch den Mischungswinkel θ_{23} mit der Massendifferenz Δm^2_{3l} $(l = 1, 2)$ beschrieben. Man beachte, dass bisher Δm^2_{31} und Δm^2_{32} experimentell nicht unterschieden werden können.

Es stellt sich also die Frage: Wie groß ist nun θ_{13}, der dritte Mischungswinkel in der PMNS-Matrix? Und wie kann man ihn am besten messen?

3.5 Wie groß ist der Mischungswinkel θ_{13}?

Die ersten Hinweise zur Beantwortung dieser Frage kamen vom T2K-Beschleunigerexperiment, aber die endgültige Lösung lieferten wieder Reaktorneutrinoexperimente. Der heutige globale Wert setzt sich aus den Resultaten aller Experimente zusammen, wird aber in seiner Genauigkeit von den Ergebnissen der Reaktorexperimente eindeutig dominiert.

3.5.1 Reaktorexperimente und θ_{13}

Die allgemeine Formel für die Überlebenswahrscheinlichkeit P_{ee} mit 3 Neutrinos bei Experimenten mit Reaktorneutrinos wurde in Abschn. 2.5 berechnet und lautet:

$$P_{e,e}(x,t) = 1 - P_{21} - P_{31} - P_{32}, \tag{3.46}$$

mit den Größen

$$\begin{aligned} P_{21} &= 4 \mid U_{e1} \mid^2 \mid U_{e2} \mid^2 \sin^2\Delta_{21}, \\ P_{31} &= 4 \mid U_{e1} \mid^2 \mid U_{e3} \mid^2 \sin^2\Delta_{31}, \\ P_{32} &= 4 \mid U_{e2} \mid^2 \mid U_{e3} \mid^2 \sin^2\Delta_{32}, \end{aligned} \tag{3.47}$$

wobei gilt

$$\Delta_{ji} := \frac{\Delta m^2_{ji} x}{4p}. \tag{3.48}$$

Einsetzen dieser Werte ergibt

$$P = 1 - \cos^4\theta_{13}\sin^2 2\theta_{12}\sin^2\Delta_{21} \tag{3.49}$$
$$- \sin^2 2\theta_{13}(\cos^2\theta_{12}\sin^2\Delta_{31} + \sin^2\theta_{12}\Delta_{32}). \tag{3.50}$$

In ihren Analysen verwenden die Kollaborationen gerne einen effektiven Parameter Δ_{ee}, so dass

$$P = 1 - \cos^4\theta_{13}\sin^2 2\theta_{12}\sin^2\Delta_{21} - \sin^2 2\theta_{13}\sin^2\Delta_{ee}. \tag{3.51}$$

Damit sind die Resultate wieder in zweidimensionalen Plots, bei festgehaltenem Wert von θ_{12} darstellbar, wobei man meistens die effektive Massendifferenz Δm^2_{ee}, die aus Δ_{ee} folgt, über der Oszillationsamplitude $\sin^2 2\theta_{13}$ aufträgt. Die Wahl des Parameters Δ_{ee} macht zudem Sinn, weil Δ_{31} und Δ_{32} experimentell – zumindest bis heute – nicht unterscheidbar sind.

Die Experimente *Double Chooz, Daya Bay,* und *RENO* vermessen Reaktor-$\bar{\nu}_e$-Spektren bei Abständen zwischen 1 und 2 km zu den jeweiligen Reaktoren mit hoher Genauigkeit. Damit sind sie sensitiv auf Massendifferenzen $\Delta m^2_{32} \sim \Delta m^2_{31} \sim 2{,}5 \cdot 10^{-3}\,\text{eV}^2$, wie sie in atmosphärischen Neutrinoexperimenten beobachtet wurden, und haben damit Zugang zu θ_{13}. Dies wird in Abb. 3.32 verdeutlicht, in der die Oszillation von Reaktorneutrinos unter Berücksichtigung aller Parameter gezeigt wird. Die Trennung der beiden Effekte, die durch die Mischungswinkel θ_{12} und θ_{13} hervorgerufen werden, wird durch den großen Unterschied der beteiligten Massendifferenzen wesentlich erleichtert.

Die Vorgängerexperimente *Chooz* und *Palo Verde* konnten bei diesen Abständen keine Oszillationen beobachten. Ihre Analyse ergab, dass θ_{13} klein sein muss im Vergleich zu den anderen Mischungswinkeln. Die im Jahre 1999 von Chooz veröffentlichte Grenze (90 % c.l.) ist $\sin^2\theta_{13} < 0{,}039$ für $\Delta m^2 \sim 2{,}5 \cdot 10^{-3}\,\text{eV}^2$ [90].

Die Sensitivität auf den Mischungswinkel in Disappearance-Experimenten wird durch systematische Unsicherheiten limitiert. Die Experimente der nächsten Generation Double Chooz, Daya Bay und RENO verwenden daher alle mindestens zwei

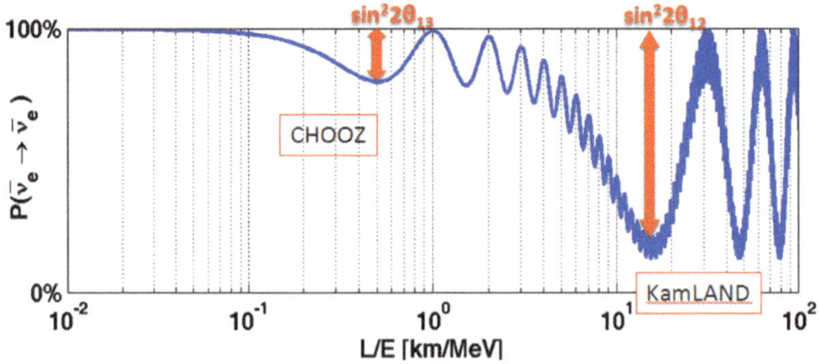

Abb. 3.32 Oszillation von Reaktorneutrinos unter Berücksichtigung der Mischungswinkel θ_{13} und θ_{12}. Experimente wie z. B. am Reaktor in Chooz mit Abständen zwischen 1 km und 2 km sind sensitiv auf θ_{13}. Zum Vergleich ist die ungefähre Lage des KamLAND-Experiments eingezeichnet

Detektoren, um ihre Sensitivität auf kleine Neutrinooszillationsamplituden zu verbessern. Ein zweiter, sogenannter naher Detektor, der die gleiche Struktur wie der ferne Detektor besitzt, dient zur Normierung des Neutrinoflusses. Die Abstände der nahen Detektoren sind so gewählt, dass der Einfluss der Oszillation aufgrund von θ_{12} sehr klein ist.

Wegen den kurzen Abständen und den damit einhergehenden hohen Neutrinoflüssen sind relativ kleine Targetmassen in der Größenordnung 10 t ausreichend. Um systematische Unsicherheiten möglichst gering zu halten wird eine Nachweiseffizienz um die 100 % angestrebt. Zudem soll das Target gut definiert sein und daher verzichtet man hier auf einen homogen aufgebauten Detektor, sondern separiert ihn in klar voneinander getrennten Einheiten. Um den zufälligen Hintergrund möglichst gering zu halten nutzen alle drei Experimente Szintillatoren, die mit Gadolinium (Gd) dotiert sind als Target. Sogenannte Gammafänger, ohne Anreicherung mit Gd, garantieren eine hohe Nachweiseffizienz für die Gammaquanten, die als Folge des Neutroneneinfangs in Gd emittiert werden. Mit dem Gammafänger werden auch die 511-keV-Gammaquanten der Positronannihilation mit hoher Effizienz nachgewiesen, auch wenn die Annihilation nahe der Oberfläche des Targets stattfindet. Ein weiterer, nicht szintillierender Bereich schirmt die inneren Teile gegen äußere

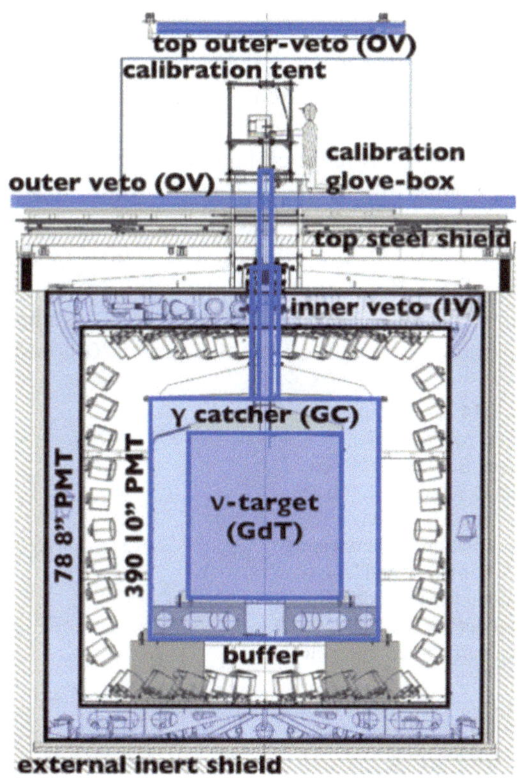

Abb. 3.33 Skizze des fernen Double-Chooz-Detektors. Als Neutrinotarget wird ein Gd-geladener Szintillator verwendet, umgeben von einem ungeladenen Szintillator (dem *gamma-catcher*) und dann von einer nicht szintillierenden Flüssigkeit. Außen detektieren ein inneres und ein äußeres Detektorsystem eindringende kosmische Myonen. Entnommen aus [91]

Radioaktivität ab. Zusätzlich verwendet man äußere Detektoren als Myonveto, um Untergrundsignale zu identifizieren, die als Folge der Wechselwirkung kosmischer Myonen im Detektor entstehen. In Abb. 3.33 wird der experimentelle Aufbau der Double-Chooz-Detektoren gezeigt. Details zum Detektoraufbau findet man in [91].

In allen drei Experimenten wird ein eindeutiges Oszillationssignal sowohl in der integralen Zählrate als auch in der Energieverteilung beobachtet. Die Amplitude des Defizits der Ereignisrate im fernen Detektor gegenüber der im nahen Detektor liefert $\sin^2(2\theta_{13})$, und die Position des Minimums im Energiespektrum ergibt Δm^2_{ee}.

Die erste Evidenz auf einen nicht verschwindenden θ_{13}-Wert lieferte das Double-Chooz-Experiment [92]. In Kombination mit dem Beschleunigerexperiment T2K konnte eine Signifikanz von knapp über 3σ erreicht werden. Das Ergebnis wurde bald darauf von Daya-Bay [93] und RENO [94] mit deutlich verbesserter Statistik bestätigt. Die Ergebnisse mit der höchsten Signifikanz werden vom Daya-Bay-Experiment in China erreicht, welches seit Oktober 2012 acht Antineutrinodetektoren gleichzeitig betreibt.

Das Double-Chooz-Experiment benutzt einen fernen Detektor in einer mittleren Entfernung von 1050 m zu zwei Reaktoren mit insgesamt 8,5 GW_{th} thermischer Leistung und einen nahen Detektor bei 412 m mittlerer Entfernung [96]. Beide Detektoren sind im Vergleich zu jenen des Daya-Bay-Experiments kleiner, zudem ist die Leistung der Reaktoren geringer und daher ist das Double-Chooz-Experiment dem Daya-Bay-Experiment statistisch unterlegen. Allerdings ist Double-Chooz das bisher einzige Experiment, welches den Untergrund in einer Zeitspanne in der beide Reaktoren heruntergefahren waren, direkt messen konnte. Aufgrund des erreichten geringen Untergrunds war es in Double-Chooz möglich, eine Analyse durchzuführen, bei der der Neutroneinfang an Wasserstoff im *gamma-catcher* als Signal verwendet wird. Eine ähnliche Analyse wurde später erfolgreich von Daya-Bay wiederholt. Der finale Wert von Double-Chooz für die Oszillationsamplitude beträgt $\sin^2 2\theta_{13} = 0{,}096 \pm 0{,}0086\,(\text{syst}) \pm 0{,}0044\,(\text{stat})$.

Das Daya-Bay-Experiment detektiert Neutrinos aus sechs Reaktoren mit insgesamt 17,4 GW maximaler, thermischer Leistung. Das Experiment betreibt sechs Detektoren, zwei mit 470 m, einen mit 576 m und drei mit 1650 m Abstand zu den

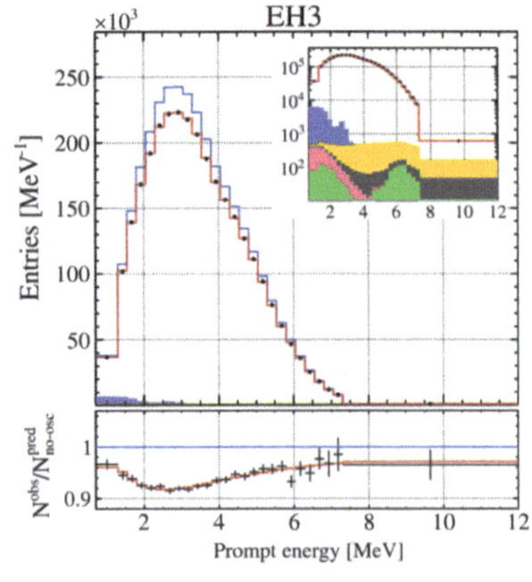

Abb. 3.34 Energiespektrum der Positronen aus dem inversen Betazerfall in den fernen Detektoren (EH3) des Daya-Bay Experiments. Die ‚no-oscillation' Hypothese (blaue Kurve) kann klar ausgeschlossen werden (s. auch unterer Teil). Die Daten folgen perfekt dem Fit (rote Kurve) mit Oszillationsparametern. Als Insert werden Beiträge. des Hintergrunds (log. Darstellung) gezeigt. Entnommen aus [95]

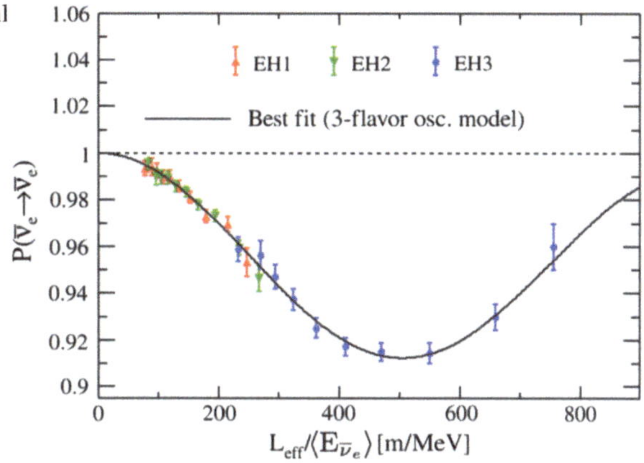

Abb. 3.35 Überlebenswahrscheinl der Reaktorneutrinos als Funktion von L/E im Daya-Bay-Experiment. Die Oszillation als Funktion von L/E ist klar sichtbar. Entnommen aus [95]

Reaktoren. In Abb. 3.34 wird das gemessene Positronenspektrum der fernen Detektoren des Daya-Bay-Experiments gezeigt. Es wird verglichen mit dem zu erwarteten Spektrum für den Fall, dass keine Oszillation vorliegt. Die Daten zeigen eindeutig, dass diese Annahme ausgeschlossen werden kann. Sie sind aber in perfekter Übereinstimmung mit der Hypothese einer Oszillation.

Die im Jahre 2023 von Daya-Bay final veröffentlichten Oszillationsparameter sind $\sin^2 2\theta_{13} = 0{,}0851 \pm 0{,}0024$ und $\Delta m^2_{ee} = (2{,}519 \pm 0{,}060) \cdot 10^{-3}\, eV^2$ [95]. Dabei wurden insgesamt $5{,}55 \cdot 10^6$ Reaktor-Neutrinos während einer Zeitspanne von 3158 Tagen Messzeit nachgewiesen.

Die Oszillationshypothese wird getestet, indem die Neutrinoüberlebenswahr scheinlichkeit als Funktion von L/E_ν dargestellt wird. Das Ergebnis zeigt Abb. 3.35. Die durchgezogene Linie zeigt die erwartete Verteilung mit den Oszillationsparametern des besten Fits, wohingegen die gestrichelte Linie den Fall ohne Oszillation angibt. Die Bezeichnungen EH1 and EH2 in der Abbildung stehen für jeweils Paare von nahen Detektoren, während EH3 für das Paar der fernen Detektoren steht. Die durchgezogene Linie repräsentiert den funktionalen Verlauf für die besten Fit-Werte.

Gestützt werden diese Resultate von den Ergebnissen des RENO-Experiments mit den Werten $\sin^2 2\theta_{13} = 0{,}101 \pm 0{,}008\,(\text{stat}) \pm 0{,}010\,(\text{syst})$ [97]. Dieses Resultat basiert auf Neutrinodaten von zwei Detektoren, welche etwa 800 Tage Daten aufnahmen. Die Resultate aller drei Reaktorexperimente stimmen innerhalb ihrer statistischen und systematischen Unsicherheiten überein.

Die Abb. 3.36 zeigt den erlaubten Bereich des Daya-Bay-Resultats im Parameterraum der Oszillationen. Gezeigt werden die erlaubten Bereiche mit 1-, 2-, und 3-σ, sowie die Werte des besten Fits [95]. Die $\Delta\chi^2$-Verteilungen der zwei Oszillationsparameter sind in den nebenstehenden Feldern angegeben.

3.5.2 Beschleunigerexperimente und θ_{13}

Wie ist nun der Zugang zu θ_{13} über Beschleunigerexperimente? In Abschn. 2.5 haben wir den allgemeinen Fall der 3-Neutrino-Oszillationen im Vakuum anhand eines

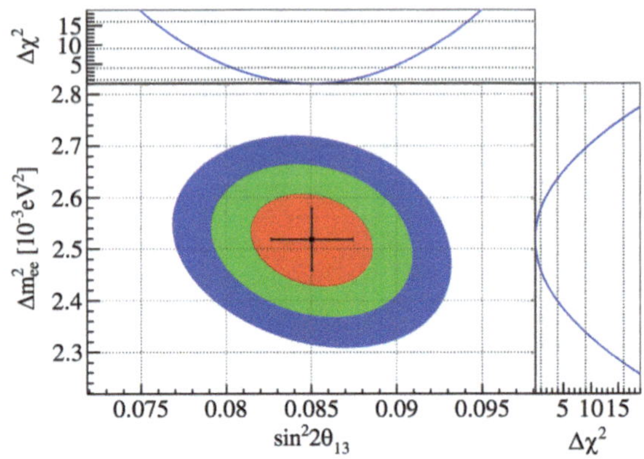

Abb. 3.36 Erlaubter Bereich des Daya-Bay-Resultats im Parameterraum der Oszillationen mit $\sin^2 2\theta_{13}$ und Δm^2_{ee} mit $1, 2, 3 - \sigma$-Konturen. Der beste Fitwert ist gekennzeichnet. Oben und rechts die jeweiligen statistischen $\Delta\chi^2$-Werte der Amplitude und der Massendifferenz. Entnommen aus [95]

ursprünglichen ν_e-Zustands besprochen. Aus Gl. 2.43 können wir die Übergangswahrscheinlichkeit für die Oszillation $\nu_e \rightarrow \nu_\mu$ ablesen und erhalten:

$$P_{e,\mu}(x,t) = \mid U^*_{e1} U_{\mu 1} e^{-i\phi_1} + U^*_{e2} U_{\mu 2} e^{-i\phi_2} + U^*_{e3} U_{\mu 3} e^{-i\phi_3} \mid^2 . \quad (3.52)$$

In Experimenten an Beschleunigern generiert man im Allgemeinen einen ursprünglich reinen ν_μ-Zustand. Die Wahrscheinlichkeit für $\nu_\mu \rightarrow \nu_e$ bekommt man aus Gl. 4.22 durch Vertauschen der Indizes e und μ:

$$P_{\mu,e}(x,t) = \mid U_{e1} U^*_{\mu 1} e^{-i\phi_1} + U_{e2} U^*_{\mu 2} e^{-i\phi_2} + U_{e3} U^*_{\mu 3} e^{-i\phi_3} \mid^2 . \quad (3.53)$$

Berücksichtigt man ferner die Zuordnung der individuellen Elemente U_{ei} und $U_{\mu i}$ (mit $i = 1, 2, 3$) zu den Mischungswinkeln (s. Gl. 2.22), dann wird ersichtlich, dass Appearance-Experimente der Art $\nu_\mu \rightarrow \nu_e$ sensitiv auf den Mischungswinkel θ_{13} sind. Allerdings sind im Allgemeinen Materieeffekte bei diesen Experimenten nicht vernachlässigbar, da die Neutrinostrahlen relativ lange Strecken unterhalb der Erdoberfläche durchlaufen und ihre Energien im GeV-Bereich relativ hoch sind. Diese Effekte müssen daher für jedes Beschleunigerexperiment individuell numerisch behandelt werden, weil sie von der jeweiligen Dichte der durchlaufenen Materieschichten abhängen.

Der Weg zur Bestimmung von θ_{13} führt also über die Beobachtung von ν_e-Ereignissen in einem möglichst reinen ν_μ-Strahl. Das Auftauchen der ν_e kann bei den gleich zu diskutierenden Experimenten *nicht* mit ‚solaren' Oszillationen erklärt werden, weil bei Energien im GeV-Bereich die solare Oszillationslänge (vgl. Gl. 2.35) mit $\Delta m^2 \sim 7 \cdot 10^{-5}\,\mathrm{eV}^2$

$$L_{\mathrm{osc}} \sim 2{,}5 \cdot \frac{\mathrm{km}}{7 \cdot 10^{-5}} \sim 4 \cdot 10^5\,\mathrm{km}$$

sehr viel länger ist als die Distanzen von weniger als 1000 km zwischen Quelle und Detektor. Die ‚solare' Oszillation kann sich also auf diesen ‚kurzen' Distanzen bei GeV-Energien noch nicht ausbilden.

Das oben bereits erwähnte Beschleunigerexperiment T2K war das erste, welches einen signifikanten Überschuss an Elektron-Neutrinos in einem Myon-Neutrinostrahl aufgrund eines nicht verschwindenden Mischungswinkels θ_{13} beobachten konnte [98]. Insgesamt wurden 28 Elektron-Neutrino-Ereignisse nachgewiesen. Weil der erwartete Untergrundbeitrag mit $4{,}92 \pm 0{,}55$ deutlich kleiner ist, beträgt die Signifikanz dieser Messung 7,3 σ. Dieser Untergrund wurde im Wesentlichen durch die Verunreinigung des Strahls mit Elektron-Neutrinos verursacht.

Mit $\delta = 0$, $\theta_{23} = 45°$ und unter der Annahme normaler Massenhierarchie erhält man einen erlaubten Bereich $\sin^2 2\theta_{13} = 0{,}140^{+0{,}038}_{-0{,}032}$. Das Resultat des T2K-Experiments ist sehr gut verträglich mit den Ergebnissen der oben besprochenen Reaktorexperimente.

Inzwischen (Stand 2025) konnten systematische Unsicherheiten in der Datenanalyse des T2K-Experiments verringert werden. Mit Hilfe zweier Detektoren nahe an der Quelle werden das zeitliche sowie das räumliche Profil und die Intensität des Strahls mit hoher Genauigkeit vermessen. Damit konnte die Unsicherheit bzgl. des Neutrinoflusses eingeschränkt werden und zusammen mit der deutlich erhöhten statistischen Aussagekraft konnten die Unsicherheiten bei der Bestimmung der Oszillationsparameter signifikant verkleinert werden.

Die Ergebnisse lauten $\sin^2\theta_{23} = 0{,}561^{+0{,}021}_{-0{,}032}$, $\Delta m^2_{32} = 2{,}494^{+0{,}041}_{-0{,}058} \cdot 10^{-3}\,\mathrm{eV}^2$ und $\sin^2\theta_{13} = 28c0^{+2{,}8}_{-6{,}5} \cdot 10^{-3}$ [99].

Auch das Long-Baseline-Experiment *NOνA* in den USA verfolgt das Ziel Oszillationsparameter mit möglichst hoher Genauigkeit zu vermessen. Der intensive ν_μ-Strahl des Fermilabs, der auch MINOS in der Sudan Mine versorgt, wird *off-axis* von einem Neutrinodetektor in einer Entfernung von 810 km genutzt. Das wissenschaftliche Programm des Experiments beinhaltet die Messung der Parameter sowohl mit Neutrinos als auch mit Antineutrinos. Dazu werden zwei für die ν_e-Identifikation optimierte Detektoren verwendet, welche die gleiche Nachweismethode verwenden: Ein ferner 14 kt segmentierter Flüssigszintillationsdetektor und ein 300 t naher Detektor am Fermilab in einer Entfernung von 1 km zum Beschleuniger. Beide Detektoren sind unter einem Winkel von 14 mrad zur Achse positioniert und seit August 2014 in Betrieb. Der ferne Detektor besteht aus einem horizontalen Quader mit 60 m Länge und einem quadratischen Wirkungsquerschnitt von $(15{,}6 \times 15{,}6)\ \mathrm{m}^2$. Er ist in 928 Schichten aus Plastikzellen unterteilt, welche mit Szintillator gefüllt sind. Der Detektor steht an der Oberfläche und ist gegen kosmische Strahlung nicht abgeschirmt. Trotzdem können Beschleunigerneutrinos ohne große Einschränkung nachgewiesen werden, weil der gepulste Strahl und die schnelle Datenaufnahme des Detektors es erlauben, enge Zeitfenster für die Koinzidenzmessung zwischen Strahl und Neutrinoereignissen im Detektor zu setzen und somit den durch kosmische Strahlung generierten Hintergrund stark zu unterdrücken.

In Abb. 3.37 werden die Spektren der gemessenen ν_μ im nahen sowie im fernen Detektor gezeigt [100]. Man erkennt deutlich die Veränderung der spektralen Verteilung der Ereignisse im fernen Detektor aufgrund der ν_μ-Oszillation. Der violett wiedergegebene Bereich zeigt den besten Fit an die Daten, wobei der Winkel θ_{13} und sein Variationsbereich von den oben diskutierten Reaktor-Experimenten festgelegt

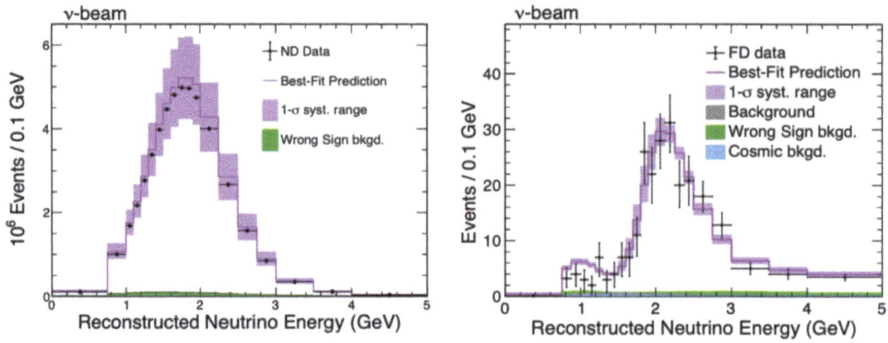

Abb. 3.37 ν_μ-Energiespektren im nahen (links) und im fernen (rechts) Detektor des NOνA-Experiments [100]

wird (s. Abschn. 3.4). Alle anderen Oszillationsparameter werden frei gelassen. Der Hintergrund z. B. durch kosmische Strahlung ist nahezu vernachlässigbar.

Über ihre geladene Wechselwirkung können im NOνA-Experiment ν_e-Ereignisse nachgewiesen und von ν_μ-Signalen unterschieden werden. Wie oben diskutiert verbleibt im ν_μ-Strahl der Neutrinos immer ein gewisser Anteil an ν_e, der aber aus den Daten des Strahls relativ genau abgeschätzt werden kann. Im NOνA-Experiment werden ν_e-Ereignisse im nahen Detektor zur Abschätzung dieses Hintergrunds im fernen Detektor verwendet. Das resultierende ν_e-Spektrum im fernen Detektor wird in Abb. 3.38 gezeigt. Das Auftauchen der ν_e-Ereignisse aufgrund von Oszillationen als Exzess über dem Hintergrund ist deutlich erkennbar. Für die in Abb. 3.38 gezeigten Ereignisse wurden strenge Auswahlkriterien angelegt, um den Hintergrund der durch ν_μ verursachten Signale zu unterdrücken, die durch die neutrale Stromwechselwirkung im Detektor generiert werden. In [100] werden auch Ergebnisse mit weicheren Kriterien gezeigt und diskutiert, alle Ergebnisse sind aber miteinander kompatibel.

Die spektrale Verteilung der ν_e-Ereignisse ist in sehr guter Übereinstimmung mit den aktuellen Oszillationsparametern, insbesondere mit dem Wert von θ_{13} aus den Reaktor-Experimenten. Für die anderen Parameter ergeben sich aus dem NOνA-Experiment folgende Werte: $\sin^2\theta_{23} = 0{,}55^{+0{,}06}_{-0{,}02}$ und $\Delta m^2_{32} = 2{,}431^{+0{,}036}_{-0{,}034} \cdot 10^{-3}\,\mathrm{eV}^2$. Das NO$\nu$A-Experiment liefert also zur Zeit die genauesten Werte bzgl. der Massendifferenz Δm^2_{32}. Beschleuniger- und Reaktorexperimente ergänzen sich sehr gut: Erstere liefern die genaueren Werte für Massendifferenzen, letztere dominieren bei der Bestimmung der Oszillationsamplitude (s. Abb. 3.38 rechts).

Die hier angegebenen Ergebnisse des NOνA-Experiments hängen von der Anordnung der Masseneigenzustände ab. Mehr dazu im kommenden Abschn. 4.1.

3.6 Zusammenfassung

Das Phänomen der Neutrinooszillationen ist erfolgreich verifiziert worden. Die Spektroskopie und die Messung der Zenitwinkelverteilung atmosphärischer Neutrinos im

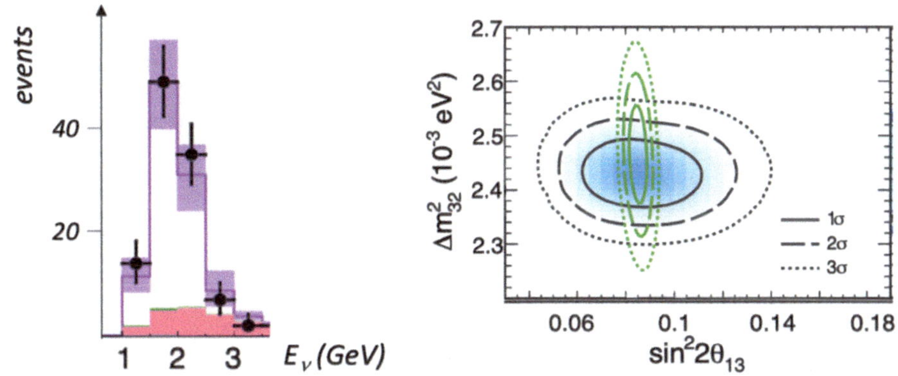

Abb. 3.38 Links: ν_e-Energiespektrum im fernen Detektor des NOνA-Experiments. Der strahlbedingte Hintergrund ist rot gekennzeichnet. Der Exzess an ν_e-Ereignissen ist mit dem erwarteten Spektrum (durchgezogene Linie, Unsicherheitsbereich violett schattiert) mit dem Wert von θ_{13} der Reaktorexperimente in sehr guter Übereinstimmung. Rechts: Darstellung der $1, 2, 3 - \sigma$-Konturen erlaubter Parameter bzgl. Δm^2_{32} und $\sin^2 2\theta_{13}$. Reaktorexperimente grüne, NOνA schwarze Linien. Nach [100]

Super-Kamiokande-Experiment führten zur Entdeckung von Neutrinooszillationen. Kurz darauf konnte der Übergang solarer ν_e-Neutrinos in andere Flavors durch das SNO-Experiment belegt werden. Wiederum kurz darauf wurden die Oszillationen atmosphärischer Neutrinos mit dem Beschleunigerexperiment K2K bestätigt.

Zur gleichen Zeit konnte das Reaktorexperiment KamLAND $\bar{\nu}_e$-Oszillationen nachweisen und den Mischungswinkel festlegen, der für die Oszillation solarer Neutrinos verantwortlich ist. Dieses Ergebnis wurde in den Jahren danach von Borexino mit niedriger Statistik bestätigt. Kürzlich wurde die Genauigkeit in der Messung des Mischungswinkels θ_{12} und der zugrunde liegenden Massendifferenz Δm^2_{21} vom JUNO-Experiment deutlich verbessert.

Weitere Beschleunigerexperimente wie MINOS, T2K und später NOνA läuteten die Ära der Präzisionsmessungen von Oszillationsparametern ein. Der sogenannte dritte Mischungswinkel wurde von den Reaktorexperimenten Double-Chooz, Daya Bay und RENO mit hoher Genauigkeit gemessen. Solare Materieeffekte wurden in SNO und Super-Kamiokande nachgewiesen und später in Borexino eindrucksvoll mit hoher Genauigkeit bestätigt.

Neutrinooszillationen sind eine Folge der Neutrinomischung, bei der die Flavour-Eigenzustände lineare Superpositionen der Masseneigenzustände sind. Erstere bestimmen die Produktion und den Nachweis von Neutrinos über Prozesse der schwachen Wechselwirkung, Letztere bestimmen die Propagation der Teilchen. Im nächsten Kapitel werden wir zuerst die numerischen Werte der Oszillationsparameter zusammenfassen, wie sie als Ergebnis einer globalen Analyse aller Neutrinoexperimente zusammen gefunden werden, um dann auf offene Fragen der Neutrinophysik einzugehen.

Status von Neutrinooszillationen und offene Fragen

4

Bevor wir zu den offenen Fragen in der Neutrinophysik kommen, wollen wir den Status der Neutrinooszillationen kurz zusammenfassen. Da die Oszillationsparameter von einer Vielzahl verschiedenster Experimente ermittelt worden sind, bietet es sich an diese und ihre Unsicherheiten mithilfe globaler Analysen zu ermitteln, welche die Daten aller Experimente berücksichtigt.

4.1 Globale Analyse der Daten zu Neutrinooszillationen

Die Neutrinoexperimente der letzten zwei Dekaden haben die Existenz von Neutrinooszillationen bewiesen. Neutrinos besitzen also Masse, eine Eigenschaft, die im Standardmodell der Teilchenphysik nicht vorgesehen ist.

Zu Beginn standen ungeklärte Anomalien solarer Neutrinoexperimente. Mithilfe der Experimente GALLEX, GNO und SAGE konnte eine astrophysikalische Erklärung dieser Anomalien ausgeschlossen werden. Später wurden weitere Anomalien in den Spektren atmosphärischer Neutrinos entdeckt. Mit der Messung der Zenitwinkelabhängigkeit atmosphärischer Neutrinos gelang Super-Kamiokande der erste direkte Beweis von Neutrinooszillationen des Typs $\nu_\mu \rightarrow \nu_\tau$ und eine erste Messung der Parameter $\theta_{23} \sim 42^0$ und $\mid \Delta m^2_{32} \mid \sim 2{,}5 \times 10^{-3}\,\mathrm{eV}^2$. Kurz darauf konnte das solare SNO-Experiment den Übergang von Elektron-Neutrinos in andere Arten auf ihrem Weg von der Sonne zur Erde beweisen. Das KamLAND-Experiment und seit 2025 auch das JUNO-Experiment beobachten Oszillationen von Reaktorneutrinos auf langen Distanzen. Die gemeinsame Analyse des KamLAND-Experiments und aller solarer Neutrinoexperimente legt den Mischungswinkel θ_{12} und die Massendifferenz $\Delta m^2_{21} \sim +8 \cdot 10^{-5}\,\mathrm{eV}^2$ fest. Solare Neutrinoexperimente, insbesondere die Messungen von Borexino, belegen die Existenz des Materieeffekts in der Sonne und legen damit das positive Vorzeichen von Δm^2_{21} fest.

L. Oberauer und J. Oberauer, *Neutrinophysik*,
https://doi.org/10.1007/978-3-662-73322-6_4

Die Oszillation atmosphärischer Neutrinos wurde durch die Beschleunigerexperimente K2K, MINOS und T2K eindrucksvoll bestätigt. Zudem wurden die Oszillationsparameter mit wesentlich höherer Genauigkeit vermessen. Die Ära der Präzisionsmessungen hatte begonnen. Sie wurde fortgesetzt durch die Reaktorexperimente Double-Chooz, Daya-Bay und RENO, welche den Mischungswinkel $\theta_{13} \sim 8{,}6^0$ auf kurzen Distanzen bestimmen konnten. Eine erste Evidenz (d. h. 3σ-Signifikanz) für $\theta_{13} > 0$ konnte zuerst aus einer gemeinsamen Analyse von Double-Chooz und T2K gewonnen werden. Kurz darauf haben Daya-Bay und RENO θ_{13} mit sehr hoher Präzision vermessen. In Tab. 4.1 findet man einen Überblick zum Stand der wichtigsten Experimente auf diesem Feld.

Globale Analysen mit gemeinsamen Fits zu allen Oszillationsexperimenten findet man in den Referenzen [101], [102] und [103]. Sie alle ergeben im Wesentlichen ein konsistentes Bild der Neutrinomassen und Neutrinomischung. Hier geben wir die Ergebnisse der neuesten Analyse aus dem Jahre 2024 wieder [104].

Die Mischungswinkel der PMNS-Matrix 2.21, also θ_{12}, θ_{23} und θ_{13}, sowie die Massendifferenzen Δm^2_{3l} $(l = 1, 2)$ sind alle mit hoher Genauigkeit vermessen. Ihre besten Fitwerte sowie die 1σ-Bereiche der Unsicherheiten werden in Tab. 4.2 gezeigt. Weil man Δm^2_{31} und Δm^2_{32} experimentell noch nicht auflösen kann, wird in Tab. 4.2 der beste Wert für Δm^2_{3l} angegeben.

Die Mischungswinkel können per Definition Werte zwischen 0 und 90 Grad annehmen. Die Winkel θ_{12} und θ_{13} liegen im ersten Oktanten, sind also kleiner als 45 Grad. Der Winkel θ_{23} dagegen könnte auch oberhalb von 45 Grad liegen, also sich im zweiten Oktanten befinden.

Die Massendifferenz Δm^2_{21} ist positiv (d. h. $m_2 > m_1$), während Δm^2_{3l} sowohl positiv als auch negativ sein kann. Dies ist die Frage nach der sogenannten Anordnung der Massenterme (s. Abschn. 4.4.1). Es stellt sich nun heraus, dass manche Fitwerte

Tab. 4.1 Überblick zu Neutrinooszillationsexperimenten. Kam: Kamiokande, SK: Super-Kamiokande, RC: radiochemisch (Homestake, GALLEX/GNO, SAGE), BX: Borexino, ReaKtor-LB/SB: Reaktor Long-Baseline/Short-Baseline, KL: KamLAND, DC: Double Chooz, DB: Daya Bay

Experimente	ν-Quelle	Osz.	$\Delta m^2 (\mathrm{eV})^2$	Methode
Atmosph. (Kam, IMB, SK)	ν_μ, $\bar{\nu}_\mu$, ν_e, $\bar{\nu}_e$	ν_μ-dis.	$\pm 2{,}5 \cdot 10^{-3}$	L/E-Analyse
Solar (RC, SNO, SK, BX)	ν_e	ν_e-dis.	$+7{,}5 \cdot 10^{-5}$	MSW-Effekt
Reaktor-LB (KL, JUNO)	$\bar{\nu}_e$	$\bar{\nu}_e$-dis.	$\pm 7{,}5 \cdot 10^{-5}$	L/E-Analyse
Beschl. (K2K, MINOS, T2K)	ν_μ, $\bar{\nu}_\mu$	ν_μ-dis.	$\pm 2{,}5 \cdot 10^{-3}$	E-Analyse
Beschl. (T2K, MINOS, NoνA)	ν_μ, $\bar{\nu}_\mu$	ν_e-app.	$\pm 2{,}5 \cdot 10^{-3}$	E-Analyse
Beschl. (OPERA)	ν_μ, $\bar{\nu}_\mu$	ν_τ-app.	$\pm 2{,}5 \cdot 10^{-3}$	τ-Nachweis
Reaktor-SB (DC, DB, RENO)	$\bar{\nu}_e$	$\bar{\nu}_e$-dis	$\pm 2{,}5 \cdot 10^{-3}$	L/E-Analyse

Tab. 4.2 Werte der Oszillationsparameter in der globalen Analyse nach [104] in Abhängigkeit der Massenanordnung (Δm_{3l}^2) mit $l = 1, 2$. Für $\sin^2\theta_{12}$ und damit für θ_{12} sowie für Δm_{21}^2 wurden die Werte des JUNO-Experiments verwendet

Parameter	$\Delta m_{3l}^2 > 0$	$\Delta m_{3l}^2 < 0$
$\sin^2\theta_{12}$	$0{,}3092 \pm 0{,}0087$	$0{,}3092 \pm 0{,}0087$
θ_{12} (Grad)	$33{,}78 \pm 0{,}54$	$33{,}78 \pm 0{,}54$
$\sin^2\theta_{23}$	$0{,}470^{+0{,}017}_{-0{,}013}$	$0{,}550^{+0{,}012}_{-0{,}015}$
θ_{23} (Grad)	$43{,}3^{+1{,}0}_{-0{,}8}$	$47{,}9^{+0{,}7}_{-0{,}9}$
$\sin^2\theta_{13}$	$0{,}02215^{+0{,}00056}_{-0{,}00058}$	$0{,}02231^{+0{,}00056}_{-0{,}00056}$
θ_{13} (Grad)	$8{,}56^{+0{,}11}_{-0{,}11}$	$8{,}59^{+0{,}11}_{-0{,}11}$
Δm_{21}^2 (eV)^2	$(+7{,}50 \pm 0{,}12) \cdot 10^{-5}$	$(+7{,}50 \pm 0{,}12) \cdot 10^{-5}$
Δm_{3l}^2 (eV)^2	$(+2{,}513^{+0{,}021}_{-0{,}019}) \cdot 10^{-3}$	$(-2{,}484 \pm 0{,}020) \cdot 10^{-3}$

der Oszillationsparameter von dem Szenario der Anordnung der Terme abhängen. Die besten Parameter-Werte der beiden möglichen Szenarien werden in Tab. 4.2 in den Spalten zwei und drei angegeben.

Für $\sin^2\theta_{12}$ und damit für θ_{12} sowie für Δm_{21}^2 wurden die Werte des JUNO-Experiments vom November 2025 verwendet, da diese die Genauigkeit der bisherigen globalen Analysen übertreffen.

Interessant ist ein Vergleich der Daten aus den Reaktorexperimenten KamLAND, JUNO und SNO+ mit den Ergebnissen solarer Experimente. Sie alle messen die Parameter $\sin^2\theta_{12}$ und Δm_{21}^2, allerdings mit unterschiedlichen Quellen. Erstere verwenden eine terrestrische Quelle von Antineutrinos ($\bar{\nu}_e$), letztere benutzen die Neutrinos (ν_e) der Sonne.

Bildet man den gewichteten Mittelwert des in KamLAND und JUNO gemessenen Mischungswinkel, erhält man $\sin^2\theta_{12} = 0{,}3096 \pm 0{,}0084$. Dies stimmt mit dem über alle solaren Experimente gemittelten Wert von $\sin^2\theta_{12} = 0{,}306 \pm 0{,}013$ innerhalb der 1σ-Fehlergrenzen überein (Abb. 4.1).

Etwas anders stellt sich das Bild bei der Massendifferenz dar. Der gewichtete Mittelwert von KamLAND, JUNO und SNO+ ergibt

$$\Delta m_{21}^2 = (7{,}575 \pm 0{,}094) \cdot 10^{-5}\ \text{eV}^2,$$

während der solare Mittelwert mit

$$\Delta m_{21}^2 = \left(6{,}10^{+0{,}95}_{-0{,}81}\right) \cdot 10^{-5}\ \text{eV}^2$$

darunter liegt. Auf einem 2σ-Niveau erhält man – wegen der relativ großen Fehlerbalken der solaren Werte – eine Übereinstimmung, so dass die beobachtete Diskrepanz der beiden Werte durchaus auf einer statistischen Fluktuation beruhen kann. Trotzdem wäre es interessant der Frage nachzugehen, ob die Differenz zwischen den beiden Arten von Experimenten nicht doch von einer bisher nicht verstandenen Physik herrühren könnte. Die Fehlerbalken der Analyse aller solaren Experimente sind deutlich größer als die der Reaktor-Experimente (Abb. 4.2). Zudem wird in

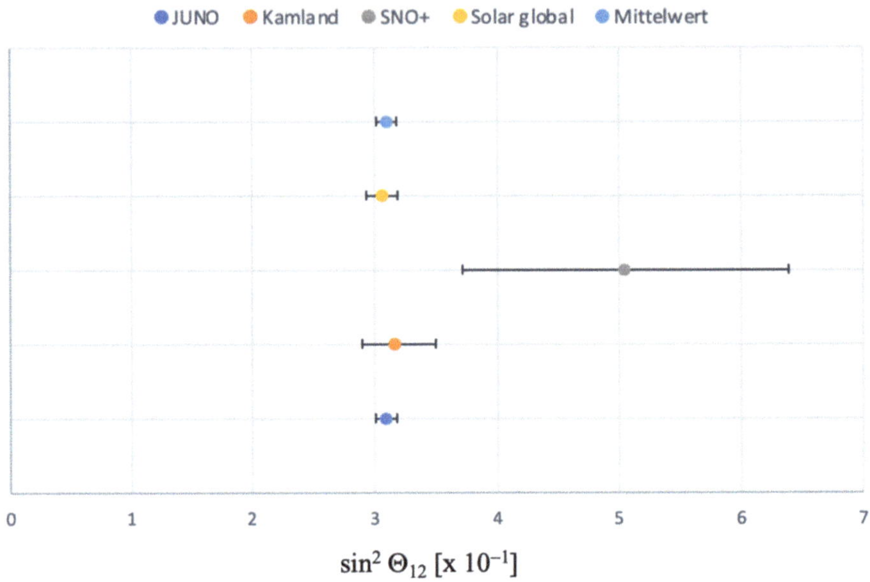

Abb. 4.1 Vergleich der Ergebnisse zu $\sin^2 \theta_{12}$ aus den Reaktorexperimenten JUNO, KamLAND und SNO+, ihrem gemeinsamen Mittelwert und dem globalen Wert aller solaren Experimente. Die Mittelwerte aller Reaktorexperimente stimmen mit dem globalen Mittelwert der solaren Experimente sehr gut überein

naher Zukunft der Unsicherheitsbereich durch JUNO noch weiter reduziert werden und daher ist es interessant über ein neues solares Experiment nachzudenken, das besonders empfindlich auf die Massendifferenz ist und mit dem die Unsicherheit des Wertes von Δm^2_{21} verkleinert werden könnte.

Die Neutrinophysik hat in den letzten Dekaden enorme Fortschritte gemacht. Die Beobachtung der Neutrinooszillationen sagt uns, dass Neutrinos Masse besitzen und dass die Flavor-Zustände der schwachen Wechselwirkung eine Mischung von Masseneigenzuständen sind.

Dennoch bleiben noch wichtige Fragen unbeantwortet. Wir kennen weder die absolute Massenskala, noch die Natur des Neutrinos, und auch nicht die vollständige Anordnung der Masseneigenzustände. Letzteres bedeutet, es könnte entweder $m_3 > m_1$ *(normale Massenhierarchie)* oder $m_1 > m_3$ *(invertierte Massenhierarchie)* gelten. Wir kennen auch noch nicht den Wert der imaginären Phase bzw. Phasen.[1] Diese aber bestimmt, ob bei den Neutrinos CP-Verletzung auftritt oder nicht. Es stellt sich zudem die Frage, ob es vielleicht mehr als die uns bekannten drei Neutrinoarten gibt.

[1] Im Fall von Majorana-Neutrinos können drei Phasen existieren.

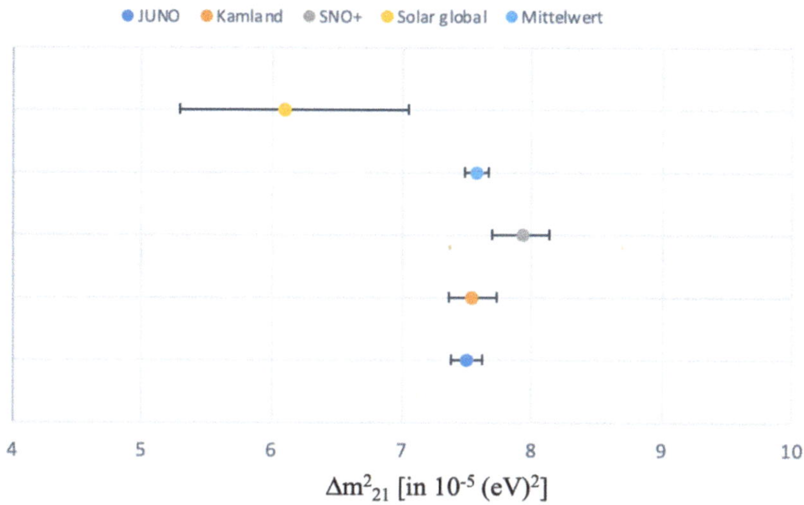

Abb. 4.2 Vergleich der Ergebnisse zur Massendifferenz Δm^2_{21} aus den Reaktorexperimenten JUNO, KamLAND und SNO+, ihrem gemeinsamen Mittelwert und dem globalen Wert aller solaren Experimente. Zwischen dem Mittelwert der Reaktorexperimente und dem der solaren Experimente ist eine gewisse Spannung zu erkennen

4.2 Was ist die absolute Neutrinomassenskala?

Die erste Frage ist die nach der absoluten Neutrinomasse. Oszillationsexperimente haben uns zwar gezeigt, dass Neutrinos Masse besitzen, sie können aber nur Informationen zu den Massenunterschieden liefern. Aussagen zu den absoluten Neutrinomassen können dagegen aus den Untersuchungen schwacher Zerfälle, aber auch aus astrophysikalischen und kosmologischen Beobachtungen gewonnen werden.

4.2.1 Suche nach der Neutrinomasse in schwachen Zerfällen

Um die absolute Neutrinomasse zu untersuchen, betrachtet man experimentell die Kinematik schwacher Zerfälle, in welche Neutrinos involviert sind. Die zur Zeit führenden Experimente auf diesem Gebiet messen die Form des Betaspektrums am Endpunkt des Zerfalls von Tritium ^{3}H. Bei dem Zerfall $^3\text{H} \rightarrow ^3\text{He} + \bar{\nu}_e + e^-$ liegt die maximale kinetische Energie des Elektrons bei 18,6 keV. Eine endliche Neutrinomasse verringert die maximal zugängliche kinetische Energie und führt somit zu einer Deformation des Betaspektrums nahe des Endpunktes (Abb. 4.3).

Die Zerfallsrate dN/dE eines erlaubten Übergangs ist gegeben durch

$$\frac{dN}{dE} = \frac{G_F^2}{2\pi^3\hbar^7} \cdot M_c^2 \cdot F(E, Z+1) \cdot p \cdot (E+m) \cdot \epsilon \cdot \sqrt{\epsilon^2 - m^2(\nu_e)}, \quad (4.1)$$

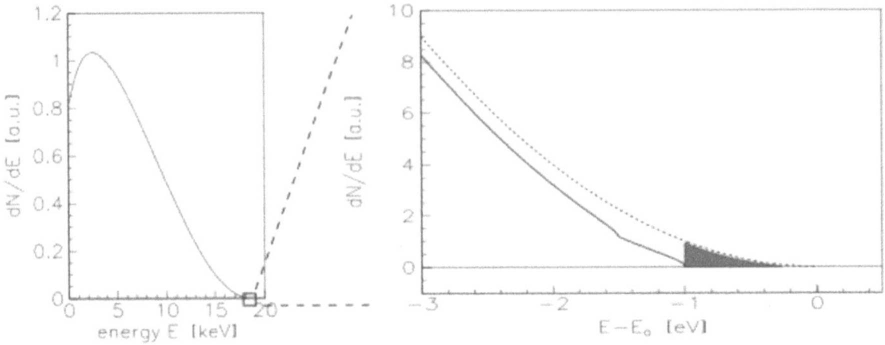

Abb. 4.3 Schematische Darstellung eines Betaspektrums sowie der Einfluss von Neutrinomassen und Neutrinomischung. Auf der linken Seite sieht man das volle Spektrum des Tritiumzerfalls und auf der rechten Seite den ausgedehnten Bereich nahe des Endpunkts ohne (gestrichelte Linie) und mit einer hypothetischen Kombination zweier Neutrinomasseeigenzustände mit $m_1 = 1\,\text{eV}$, $| U_{e1} |^2 = 0{,}7$ bzw. $m_2 = 1{,}5\,\text{eV}$, $| U_{e1} |^2 = 0{,}3$ (durchgezogene Linie). Die Abbildung stammt aus [109]

mit der Fermikonstanten G_F, M_c^2 als Betragsquadrat des nuklearen Matrixelements multipliziert mit $\cos^2 \Theta_c$ (das Kosinusquadrat des Cabibbowinkels), der Fermifunktion $F(E, Z + 1)$ des Tochterkerns und des Impulses p, der Masse m und der kinetischen Energie E des Elektrons. Zudem gilt $\epsilon = E_0 - E$, mit der Endpunktenergie E_0. Die effektive Neutrinomasse im Quadrat $m^2(\nu_e)$ ist gegeben durch den inkohärenten Massenterm

$$m^2(\nu_e) = \sum_i | U_{ei} |^2 m_i^2, \tag{4.2}$$

weil die Wahrscheinlichkeit dafür, dass der Eigenzustand ν_i beteiligt ist, gerade $| U_{ei} |^2$ beträgt. Unter der Voraussetzung, dass die instrumentale Auflösung hoch genug ist, könnten die Beiträge der verschiedenen Masseneigenzustände im Prinzip als Knicke im Summenspektrum beobachtet werden, wie im hypothetischen Beispiel in Abb. 4.3 dargestellt wird.

Die Gl. 4.2 gilt für den Zerfall nackter Kerne. Für realistische Fälle müssen mögliche Anregungen der betroffenen Atome oder Moleküle mit in Betracht gezogen werden. Die Suche nach $m^2(\nu_e)$ verläuft mittels eines hochauflösenden Betaspektrometers. Bisher hat man für diese Größe nur eine obere Grenze abgeleitet. Die momentan niedrigsten Werte für $m_\beta := \sqrt{m^2(\nu_e)} > 2{,}2(3)\,\text{eV}$ (95 % c.l.) konnten im Troitsk- [105] und im Mainz-Experiment [106] bestimmt werden.

In beiden Fällen wurde Betaspektroskopie mit elektrostatischen Filtern in Kombination mit magnetisch adiabatischer Kollimation, sogenannten MAC-E-Filtern, angewandt (Abb. 4.4). Elektronen aus Tritiumzerfällen werden in ein Spektrometer geleitet. Dort bewegen sie sich spiralföörmig entlang der Linien eines Magnetfeldes. Die Stärke des Magnetfelds nimmt dabei vom Eintritt bis zur Mittelebene kontinuierlich ab, sodass die Richtung der Impulse der Elektronen longitudinal ausgerichtet

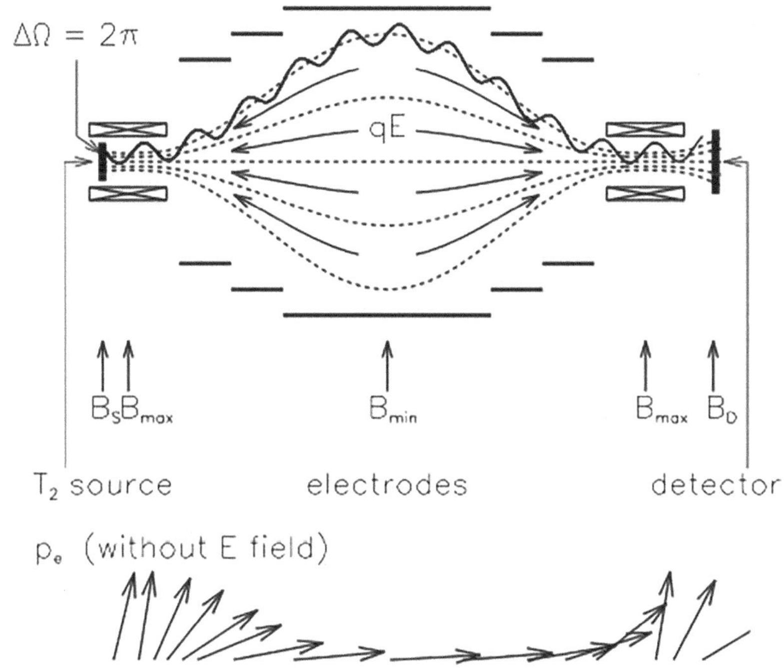

Abb. 4.4 Betaspektrometer mit MAC-E-Filter. Oben: Experimenteller Aufbau. Unten: Adiabatische Ausrichtung der Elektronimpulse mit variierendem Magnetfeld. Die Abbildung stammt aus [109]

werden, weil dabei die transversale Energie der Zyklotronbewegung adiabatisch in eine longitudinale kinetische Energie übergeht. Gleichzeitig wird ein variables elektrisches Potential so angelegt, dass die Elektronen auf dem Weg zur Mittelebene abgebremst werden. Das elektrostatische Potential U kann nur von den Elektronen überwunden werden, deren kinetische Energie größer als eU ist. Das elektrostatische Potential wirkt also wie ein Filter, und durch seine Variation kann durch Messung der Intensität der Elektronen im Detektor das Betaspektrum vermessen werden. Auf dem Weg zum Detektor nimmt die Stärke des Magnetfeldes wieder zu und die des elektrostatischen Potentials wieder ab. Die Vorteile dieser Technik liegen zum einen im großen Raumwinkel, der für die Elektronen zur Verfügung steht, und zum anderen in der Möglichkeit nur solche Elektronen zu spektroskopieren, deren kinetische Energien nahe am Endpunkt liegen. Details zu dieser Technik findet man z. B. in [107].

Die Abb. 4.5 zeigt den Bereich um den Endpunkt, der in verschiedenen Messungen im Mainz-Experiment zwischen 1994 und 2001 ermittelt wurde. Während dieser Zeit wurde eine Verbesserung des Signal-zu-Untergrund-Verhältnisses um einen Faktor ca. 10 erreicht sowie eine signifikante Verbesserung der Statistik. Die primären systematischen Unsicherheiten dieses Experiments rühren von der Physik des kondensierten Tritiumfilms her, welcher als Betaquelle verwendet wird. Inelastische Streuung innerhalb des Festkörperfilms, die Anregung der Moleküle in der

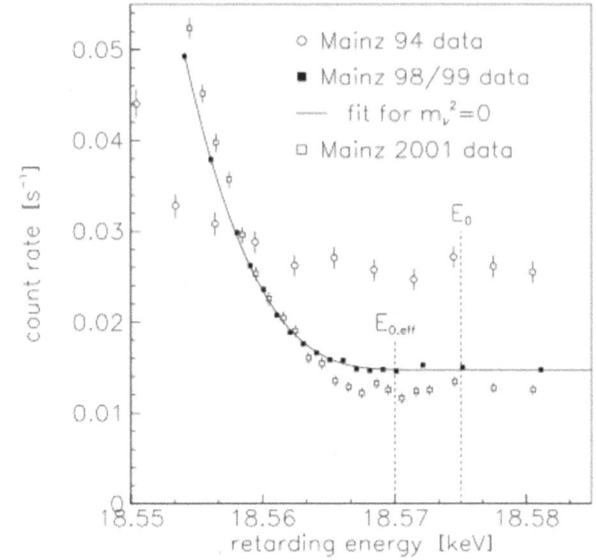

Abb. 4.5 Durchschnittliche Zählrate von Tritiumzerfällen nahe am Endpunkt des Spektrums als Funktion der Größe des elektrostatischen Filters, wie im Mainz-Experiment in den Jahren 1994 und 1998/99 und 2001 gemessen. Die Spektren sind kompatibel mit der Annahme $m_\nu = 0$. Entnommen aus [106]

Umgebung des Betazerfalls sowie die elektrische Aufladung des Films aufgrund der radioaktiven Zerfälle spielen hier eine wichtige Rolle. Zieht man systematische Effekte unter Betracht, so stimmt die spektrale Form mit einer verschwindenden Neutrinomasse überein. Die Experimente von Troitsk und Mainz legten die obere Grenze der absoluten Neutrinomasse daher auf etwa 2,2 eV fest.

Um die Sensitivität bei der direkten Suche nach der Neutrinomasse um etwa eine Größenordnung zu erhöhen, wurde das *KATRIN*-Experiment am Forschungszentrum KIT nahe Karlsruhe aufgebaut, das im Mai 2018 mit ersten Messungen begonnen hat. Verwendet werden ein neues großes MAC-E-Spektrometer, sowie eine gasförmige, molekulare Tritiumquelle mit einer Aktivität von $\sim 10^{10}\,s^{-1}$ (Abb. 4.6). Diese hohe Aktivität ist notwendig, weil letztlich nur ein winziger Bruchteil des gesamten Betaspektrums zur Messung der Neutrinomasse im eV-Bereich um den Endpunkt genutzt werden kann.

Bevor die Elektronen das Hauptspektrometer mit einem Durchmesser von 10 m und einer Länge von 24 m erreichen, werden sie zu einem Vorspektrometer geleitet, das bereits unter einem ultrahohen Vakuum mit $\sim 10^{-11}$ mbar steht. Dabei durchlaufen die Elektronen einen kontinuierlich abfallenden Druckbereich, der von einem System aus Pumpen realisiert wird. Zu den größten Herausforderungen vor denen KATRIN steht, zählen die Aufrechterhaltung des Vakuums und einer extrem präzisen Hochspannung mit einer relativen Unsicherheit $< 10^{-6}$, sowie das Erreichen einer Energieauflösung von etwa 1 eV. Die Elektronen werden mit einer Si-PIN-Diode mit einem Durchmesser von 90 mm und einem 50 nm dünnen Eingangsfenster nachgewiesen. Der Si-Detektor weist eine Energieauflösung von ca. 0,2 keV auf. Dies ist wegen der sehr scharfen Energieselektion der vorausgehenden Filter ausreichend um eine gute Signal- zu Hintergrundseparation zu gewährleisten. Der Reduktions-

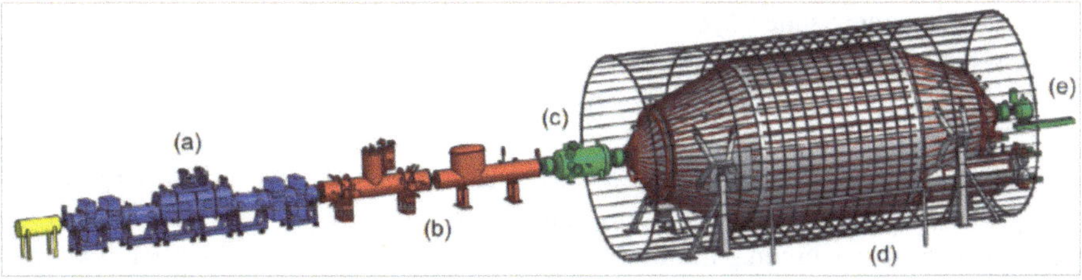

Abb. 4.6 Schematische Skizze des KATRIN-Experiments mit einer fensterlosen gasförmigen Tritiumquelle (**a**), dem differentialen Pump- und Kryoabschnitt (**b**), einem Vorspektrometer (**c**), dem Hauptspektrometer (**d**) und dem Detektor (**e**). Insgesamt hat der experimentelle Aufbau eine Länge von 70 m. Die Abbildung stammt aus [109]

faktor der Filter liegt bei einem Faktor von etwa 10^{10} und somit ist die Elektronen-Nachweisrate am Detektor nur noch ca. 1 Hz.

Sekundäre Elektronen, welche durch kosmische Myonen in den Wänden des Hauptspektrometers entstehen, könnten in den Vakuumtank eindringen und dort einen für die Messung gefährlichen Untergrund erzeugen. Um diesen Effekt zu reduzieren, wird ein doppellagiges Elektrodensystem mit 23.000 dünnen Drähten nahe der inneren Wand des Hauptspektrometers installiert. Ein im Bezug auf die Wand leicht negatives Potential wird solche sekundäre Elektronen ablenken und verhindern, dass sie in den Haupttank gelangen. Der Untergrund durch die Emanation radioaktiver Radonatome wird durch spezielle Auswahl und Untersuchung des verwendeten Materials reduziert. Details zur Technik und zum Aufbau des KATRIN-Experiments findet man z. B. in [108] und [109].

Die angestrebte Sensitivität von KATRIN für die Neutrinomasse beträgt 0,2 eV (90 % c.l.), wobei das Entdeckungspotential für eine $3-\sigma$-Messung 0,3 eV beträgt. Bisherige Messungen (Stand Mai 2025) ergaben eine mit Null kompatible effektive Neutrinomasse, und es wurde eine obere Grenze von 0,45 eV (90 % c.l.) publiziert ([110]).

Weitere Projekte zur kinematischen Untersuchung der Neutrinomasse über schwache Zerfälle sind mit verschiedenen Technologien geplant. Hier seien Project 8 [111], ECHo [112] und MARE [113] mit dem Ziel den sub-eV Bereich zu untersuchen, erwähnt.

Bei Project 8 soll die kohärente Zyklotronstrahlung, welche durch ein in einem magnetischen Feld rotierendes Elektron emittiert wird, mit extrem hoher Genauigkeit vermessen werden. Die Zyklotronfrequenz eines Elektrons in einem konstanten Magnetfeld hängt von seiner kinetischen Energie ab. Die dabei in Form von z. B. Radiostrahlung abgestrahlte Leistung hängt ihrerseits von der Zyklotronfrequenz ab. Über eine genaue Messung der Intensität dieser Strahlung erhält man daher Information über die Verteilung der kinetischen Energien der Elektronen, die im Magnetfeld eingeschlossen sind. In Project 8 soll so das Betaspektrum von Tritium mit höchster Genauigkeit vermessen werden.

Im ECHo-Projekt soll das Spektrum der charakteristischen Röntgenstrahlung und Augerelektronen vermessen werden, die als Folge des Elektroneinfangs von ^{163}Ho emittiert werden. Dazu wurden von der ECHo-Kollaboration neuartige Kryodetektoren zur kalorimetrischen Messung der in einem Absorber deponierten Energie entwickelt. Kryodetektoren arbeiten bei extrem tiefen Temperaturen (typischerweise im $\sim$ 10 mK-Bereich), sodass die Wärmekapazität C der Detektoren sehr klein werden kann. Wird im Detektor, der gleichzeitig Absorber ist, die Energie ΔE deponiert, so erhöht sich die Temperatur des Detektors um $\Delta T = \Delta E/C$. Diese Temperaturerhöhung kann mit verschiedenen Technologien ausgelesen werden. Im Falle von ECHo geschieht dies durch einen paramagnetischen Sensor, der an den Absorber gekoppelt ist und dessen Magnetisierung sich aufgrund der Temperaturerhöhung verringert. Die ECHo-Kollaboration konnte zeigen, dass mit der von ihr entwickelten Technologie eine Energieauflösung von $\Delta E_{FWHM} = 2$ eV bei $\Delta E = 6$ keV erreicht werden kann.

Die MARE-Kollaboration entwickelt ebenfalls Kryodetektoren. In diesem Fall werden Mikrokalorimeter entwickelt, mit denen das Betaspektrum von ^{187}Re präzise vermessen werden soll. Dieses Isotop besitzt mit 2,47 keV den geringsten bekannten Endpunkt. Hier werden Phononen, die durch die Temperaturerhöhung im Absorber entstehen, in einem Sensor detektiert, der an der Oberfläche des Absorbers angebracht ist. Als Sensoren wurden Halbleiterelemente und supraleitende Filme entwickelt, die bei der Absorption der Phononen ihren elektrischen Widerstand ändern. Die Messung dieser Änderung erlaubt es die im Absorber deponierten Energien sehr empfindlich nachzuweisen.

4.2.2 Astrophysikalische und kosmologische Neutrinomassen-Grenzen

Die Beobachtung von Neutrinos aus einer Supernova bietet eine Möglichkeit die Neutrinomasse zu bestimmen. Der Mechanismus einer Supernova nach einem Gravitationskollaps wird ausführlicher in Kap. 5 beschrieben. Hier sei nur erwähnt, dass dabei um die 99 % der gesamten Gravitationsenergie in Form von Neutrinos freigesetzt wird. Dies wurde durch die Beobachtung der Neutrinos der Supernova SN1987a in der großen Magellan'schen Wolke, die etwa 51 kpc vom Sonnensystem entfernt ist, bestätigt. Am 23. Februar 1987 wurden innerhalb von 13 s insgesamt 24 Neutrinoevents von Kamiokande (Japan) [114], IMB (USA) [115] und Baksan (Rußland) [116] gemessen. Die Hauptreaktion des Nachweises in allen dieser Detektoren war der inverse Betazerfall an freien Protonen $\bar{\nu}_e + p \rightarrow e^+ + n$. Die über diese Reaktion gemessenen Neutrinoenergien zeigen eine Verteilung von einigen wenigen MeV bis zu etwa 40 MeV mit einem Mittelwert bei etwa 12 MeV. Zieht man den genau bekannten Wirkungsquerschnitt für diesen Prozess, die Detektorgrößen und die verschiedenen Energieschwellen in Betracht, so ergibt sich die gesamte Anzahl N_ν der bei der Supernova SN1987a emittierten $\bar{\nu}_e$ zu $N_\nu \sim 2 \cdot 10^{57}$.

Eine endliche Neutrinomasse führt dazu, dass hochenergetische Neutrinos sich etwas schneller fortbewegen als niederenergetische. Die Zeitspanne Δt die ein Neutrino der Masse m und mit der Energie E benötigt um die Distanz r zu überwinden, ist in relativistischer Rechnung (c ist die Lichtgeschwindigkeit im Vakuum):

$\Delta t = r/(c\beta)$ mit $\beta = v/c$.

Wegen $\beta = \sqrt{1 - 1/\gamma^2}$ mit $\gamma = E/mc^2$ und wegen $1/\gamma^2 << 1$ gilt $\beta \approx 1 - 1/2\gamma^2$.
Damit ergibt sich für die Zeitspanne

$$\Delta t = \frac{r}{c}\left(1 - \frac{(mc^2)^2}{2E^2}\right)^{-1}$$

und wir erhalten schließlich die griffige Formel

$$\Delta t \approx \frac{r}{c}\left(1 + \frac{1}{2}\frac{(mc^2)^2}{E^2}\right), \tag{4.3}$$

wobei wir wieder benutzt haben, dass E sehr viel größer als die Ruheenergie mc^2 ist.

Im Falle von SN1987a beträgt die Laufzeit der Neutrinos $r/c \approx 160\,000$ Jahre. Ein Neutrino mit einer Energie von 10 MeV und einer Masse $m \sim 1$ eV (also $\gamma = 10^7$) hätte somit eine Zeitverzögerung von $\Delta t \approx 0{,}3$ s gegenüber masselosen Neutrinos zu erleiden.

Da sowohl die Ankunftszeit des Neutrinos als auch die Neutrinoenergie nachweisbar sind, kann man nach einem Zusammenhang beider Größen suchen. Könnte man die Neutrinoemission mit einer scharfen Deltafunktion beschreiben, würde man den Effekt einer endlichen Neutrinomasse direkt in diesem Zusammenhang erkennen. Das Zeitspektrum der Neutrinoemission nach einem Gravitationskollaps ist jedoch modellabhängig und sollte bis zu ~ 10 s reichen. Im Fall von SN1987a war auch die Statistik der nachgewiesenen Neutrinos stark limitiert, weshalb nur eine obere Schranke von 12 eV/c^2 für die Neutrinomasse abgeleitet werden konnte [117].

In gegenwärtigen großen Detektoren wie Super-Kamiokande würde ein Gravitationskollaps in unserer Galaxie viele Tausende von Neutrinoevents erzeugen, und man könnte damit wohl eine Sensitivität von $m \sim 1$ eV für die Neutrinomasse erreichen.

Aus der SN1987a konnte man weitere Grenzen zu intrinsischen Neutrinoeigenschaften ableiten. Zwei seien hier kurz erwähnt: Die Ankunftszeit der Neutrinos und der Zeitpunkt der Beobachtung der optischen Erscheinung der SN1987a stimmen innerhalb einiger Stunden überein. Damit kann eine Grenze für die Abweichung der Geschwindigkeit der Neutrinos von der Lichtgeschwindigkeit $\mid v - c \mid /c < 2 \cdot 10^{-9}$ abgeleitet werden [118]. Sie ist um Größenordnungen strenger als jedes Limit aus terrestrischen Neutrinoexperimenten mit gepulsten Beschleunigern (Abschn. 6.1). Neutrinos bewegen sich also durch den Raum auf geodätischen Bahnen wie es auch die Photonen tun. Die Beobachtung der SN1987a setzt auch eine untere Grenze für die Lebensdauer des Neutrinos. Unter Berücksichtigung der Zeitdilatation ergibt sich einfach aus der Tatsache, dass die Neutrinos der SN1987a beobachtet wurden, die Grenze

$$\gamma\, \tau_\nu > 1{,}6 \times 10^5 \text{ a}, \tag{4.4}$$

mit dem relativistischen Faktor $\gamma = E_\nu/m_\nu$. Mit $E_\nu \approx 12\,\text{MeV}$ ergibt sich eine Grenze für die Lebensdauer $\tau_\nu > 4 \times 10^5 (m_\nu/\text{eV})$ s.

Andere Grenzen erhält man, wenn besondere Zerfallsmoden betrachtet werden. Ein radiativer Neutrinozerfall $\nu_j \to \nu_i + \gamma$ eines massebehafteten ν_j zu einem leichteren ν_i würde z. B. zu einem Gammasignal führen, welches koinzident ist mit dem Neutrinosignal. Da aber kein Signal oberhalb des üblichen Hintergrunds an kosmischer Gammastrahlung registriert wurde, konnte man für die Lebensdauer eine Grenze von $\tau_\nu/m_\nu > 8{,}3 \times 10^{14}$ s/eV ableiten. Dies wird im Abschn. 4.6 detailliert erörtert.

Astrophysikalische Beobachtungen auf sehr großen Skalen setzen scharfe Grenzen für die Summe aller Neutrinomassen und auch für die Anzahl der Neutrinoarten. Ungefähr 1 s nach dem Urknall entkoppelten die Neutrinos, als ihre Wechselwirkungsrate mit der Materie unter der Ausdehnungsrate des Universums fiel. In einer Temperatur- oder Energieskala entspricht dies etwa 1 MeV. Wir wissen, dass Neutrinos Massenwerte unter 2,2 eV haben und daher hochrelativistisch waren, als sie von der übrigen Materie entkoppelten. Seitdem bewegen sich die Neutrinos aus dem Urknall frei durch das Universum, und ihre Energien wurden durch die Expansion des Alls zu immer kleineren Werten hin verschoben. Heute sind mindestens zwei der drei uns bekannten Neutrinozustände nichtrelativistisch. Wir wissen dies von den Oszillationsresultaten, da sowohl $\sqrt{|\Delta m^2_{31}|} \sim 50\,\text{meV}$ als auch $\sqrt{|\Delta m^2_{21}|} \sim 9\,\text{meV}$ größer sind als ihre heutige Temperatur $T_\nu \sim 1{,}96\,\text{K} \sim 0{,}17\,\text{meV}$.

Der Zeitpunkt des Übergangs vom relativistischen zum nichtrelativistischen Bereich hängt von den absoluten Werten der Neutrinomassen und der aktuellen Teilchenzahldichte ab, deren heutiger Wert zu etwa 113 Neutrinos und Antineutrinos jedes Flavors pro cm^3 berechnet wurde. Die Neutrinos aus dem Urknall bilden heute einen niederenergetischen, diffusen Hintergrund des heutigen Universums und tragen zu seiner Energiedichte mit

$$\Omega_\nu = \frac{\sum m_i}{93{,}14\,h^2\ \text{eV}} \tag{4.5}$$

bei. Hier ist $\sum m_i$ die Summe aller Neutrinomassen und h ist der normalisierte Wert des aktuellen Hubble-Parameters $h = H_0/(100\,\text{km s}^{-1}\,\text{Mpc}^{-1})$. Die Größe Ω_ν ist dimensionslos und gibt den Anteil der kosmischen Energiedichte der Neutrinos zu der gesamten Energiedichte des Universums Ω_{total} an. Mit dem heutigen Wert von $H_0 = (67{,}74 \pm 0{,}46)\text{km s}^{-1}$ Mpc wird Gl. 4.5 zu $\Omega_\nu \approx 0{,}024 \sum m_i$. Damit ist $\Omega_\nu \leq \Omega_{\text{total}}$ und weil $\Omega_{\text{total}} = 1{,}0005 \pm 0{,}0065$, errechnet sich daraus eine obere Grenze für die Neutrinosumme zu $\sum m_i \leq 42\,\text{eV}$. Stringenter wird die kosmologische Grenze, wenn man berücksichtigt, dass die dunkle Energie den größten Anteil an Ω_{total} ausmacht und der Materieanteil des Universums[2] nur etwa 31,5 % beträgt:

[2] hauptsächlich in Form von dunkler Materie

Dann wird $\sum m_i \leq 13\,\text{eV}$. Diese Grenze ist, obschon sie ausschließlich durch kosmologische Beobachtungen festgelegt wird, nicht angreifbar. Sie liegt zwar noch deutlich über der rein experimentellen Grenze von ca. 2 eV, wir werden aber gleich sehen, dass astrophysikalische und kosmologische Argumente durchaus Einschränkungen unterhalb von 1 eV begründen können, diese Grenzen aber deutlich modellabhängiger sind als die obige.

Für aktive Neutrinos gibt es auch eine obere kosmologische Massengrenze. Ist nämlich die Ruhemasse deutlich größer als die Energieskala der Entkopplung, also für $m_i >> 1\,\text{MeV}$, dann annihilieren diese Neutrinos untereinander, bevor sie von der übrigen Materie entkoppeln. Wegen der Energieerhaltung werden sie aber ab einem bestimmten Zeitpunkt ($T << m_i$) nicht mehr in nennenswerter Anzahl erzeugt. Das bedeutet, dass sich ihre Anzahldichte zum Zeitpunkt der Entkopplung im Wesentlichen um den Faktor $\propto e^{-m_i/T}$ verringert hat, wobei gilt $T \approx 1\,\text{MeV}$. Sehr schwere Neutrinos überleben den Urknall nur in einer so stark verringerten Anzahl, dass sie weniger zu Ω_ν beitragen als leichte Spezies. Neutrinos mit Massen $m_i \gtrsim 2\,\text{GeV}$ sind daher kosmologisch wieder erlaubt, wie als erste Lee und Weinberg herausstellten [119] [3].

Zurück zur Diskussion kosmologischer Grenzen für leichte Neutrinos. Zuerst ist festzuhalten, dass leichte Neutrinos im erweiterten Standardmodell[4] mit $m_i \lesssim 1\,\text{eV}$ keinen nennenswerten Beitrag zur dunklen Materie liefern können. Dies wird sofort klar, wenn man berücksichtigt, dass dunkle Materie durch ihre Gravitationswirkung zur Klumpung der uns bekannten baryonischen Materie führt. Neutrinos waren aber ultrarelativistische Teilchen bei ihrer Entkopplung von der übrigen Materie und können daher nicht zur Klumpung von Materie beigetragen haben. Aus diesem Grunde werden Neutrinos als heiße dunkle Materie bezeichnet, im Gegensatz zu der kalten dunklen Materie, die eben zu dem Zeitpunkt ihrer Entkopplung nichtrelativistisch ist. Ein primordiales Neutrino mit einer Masse von ca. 1 eV wäre heute zwar nichtrelativistisch, hätte aber immer noch eine mittlere Geschwindigkeit von etwa 6200 km/s und läge damit um ungefähr eine Größenordnung über der Fluchtgeschwindigkeit von Galaxien wie unserer Milchstraße. Es kann also selbst heute noch nicht von Galaxien eingefangen werden. Auch Galaxienhaufen mit Fluchtgeschwindigkeiten von ca. 2000 km/s können diese Neutrinos nicht binden. Damit ist klar, dass die uns bekannten Neutrinos nicht zur dunklen Materie beitragen können und das obige Limit von ca. 13 eV stringenter gefasst werden kann. Erst Strukturen auf noch größeren Skalen als die der Galaxienhaufen, sogenannte Super-Cluster, können durch leichte Neutrinos mit Massen um die eV-Skala oder darunter über ihre Gravitationswirkung beeinflusst werden. Diese Strukturen, also ihre Masseverteilungen als Funktion der Skala ihrer Verteilung im Raum, kann in einer Fourieranalyse als *power-spectrum* dargestellt werden. Neutrinomassen im Bereich um 1 eV sind mit den heute bekannten Verteilungen dieses Power-Spektrums nicht vereinbar.

---

[3] Dieses Argument gilt für alle schwach wechselwirkenden Teilchen, die den Urknall überleben sollen, also auch für WIMPs (weakly interacting massive particles), die eventuell die dunkle Materie ausmachen könnten.

[4] im Rahmen der Theorie wie in Kap. 2 und 3 beschrieben

Die Analyse der kosmischen Hintergrundstrahlung (CMB) bietet ebenfalls eine Methode um die Summe der Neutrinomassen im Universum zu bestimmen oder eine obere Grenze dafür zu ziehen. Die Entwicklung des expandierenden Universums wird im Standardmodell der Kosmologie mittels der Friedman-Robertson-Walker-Metrik und des Skalierungsfaktors $a(t)$ beschrieben. Dieser Skalierungsfaktor ist dabei auf den heutigen Wert $a = 1$ normiert, und bezogen auf die Rotverschiebung z gilt $a = 1/(1 + z)$. Das Verhältnis zwischen Metrik, Materie und Energiedichte liefern dabei die Einstein-Gleichungen. Dies führt zu der zeitabhängigen Friedmann-Gleichung

$$\left(\frac{\dot{a}}{a}\right)^2 = H^2 = \frac{8\pi G}{3}\rho, \tag{4.6}$$

mit der Hubble-Konstanten H, der Gravitationskonstanten G und der gesamten Energiedichte ρ. Nach unserem aktuellen Verständnis tragen zu ρ der CBM, kalte dunkle Materie, Baryonen, Neutrinos und die kosmologische Konstante bei. Die Entwicklung des Universums kann somit unter der Annahme verschiedener Neutrinomassen rekonstruiert werden. In Abb. 4.7 sind exemplarisch alle Beiträge zur gesamten Energiedichte vom Zeitpunkt der Entkopplung der Neutrinos bis heute dargestellt [120]. Zu Beginn dominiert die Strahlung in Form von Photonen und hochrelativistischen Neutrinos, dann übernimmt die nichtrelativistische Materie und schließlich die dunkle Energie Λ. In Abb. 4.7 wurden exemplarisch drei Neutrinomassen mit $m_1 = 0$, $m_2 = 9\,\text{meV}$ und $m_3 = 50\,\text{meV}$ angenommen.

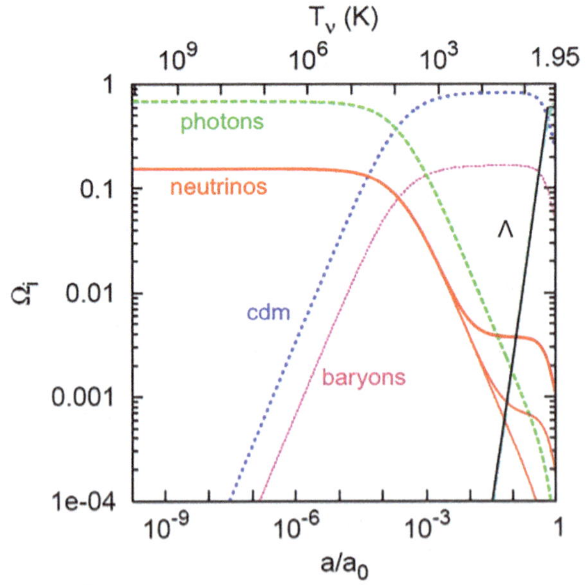

Abb. 4.7 Die Entwicklung des CMB, ν, dunkler Materie, baryonischer und Λ-Energiedichten während der Expansion des Universums von $T = 1\,\text{MeV}$ bis heute. Als Neutrinomassen wurden die Werte 0 meV, 9 meV und 50 meV angenommen. Der Plot stammt aus [120]

Neutrinos bestimmen zusammen mit den Photonen die Expansionsrate des Universums in der Zeit, in der es von Strahlung dominiert ist, während sie heute zumindest teilweise als nichtrelativistische Teilchen zur nichtbaryonischen Materiedichte beitragen. Beide Parameter beeinflussen die Lage und die Amplitude des Power-Spektrums des CMB, das die winzigen räumlichen Fluktuationen der Intensität der Photonen der Hintergrundstrahlung mittels gewichteter Kugelflächenfunktionen beschreibt. Die heute genauesten Messungen des CMB stammen von der Planck-Mission [121], und Analysen mit Blick auf möglichen Neutrinomassen liefern Grenzen $\sum m_i \leq 0{,}17\,\text{eV}$ (siehe z. B. [122] und Literaturhinweise darin).

Zusammenfassend können wir folgende Einschränkungen zur absoluten Neutrinomassenskala festhalten: Oszillationsexperimente liefern eine untere Grenze von ca. 50 meV, die Untersuchung des Betaspektrums von Tritium eine obere von 2,2 eV. Eine weitere harte obere Grenze kommt aus fundamentalen Beobachtungen aus der Kosmologie und beträgt ca. 13 eV. Diese liegt somit in der Nähe der Grenze aus der Supernova SN1987a. Weitaus stringentere astrophysikalische Grenzen erhält man aus der Untersuchung der Strukturbildung auf sehr großen Skalen und aus Analysen des CMB, welche derzeit bei etwa 0,17 eV liegen. Letztere sind modellabhängig und daher weniger robust als z. B. das Limit aus dem Tritiumzerfall. Nimmt man aber die astrophysikalischen Grenzen ernst, läßt sich der folgende Bereich für die Summe der Neutrinomassen angeben:

$$50\,\text{meV} \leq \sum m_i \leq 170\,\text{meV}. \tag{4.7}$$

Dieser Bereich ist gültig für die Neutrinos, deren Eigenschaften wir kennen. Sollten noch weitere Arten, also *sterile Neutrinos* existieren, können die oberen Schranken durchaus beträchtlich erweitert werden.

Aus der Analyse des CMB lassen sich auch Aussagen zu *Gesamtanzahl* der Neutrinos treffen. Neutrinos und Photonen bestimmen die Expansionsrate während der Urknall-Nukleosynthese (BBN), in der die leichten Elemente durch Fusionsreaktionen von Helium bis Lithium gebildet wurden, wobei der Löwenanteil der Protonen diesen Prozess überlebte. Die Synthese der leichten Elemente fand zwischen einer Sekunde und etwa drei Minuten nach dem Urknall statt. Vorher, also bei Temperaturen deutlich über 1 MeV befanden sich Protonen und Neutronen im thermischen Gleichgewicht, und das Verhältnis ihrer Anzahlen war $n_n/n_p \approx 1$. Verantwortlich dafür waren folgende schwache Reaktionen mit Beteiligung von Neutrinos:

$$\nu_e + n \leftrightarrow e^- + p, \tag{4.8}$$

$$\bar{\nu}_e + p \leftrightarrow e^+ + n, \tag{4.9}$$

$$n \leftrightarrow p + e^- + \bar{\nu}_e. \tag{4.10}$$

Bei Temperaturen unter 1 MeV und nach der Entkopplung der Neutrinos von der Materie waren die Reaktionsraten aus Gl. 4.8 nicht mehr hoch genug, um das thermische Gleichgewicht aufrechtzuerhalten. Wegen des Unterschieds der Massen des Neutrons und des Protons ($m_n = m_p + 1{,}29\,\text{MeV}$) werden erstere mit höherer Wahrscheinlichkeit vernichtet als produziert. Bei $k_B T \approx 0{,}72\,\text{MeV}$ betrug deswegen das Verhältnis $n_n/n_p \approx 0{,}17$ und wurde dann laufend kleiner durch den Zerfall des Neutrons $n \to p + e^- + \bar{\nu}_e$. Das n_n/n_p-Verhältnis bestimmt aber die Ausbeute der leichten Elemente bei der primordialen Nukleosynthese. Je höher dieses ist, desto größer ist die Ausbeute z. B. des Elements ^{4}He. Eine oder mehrere zusätzliche Neutrinoarten würden zu einer höheren Energiedichte und damit zu einer erhöhten Expansionsrate führen. Dies wiederum führte zu einer erhöhten Ausfriertemperatur und damit zu einem erhöhten Verhältnis n_n/n_p. Eine oder mehrere zusätzliche Neutrinoarten würden somit eine Erhöhung der Ausbeute der leichten Elemente jenseits des Wasserstoffs bedingen. Insbesondere die Messung des Verhältnisses von ^{4}He zu Wasserstoff setzt somit eine Grenze $\Delta N_\nu < 1$ bei 95 % c.l. [123], wobei ΔN die Zahl zusätzlicher Neutrinoarten bedeutet.

Weitere Grenzen können aus den Planck-Daten zur Vermessung des CMB gewonnen werden. Diese liegen bei $N_\nu = 3{,}36^{+0{,}68}_{-0{,}64}$ [124] bei 95 % c.l. Berücksichtigt man neue Daten des Hubble-Space-Teleskops zur Messung des Hubble-Parameters (HST) H_0 ergibt sich ein Wert (Planck plus HST) von $N_\nu = 3{,}62^{+0{,}54}_{-0{,}48}$ und tendiert somit zu etwas höheren Werten. Das ist dadurch zu erklären, dass die neuen HST-Daten eine etwas stärkere Expansionsrate bevorzugen. Berücksichtigt man zudem die Messungen der Luminositäten der Supernovae vom Typ-1a als Funktion der Rotverschiebung [5], und kombiniert diese Analyse mit denen des CMB ergibt sich aktuell $N_\nu = 3{,}52^{+0{,}48}_{-0{,}45}$. Dieser Wert passt gut zu dem Standard-Szenario, erlaubt aber noch die Existenz einer zusätzlichen Spezies.

4.3 Sind Neutrinos Majorana- oder Dirac-Teilchen?

In diesem Abschnitt beschäftigen wir uns mit der Frage ob Neutrinos und Antineutrinos identische Teilchen sind. Im Standardmodell wird zwischen Neutrinos und Antineutrinos klar unterschieden, es werden ihnen unterschiedliche Leptonzahlen vergeben und diese ist in allen Reaktionen eine Erhaltungsgröße (s. Kap. 1). Im Standardmodell ist das Neutrino ein Dirac-Teilchen, so wie alle anderen elementaren Fermionen. Das besondere an Neutrinos im Standardmodell ist aber, dass Neutrinos nur linkshändig vorkommen und Antineutrinos ausschließlich rechtshändig sind.

Die Unterscheidung Teilchen/Antteilchen ist aber eigentlich unnötig, weil sich links- und rechtschirale Neutrinos wegen der Paritätsverletzung in der schwachen Wechselwirkung ohnehin unterscheiden. In der Tat könnte man statt $\bar{\nu}$ ebenso die Notation ν_r verwenden, um sie von den linkschiralen Neutrinos ν_l zu unterscheiden und das Neutrino könnte also durchaus sein eigenes Antiteilchen sein. In dieser

[5] Supernovae des Typs-1a dienen in der Kosmologie als Standardkerzen. Die Messung ihrer Leuchtstärken als Funktion der Rotverschiebung führte zur Entdeckung des beschleunigt expandierenden Universums und zusammen mit den CMB-Messungen zur Entdeckung der Existenz der dunklen Energie.

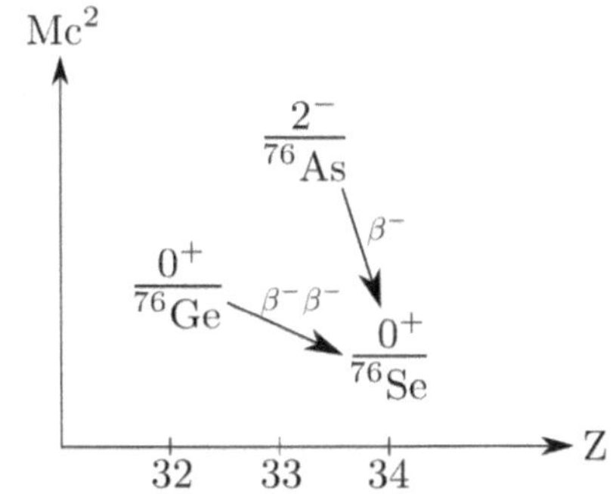

Abb. 4.8 Energieschema der Grundzustände der Isobaren mit Massenzahl 76 um das Isotop ^{76}Ge als Funktion der Kernladungszahl Z. Angegeben sind auch Spin und Parität der Grundzustände. Der einfache Betazerfall des gg-Kerns ^{76}Ge zu dem uu-Kern ^{76}As ist kinematisch verboten. Energetisch möglich ist nur der doppelte Betazerfall zu dem gg-Kern ^{76}Se

Beschreibung kommt es sowohl als links- als auch als rechtshändiges Teilchen vor (aber es gibt keine Antineutrinos), und in diesem Fall spricht man von Majorana-Neutrinos.

Wäre das Neutrino masselos, wäre die Frage ob es Dirac- oder Majoranateilchen ist, obsolet, weil man diese Frage experimentell nicht klären könnte. Bei massebehafteten Neutrinos aber, und wir wissen ja, dass sie Masse besitzen, ist diese Frage nach der Natur des Neutrinos fundamental wichtig. Die Suche nach dem neutrinolosen Doppelbetazerfall ist dabei die sensitivste Methode diese Frage zu beantworten.

4.3.1 Die Suche nach dem neutrinolosen Doppelbetazerfall

Einige gg-Kerne (d. h. Atomkerne mit sowohl gerader Protonen- als auch Neutronenzahl) können nur über den doppelten Betazerfall $(A, Z) \to (A, Z+2) + 2e^- + 2\bar{\nu}_e$ in einen Kern mit geringerer Masse übergehen, weil der normale einfache Betazerfall kinematisch verboten ist.

Das Isotop ^{76}Ge mit einer Endpunktenergie von 2039 keV ist ein Beispiel dafür (s. Abb. 4.8). Der einfache Betazerfall zu dem uu-Kern (ungerade Protonen- und ungerade Neutronenanzahl) ^{76}As ist kinematisch verboten, weil der Tochterkern wegen der Paarungsenergie der Nukleonen energetisch höher liegt als der Ausgangskern. Energetisch erlaubt ist dagegen der Zerfall $^{76}\mathrm{Ge} \to ^{76}\mathrm{Se} + 2e^- + 2\bar{\nu}_e$.

Bei dem doppelten Betazerfall mit Emission von Neutrinos ist die Leptonzahl erhalten, es handelt sich daher um einen Prozess, der im Standardmodell erlaubt ist. Diese Zerfälle sind schwache Prozesse zweiter Ordnung, daher sehr selten und folglich sehr schwierig nachzuweisen: Zum Beispiel liegt die Lebensdauer des Kerns ^{76}Ge über 10^{25} Jahre und ist damit viel größer als das Alter des Universums. Trotz dieser Schwierigkeit wurde der Doppelbetazerfall mit Neutrinos nicht nur im Falle von ^{76}Ge nachgewiesen, sondern auch für andere Isotope, z. B. für ^{48}Ca, ^{100}Mo, ^{130}Te, ^{136}Xe und ^{150}Nd.

Die Möglichkeit des doppelten Betazerfalls unter Aussendung zweier Neutrinos wurde zuerst von M. Goeppert-Mayer im Jahre 1935 postuliert und erste generelle Abschätzungen der zu erwartenden Lebensdauern ($\tau > 10^{17}$ a) veröffentlicht [125]. Nachdem E. Majorana [126] zeigen konnte, dass die Ergebnisse der Theorie des Betazerfalls nicht davon abhängen ob das Neutrino sein eigenes Antiteilchen ist oder nicht, schlug W. Furry im Jahre 1939 die Möglichkeit des neutrinolosen Doppelbetazerfalls vor und berechnete Übergangswahrscheinlichkeiten dazu [127]. Seitdem hat sich die Suche nach dem neutrinolosen Doppelbetazerfall als ein wichtiger Test zur Leptonzahlerhaltung etabliert.

Im Gegensatz zum erlaubten Doppelbetazerfall mit Neutrinos sind neutrinolose Doppelbetazerfälle des Typs $(A, Z) \rightarrow (A, Z+2) + 2e^-$ (Notation: $0\nu\beta\beta$) im Standardmodell verboten, weil eben die Gesamt-Leptonenzahl um $\Delta L = 2$ verletzt ist. Jenseits des Standardmodells ist der einfachste Mechanismus der Austausch virtueller, massiver Majorana-Neutrinos. Dies wird schematisch in Abb. 4.9 gezeigt und wir werden uns im Wesentlichen auf diesen Fall konzentrieren.

Beim $0\nu\beta\beta$-Zerfall sind zwei Bedingungen zu erfüllen: Zum einen muss das Neutrino identisch mit seinem Antiteilchen sein (i.e. $\Delta L = 2$) und zum anderen wird das Neutrino mit rechtshändiger Chiralität emittiert und als linkshändiges Teilchen absorbiert. Dies kann durch einen Massenterm mit endlicher Neutrinomasse realisiert werden und die Amplitude dafür skaliert linear mit der Masse m_i. Insgesamt muss das ausgetauschte Neutrino also ein massives Majorana-Teilchen sein, um den $0\nu\beta\beta$-Zerfall zu ermöglichen. Nachdem wir wissen, dass es drei Neutrinos gibt, ist das natürlichste Szenario der Austausch dreier massiver Majorana-Neutrinos, deren Amplituden sich kohärent überlagern.

Zu dem Zerfall tragen also alle drei Masseneigenzustände mit ihrer jeweiligen Kopplung U_{ei}^2 kohärent bei. Die Gesamtamplitude für den $0\nu\beta\beta$-Zerfall kann demnach als

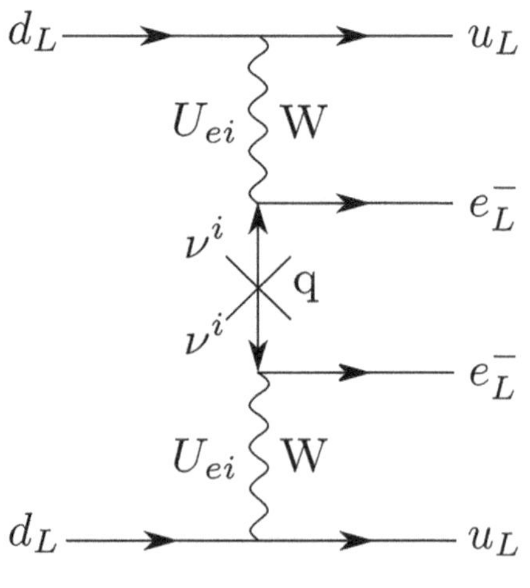

Abb. 4.9 Feynman-Diagramm für den Neutrinomassen-Mechansimus des neutrinolosen Doppelbetazerfalls. Dieser Prozess ist nur möglich, falls das massive Neutrino ein Majorana-Teilchen ist, also wenn das Neutrino identisch zu seinem Antiteilchen ist. Folglich wird dabei die Leptonenzahl um zwei Einheiten verletzt. Die Zerfallsamplitude hängt vom Kopplungsparameter U_{ei} des massiven Neutrino an das Elektron ab

$$m_{ee} = \left| \sum_{i=1}^{3} U_{ei}^2 \, m_i \right| \tag{4.11}$$

geschrieben werden. Dabei ist zu beachten, dass die Terme U_{ei}^2 imaginäre Phasen enthalten können. Die 3x3-unitäre PMNS-Mischungsmatrix 2.22 erlaubt generell eine imaginäre Phase, aber da wir hier von Majorana-Neutrinos ausgehen müssen, erhält die Mischungsmatrix zwei weitere Freiheitsgrade. Insgesamt haben wir nun neun physikalische Parameter: Drei Massen m_i ($i = 1, 2, 3$), drei Mischungswinkel $\theta_{12}, \theta_{13}, \theta_{23}$ und drei Phasen δ, α, β. Weil nur Phasenunterschiede relevant sind, kann eine der Phasen, z. B. δ, gleich Null gesetzt werden.

Ausgehend von Gl. 4.11 und mithilfe 2.22 kann somit die effektive Doppelbetamasse m_{ee} berechnet werden zu

$$m_{ee} = \mid c_{12}^2 c_{13}^2 m_1 + s_{12}^2 c_{13}^2 m_2 e^{i\alpha} + s_{13}^2 m_3 e^{i\beta} \mid, \tag{4.12}$$

mit $c_{ij}^2 = \cos^2\theta_{ij}$ und $s_{ij}^2 = \sin^2\theta_{ij}$.

Wir kennen heute noch nicht den Wert der leichtesten Neutrinomasse (sie könnte auch gleich Null sein), und wir kennen weder die Werte der komplexen Phasen noch die Anordnung der Neutrinomassen (s. Abschn. 4.4). Allerdings sind die Mischungswinkel θ_{ij} und die Massendifferenzen gut bekannt (s. Abschn. 4.1), und wir haben zudem eine obere Grenze für die absolute Neutrinomassenskala im sub-eV Bereich (s. Abschn. 4.2.2).

Die Abb. 4.10 zeigt den erlaubten Parameterbereich für m_{ee} für beide Szenarien der Anordnung der Neutrinomassen als Funktion des geringsten Neutrino-Masseneigenwertes (siehe z. B. [130]). Im Falle der normalen Hierarchie (i.e.

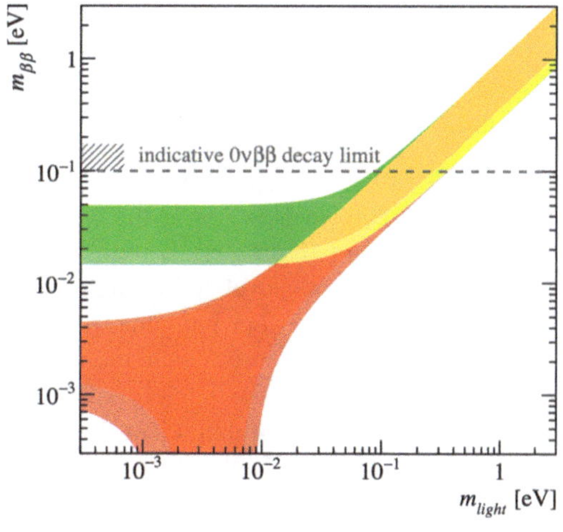

Abb. 4.10 Die erlaubten Werte der effektiven Majorana-Neutrinomasse $m_{\beta\beta}$ als Funktion des leichtesten Neutrinomasse m_{light} in den Szenarien der normalen (grün) und der invertierten (rot) Massenhierarchie. Der in gelb gekennzeichnete Bereich wird oft quasi-degenerierte Massenregion genannt. Auch gezeigt sind die experimentellen Grenzen (Stand 2020). Aus der Doktorarbeit von C. Wiesinger[129]

$m_3 > m_2 > m_1$) kann eine destruktive Interferenz der komplexen Phasen zu einer signifikanten Verringerung von m_{ee} führen. Wenn aber die invertierte Hierarchie vorliegen sollte (i.e. $m_2 > m_1 > m_3$), hat m_{ee} einen minimalen Wert von ca. $2 \cdot 10^{-2}$ eV. Der Grund dafür ist einfach zu verstehen: Nehmen wir an $m_{\min} = m_3 \to 0$, dann folgt $m_2 \sim m_1 \simeq 50$ meV und der geringste Wert der effektiven Doppelbetamasse wäre laut Gl. 4.12 $m_{ee} \sim 0{,}38 \cdot 50\,\text{meV} \simeq 19\,\text{meV}$, selbst in der ungünstigsten Situation $\alpha \to \pi$. Zusätzlich sind in Abb. 4.10 Einschränkungen für m_{ee} von $0\nu\beta\beta$-Experimenten und aus astrophysikalischen Grenzen für $m_{\min}$ eingezeichnet.

Existieren zusätzliche Neutrinoarten des Majorana-Typs mit Masse und Kopplungskonstanten zu den drei bekannten Arten, so dass es insgesamt n Arten gibt, dann erweitert sich die effektive Doppelbetamasse zu

$$m_{ee} = \left| \sum_{i=1}^{n} U_{ei}^2 \, m_i \right| . \tag{4.13}$$

Diese zusätzlichen Zustände nehmen nicht an der schwachen Wechselwirkung teil und werden daher als ‚sterile Neutrinos' bezeichnet (s. Abschn. 4.5). Sterile Neutrinos könnten wegen der notwendigen Erweiterung der PMNS-Matrix zu erhöhten $0\nu\beta\beta$-Übergangsamplituden führen.

Es sei erwähnt, dass jede Theorie jenseits des Standardmodells das Majorana-Neutrinomassenterme einführt und leptonzahlverletzende Prozesse ermöglicht, zu nichtverschwindenden Amplituden des $0\nu\beta\beta$-Zerfalls führt. Beispiele dazu sind sogenannte links-rechts-symmetrische Modelle mit zusätzlichen schweren rechtschiralen Vektorbosonen oder Leptoquarks die sowohl an Leptonen als auch an Quarks ankoppeln. Auch manche supersymmetrische Modelle sagen $0\nu\beta\beta$-Zerfälle voraus.

Wenn der neutrinolose Doppelbetazerfall experimentell nachgewiesen wird, dann ist a priori nicht klar, welcher Mechanismus dafür verantwortlich ist, bzw. welcher der dominierende ist. Es wird dann Aufgabe zukünftiger Experimente sein zwischen diesen Möglichkeiten zu unterscheiden. Dies kann z. B. dadurch realisiert werden, wenn die Winkelverteilung der beim $0\nu\beta\beta$-Prozess emittierten Elektronen mit hoher Genauigkeit vermessen wird.

Unabhängig vom zugrunde liegenden Mechanismus ist der $0\nu\beta\beta$-Prozess nur dann möglich, wenn das Neutrino, welches bei diesem Zerfall virtuell ausgetauscht wird, ein Majorana-Teilchen ist, also wenn Neutrino und Antineutrino identisch sind (‚Valle-Schechter-Theorem' [128]). Ein experimenteller Nachweis des $0\nu\beta\beta$-Zerfalls ist daher ein Beweis für die Majorana-Natur des Neutrinos. Dies gilt für alle Theorien zum $0\nu\beta\beta$-Zerfall unter Austausch eines Neutrinos. Theorien mit Extra-Dimensionen sagen ebenfalls nichtverschwindende Amplituden für den $0\nu\beta\beta$-Zerfall voraus, für die aber kein Neutrinoaustausch nötig ist. In diesem Fall greift das Valle-Schechter-Theorem nicht mehr. Weiterführende Literatur dazu findet man z. B. in [131].

Im Experiment kann prinzipiell nur die Lebensdauer eines Zerfalls gemessen werden, oder es können bei Nicht-Beobachtung untere Grenzen dafür bestimmt werden.

Die experimentell ermittelte Halbwertszeit $T_{1/2}^{0\nu}$ des neutrinolosen Doppelbetazerfalls ist mit dem theoretischen Ausdruck von m_{ee} 4.11 über die Beziehung

$$m_{ee} = (\,1/M^{0\nu}\,)\,(\,T_{1/2}^{0\nu}\;G(Q,Z)\,)^{-1/2} \tag{4.14}$$

verknüpft, wobei $M^{0\nu}$ das nukleare Matrixelement und $G(Q, Z)$ der Phasenraumfaktor für den neutrinolosen Doppelbetazerfall ist, welcher von der Endpunktenergie Q und der Kernladungszahl Z abhängt.

Da die Endpunktsenergie Q in allen Fällen sehr gut bekannt ist kann der Phasenraumfaktor $G(Q, Z)$ sehr zuverlässig und mit hoher Genauigkeit berechnet werden. Eine nicht zu vernachlässigende Unsicherheit ergibt sich aber aus der Ungewissheit über die nuklearen Matrixelemente. Diese werden im Rahmen von Kernmodellen berechnet, in denen die Wechselwirkungen der im Kern gebundenen Nukleonen berücksichtigt werden. Die Berechnungen werden z. B. auf der Basis des nuklearen Schalenmodells oder im Rahmen sogenannter QRPA- *(Quasi-Random-Phase-Approximation)* Modelle durchgeführt. Die Ergebnisse dieser Berechnungen variieren zum Teil beträchtlich, und die Spannweite der Werte kann bei manchen Isotopen einen Faktor zwei bis drei einnehmen. Aus den Messungen des erlaubten $2\nu\beta\beta$-Zerfalls kann man Kernmatrixelemente für $2\nu\beta\beta$-Zerfälle ableiten. Diese Größen korrelieren jedoch nicht automatisch mit den $0\nu\beta\beta$-Matrixelementen, da erstere den bekannten Auswahlregeln für schwache Prozesse im Standardmodell unterliegen, welche im Fall von Majorana-Neutrinos aber nicht angewandt werden müssen. Einen aktuellen Überblick zu nuklearen Matrixelementen bei Doppelbetaexperimenten gibt z. B. [132].

Im Experiment wird die Zahl N_{ee} der $0\nu\beta\beta$-Zerfälle während der Messzeit T_m gezählt:

$$N_{ee} = (\ln 2\,/\,T_{1/2}^{0\nu})\;N_n\;T_m\;\epsilon, \tag{4.15}$$

mit N_n als Anzahl der Kerne, welche über $0\nu\beta\beta$ zerfallen können und der Detektionseffizienz ϵ. Die Anzahl N_n skaliert mit der Detektormasse M_{det} und kann geschrieben werden als $N_n = y_a \cdot M_{\mathrm{det}}$, wobei y_a die relative Häufigkeit des betrachteten Isotops ist. Um eine hohe Exposition zu erreichen, arbeiten einige Experimente deshalb mit angereicherten Proben.

Im $0\nu\beta\beta$-Zerfall ist die Summe der kinetischen Energien beider Elektronen durch die Differenz der Kernmassen am Anfang und nach dem Zerfall eindeutig festgelegt. Wird im Experiment die Summe der Elektronenenergien vermessen, resultiert daraus eine spektrale Verteilung, wie sie in Abb. 4.11 schematisch für den Fall von ^{76}Ge dargestellt ist. Dem kontinuierlichen Spektrum des im Standardmodell erlaubten Doppelbetazerfalls mit zwei Neutrinos überlagert sich eine monoenergetische Linie am Endpunkt Q. Im Experiment wird nach dem Auftauchen dieser Linie gesucht. Es ist offensichtlich, dass eine sehr gute Energieauflösung notwendig ist um die

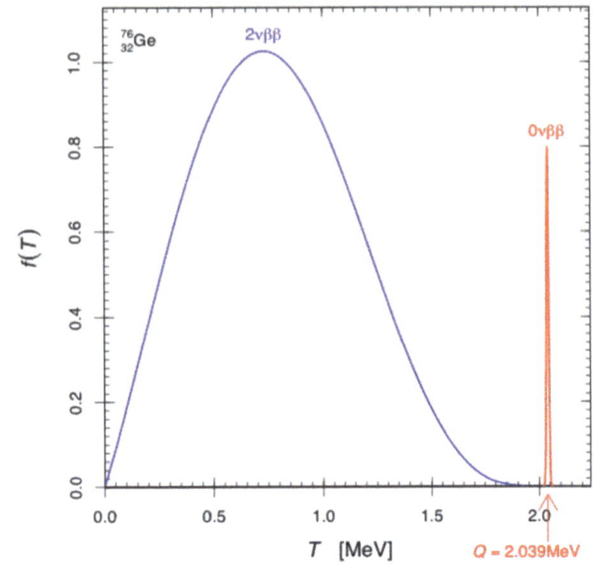

Abb. 4.11 Das Spektrum der gesamten kinetischen Energie von ^{76}Ge aus dem $2\nu\beta\beta$-Zerfall, welcher im Standardmodell erlaubt ist und eine hypothetische Linie bei $Q = 2{,}039$ keV besitzt, nach dem man in einem $0\nu\beta\beta$-Experiment sucht. Die Abbildung stammt aus [130]

Anzahl der Hintergrundereignisse im Energiebereich um Q zu minimieren, die von $2\nu\beta\beta$-Zerfällen stammen.

Allen $0\nu\beta\beta$-Projekten ist gemein, dass sie ganz ähnlich wie solare Neutrinoexperimente vor der Aufgabe stehen, die Rate der Hintergrundereignisse möglichst gering zu halten. Da die Endpunktsenergien der Doppelbetazerfälle alle im MeV-Bereich liegen, können radioaktive Kerne im Detektormaterial Hintergrundereignisse erzeugen. Zusätzlich können Hintergrundereignisse auch als Folge von Spallationsreaktionen kosmischer Myonen entstehen. Daher werden alle $0\nu\beta\beta$-Experimente in tiefen Untergrundlaboren betrieben. Die Vermeidung und Unterdrückung von Hintergrundereignissen sowie das Erreichen einer größtmöglichen Expositions- und Detektionseffizienz sind daher die Hauptеckpunkte eines erfolgreichen $0\nu\beta\beta$-Experiments.

Wenn im Experiment eine Untergrundzählrate r_b (gemessen z. B. in counts pro keV, kg und Jahr) registriert wird, beträgt die 1σ-Fluktuation ΔN_b der registrierten Anzahl von Untergrundevents N_b

$$\Delta N_b = \sqrt{N_b} = \sqrt{r_b\, M_{\text{det}}\, T_m\, \Delta E}, \tag{4.16}$$

mit der Detektormasse M_{det} und dem relevanten Energiefenster ΔE unter der Annahme, dass der Untergrund linear mit M_{det} skaliert. Das ist z. B. der Fall, wenn interne Radioaktivität, welche homogen über den Detektor verteilt ist, die dominierende Untergrundquelle ist. Setzt man ΔN_b gleich N_{ee} (s. Gl. 4.15) ergibt sich das 1σ-Limit für die Halbwertszeit

$$T_{1/2}^{0\upsilon} = \ln 2 \cdot \sqrt{\frac{M_{det}\, T_m}{r_b\, \Delta E}}\; y_a\, \epsilon. \tag{4.17}$$

Die Sensitivität des Experiments skaliert also linear mit der Detektionseffizienz multipliziert mit der Ausbeute des Isotopenvorkommens, aber nur mit der Wurzel aus der Exposition dividiert durch das Niveau des Untergrunds. Anders ist es im Fall ohne Untergrund: Dann skaliert die Sensitivität der Lebensdauer linear mit der Exposition, d. h. $\propto M_{\text{det}} T_m$.

Alle $0\nu\beta\beta$-Experimente kann man in zwei Gruppen unterteilen: Die, bei denen Quelle und Detektor identisch sind, und solche, bei denen beide getrennt sind. Die unterschiedlichsten Methoden und Detektorkonzepte werden verwendet.

Im ELEGANT-Experiment wurden szintillierende CaF_2-Kristalle verwendet, (Doppelbeta-Isotop: ^{48}Ca) [133], während im Aurora-Experiment ebenfalls szintillierende, mit ^{116}Cd angereicherte, $CdWO_4$-Kristalle verwendet wurden [135].

Eine wesentlich bessere Energieauflösung erreichen Experimente, die ^{76}Ge als Isotop in Ge-Halbleiterdetektoren verwenden (Heidelberg-Moskau [136], IGEX [137], Majorana [138], GERDA [139]). Eine Beschreibung des GERDA-Experiments folgt weiter unten.

Im EXO-Experiment [142] wird eine zylindrische, hochauflösende TPC *(Time-Projection-Chamber)* benutzt, die mit flüssigem Xenon (Doppelbetakandidat: ^{136}Xe) gefüllt ist. Mehrfach-Comptonstreuung durch Gammastrahlung kann mittels einer Driftzeit-Analyse von Doppelbetakandidaten effizient getrennt werden.

Im CUORE-Experiment [143] werden TeO_2-Kristalle mit dem Doppelbeta-Kandidaten ^{130}Te auf tiefe Temperaturen abgekühlt, und die Energie der Elektronen des Doppelbetazerfalls wird thermisch über die im Kristall erzeugte Wärme mit hoher Energieauflösung gemessen.

In KamLAND-Zen [144] wurde der KamLAND-Detektor durch einen zentral angebrachten transparenten Ballon ergänzt, in dem gasförmiges Xenon im Flüssigszintillator gelöst wird. Mit dieser Technik können sehr großvolumige Detektoren verwirklicht werden. Die Energieauflösung erreicht dabei nicht die Werte wie z. B. bei Ge-Halbleiterdetektoren, und daher ist der Hintergrund der neutrinobehafteten Doppelbetazerfälle ein Problem, allerdings bedingt die Größe dieser Detektoren eine ausgezeichnete Selbstabschirmung gegenüber externer Radioaktivität.

Zur Kategorie der Experimente bei denen die Quelle vom Detektor getrennt ist gehört das NEMO-Experiment [145], bei dem die mit ^{100}Mo versehene Quelle eine dünne Folie darstellt. Sie ist vom Detektor getrennt und die Spuren sowie die Energien der beiden Elektronen werden in separaten Detektoren vermessen. Diese Technik kann wichtig werden, wenn der $0\nu\beta\beta$-Zerfall entdeckt wird und der zugrunde liegende Mechanismus über die Messung der Winkelverteilung der beiden Elektronen bestimmt werden soll.

Aktuelle Ergebnisse der genannten Experimente werden in Tab. 4.3 zusammengefasst. Allen ist gemein, dass bisher kein Hinweis auf den $0\nu\beta\beta$-Zerfall gefunden wurde. Die daraus ableitbaren Grenzen für m_{ee} werden ebenfalls in Tab. 4.3 gezeigt. Insgesamt kann man schließen, dass der Wert m_{ee} für Majorana-Neutrinos nicht über ca. 0,2 eV liegen kann.

Im Folgenden wollen wir exemplarisch das GERDA-Experiment etwas näher betrachten, das im Gran-Sasso-Untergrundlabor betrieben wird. In GERDA (‚GERmanium Detector Array‘) befinden sich mehrere hochauflösende, mit dem Isotop

^{76}Ge angereicherte, Ge-Detektoren in einem Tank mit flüssigem Argon, welches als Kühl- und Abschirmmedium gegen externe Untergrundstrahlung dient. Eindringende, kosmische Myonen werden von einem Wasser-Cherenkovdetektor identifiziert, der den gesamten inneren Teil des Experiments umschließt. In GERDA wird der Argontank als aktiver Vetodetektor betrieben, wobei die Szintillationseigenschaften von flüssigem Argon genutzt werden um externe Gammaaktivität nachzuweisen. Bei der Datenanalyse verwendet man Pulsformanalyse, bei der punktförmige Ereignisse in einem einzelnen Ge-Detektor von solchen getrennt werden können, die im gleichen Detektor mehrere Energiedepositionen erzeugen. Erstere sind Kandidaten für $0\nu\beta\beta$-Ereignisse, Letztere werden z. B. durch mehrfache Comptonstreuung externer Gammas produziert und können so als Untergrund identifiziert werden. Mittels passiver und aktiver Abschirmung sowie Pulsformanalyse und natürlich dank der hervorragenden Auflösung blieb das Experiment bei einer Exposition von 127,2 kg·yr im engeren Bereich des Endpunkts bei ca. 2049 keV frei von Hintergrundereignissen (s. Abb. 4.12). Im weiteren Bereich um den Endpunkt wurde ein Niveau von Hintergrundereignissen von $5{,}2 \cdot 10^{-4}$ cts/(keV kg yr) erreicht. Klar erkenntlich ist im niederenergetischen Bereich das kontinuierliche Spektrum des Doppelbetazerfalls mit Neutrinos. Oberhalb des Endpunkts wurden einzelne Gammalinien und über ca. 5 MeV Ereignisse von ^{210}Po verzeichnet.

Es wurde somit kein Hinweis auf $0\nu\beta\beta$-Zerfälle gefunden und für die Halbwertszeit des $0\nu\beta\beta$-Zerfalls konnte eine untere Grenze von $T_{1/2}^{0\nu} > 1{,}8 \cdot 10^{26}$ yr (c.l. 90 %) angegeben werden [139].

Nach Beendigung des GERDA-Experiments wurde die neue LEGEND-Kollaboration gegründet, die ebenfalls mit hochauflösenden und mit ^{76}Ge angereicherten Germanium-Detektoren arbeitet. Der Versuchsaufbau befindet sich ebenfalls im Gran-Sasso Untergrundlabor. Ziel von LEGEND (‚Large Enriched Germanium Experiment for Neutrinoless $\beta\beta$-Experiment') ist es die Sensitivität bis in den Bereich $T > 10^{28}$ y zu steigern. In der ersten Phase des Experiments wurden insgesamt 142,5 kg an Germanium verwendet, wobei der Anreicherungsgrad der verwendeten Kristalle zwischen 86 % und 92 % variiert. Die Exposition in dieser ersten Phase betrug 61 kg·y und eine untere Grenze $T_{1/2}^{0\nu} > 1{,}9 \cdot 10^{26}$ y wurde publiziert [140]. Dieses Ergebnis ist konsistent mit dem GERDA-Resultat und die Grenze entspricht einer effektiven Doppelbetamasse $m_{ee} < (75 - 200)$ meV.

In der Tab. 4.3 wird der jetzige Stand von Doppelbetaexperimenten mit ihren jeweiligen Grenzen zu m_{ee} zusammengefasst. Die aktuellen Grenzen für m_{ee} vari-

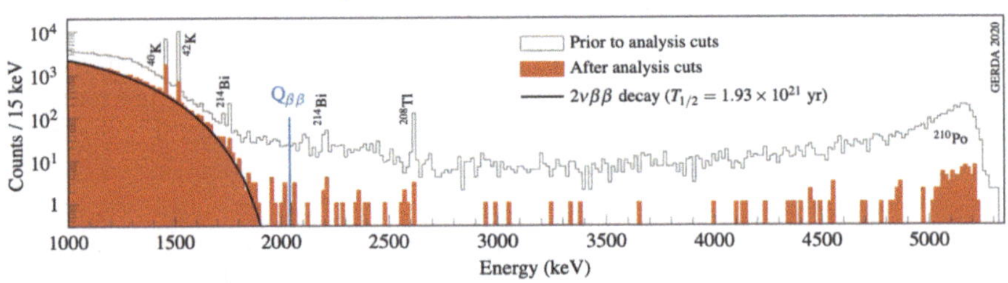

Abb. 4.12 Energiespektrum von GERDA vor und nach Datenanalyse [139]

Tab. 4.3 Überblick über Doppelbetaexperimente, die verwendeten Techniken und die erreichten 90 % c.l.-Limits (Stand 2025). Die erlaubten Bereiche für die Limits auf m_{ee} gehen auf die Unsicherheiten der entsprechenden nuklearen Matrixelemente zurück

Isotop	Experiment	Technik	$T^{0\nu}_{1/2}$ (y) >	m_{ee} (eV) <
^{48}Ca	ELEGANT-VI [133]	CaF_2 szint. Kristalle	$5{,}8 \cdot 10^{22}$	2,8–16
	CANDLES-III[134]	CaF_2 szint. Kristalle	$5{,}6 \cdot 10^{22}$	2,9–16
^{76}Ge	Heidelberg-Moskau[136]	Ge-Halbleiter	$1{,}9 \cdot 10^{25}$	0,23–0,67
	IGEX [137]	Ge-Halbleiter	$1{,}6 \cdot 10^{25}$	0,25–0,73
	Majorana [138]	Ge-Halbleiter	$8{,}3 \cdot 10^{25}$	0,113–0,269
	GERDA [139]	Ge-Halbleiter	$1{,}8 \cdot 10^{26}$	0,079–0,180
	LEGEND-200[140]	Ge-Halbleiter	$1{,}9 \cdot 10^{26}$	0,070–0,200
^{82}Se	CUPID[147]	ZnSe Kryo-Detektor	$4{,}6 \cdot 10^{24}$	0,263–0,545
^{96}Zr	NEMO-3[141]	Kryo-Detektor.	$9{,}2 \cdot 10^{21}$	3,9–19,5
^{100}Mo	NEMO-3[145]	Spur-Detektor	$2{,}1 \cdot 10^{24}$	0,32–0,88
	CUPID-MO[148]	Li_2MoO_4 Kryo-Detektor	$1{,}8 \cdot 10^{24}$	0,28–0,49
	AMoRE[149]	Kryo-Detektor	$2{,}9 \cdot 10^{24}$	0,21–0,61
^{116}Cd	Aurora [135]	$CdWO_4$ szint. Kristalle	$2{,}2 \cdot 10^{23}$	1,0–1,7
^{130}Te	CUORE[143]	TeO Kryo-Detektor	$2{,}2 \cdot 10^{25}$	0,09–0,305
^{136}Xe	EXO[142]	Xenon-TPC	$3{,}5 \cdot 10^{25}$	0,093–0,286
	KamLAND-Zen[144]	Xenon-Szintillator	$2{,}3 \cdot 10^{26}$	0,036–0,156
^{150}Nd	NEMO-3[146]	Spur-Detektor	$2 \cdot 10^{22}$	1,6–5,3

ieren zwischen 0,05 eV und ca. 0,8 eV. Das beste Limit kommt zur Zeit von dem KamLAND-Zen-Experiment [144]. Die nächste Generation von $0\nu\beta\beta$-Experimenten zielt auf Werte deutlich unterhalb von 0,1 eV ab, um den durch das Szenario der invertierten Massen gegebenen Bereich zu erforschen.

4.4 Wie ist die Massenordnung der Neutrinos und wie groß ist CP-δ?

Ebenfalls noch unbekannt ist die genaue Anordnung der Eigenwerte der Massenmatrix und der Wert der Phase δ in der PMNS-Matrix. Ersteres stellt die Frage nach der Massenhierarchie der Neutrinos, der Wert von δ verrät, ob es bei den Neutrinos CP-Verletzung gibt und wenn ja, wie groß dieser Effekt ist.

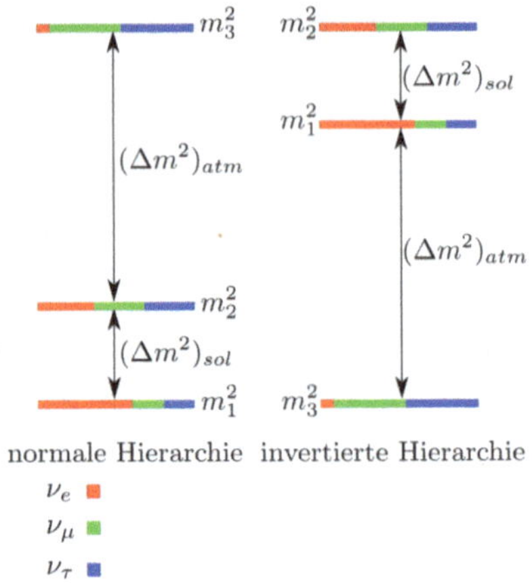

Abb. 4.13 Normale und invertierte Massenanordnung oder -hierarchie der Masseneigenzustände. Die Abstände sind nicht maßstäblich. Die Farbe repräsentiert die Beimischung der schwachen Eigenzustände

4.4.1 Experimente zur Bestimmung der Massenanordnung

Von solaren Neutrinoexperimenten wissen wir, dass gilt: $m_2 > m_1$. Diese Art der Massenordnung, manchmal auch Neutrinomassenhierarchie (NMH) genannt, wird als das *normale* Szenario bezeichnet, weil es der Natur der geladenen Leptonen entspricht, in welcher ja die Reihenfolge gilt: $m_\tau > m_\mu > m_e$ (s. Abb. 1.1). Allerdings ist noch unbekannt, ob die normale NMH auch für den Masseneigenzustand ν_3 gilt. Prinzipiell gibt es zwei mögliche Szenarien: Die normale Hierarchie mit $m_3 > m_2 > m_1$ oder die sogenannte invertierte Hierarchie mit $m_2 > m_1 > m_3$. Beide sind schematisch in Abb. 4.13 dargestellt, wobei der Abstand zwischen m_3 und dem Paar m_2, m_1 signifikant größer ist als $(m_2 - m_1)$. Dies folgt aus den Ergebnissen der Oszillationsexperimente mit den Werten $\Delta m^2_{atm} \approx |\Delta m^2_{32}| \approx 2{,}5 \times 10^{-3}\,\mathrm{eV}^2$ und $\Delta m^2_{sol} \approx \Delta m^2_{21} \approx 7{,}5 \times 10^{-5}\,\mathrm{eV}^2$ (Tab. 4.1).

Es gibt zwei Möglichkeiten, die Massenordnung experimentell zu bestimmen. Ein Weg geht über die Messung der Materieeffekte atmosphärischer Neutrinooszillationen, ein anderer über die Messung des Oszillationsmusters von Reaktorneutrinos bei einem Abstand zur Quelle von ca. 60 km, beide Oszillationen mit Δm^2_{21} und $\Delta m^2_{31} \approx \Delta m^2_{32}$ miteinander interferieren.

Für beide Ansätze sind neue Detektoren nötig: In einem Projekt am Südpol soll der innere Teil des riesigen IceCube-Detektors am Südpol mit zusätzlichen Strängen von Photomultipliern ausgestattet werden, um die Energieschwelle unter ca. 10 GeV zu schieben, und um eine verbesserte Richtungsauflösung bei einem Detektionsvolumen auf der multi-Megaton-Skala zu erreichen [150]. Dies soll mit 40 Strängen bei einem durchschnittlichen Abstand von 20 m realisiert werden. Jeder Strang soll mit 60 optischen Modulen mit einem Abstand von jeweils 5 m ausgestattet werden. Mit diesem Design soll der Materieeffekt atmosphärischer Neutrinos im Energiebereich zwischen 5 und 15 GeV vermessen werden. Die Abb. 4.14 zeigt die Asymmetrie der erwarteten Ereignisse für die invertierte gegenüber der normalen Hierarchie $(N_{IH} - N_{NH})/\sqrt{N_{NH}}$ des kombinierten ν_μ- und $\bar{\nu}_\mu$-Signals in Abhängigkeit von der Energie und des Azimutwinkels.

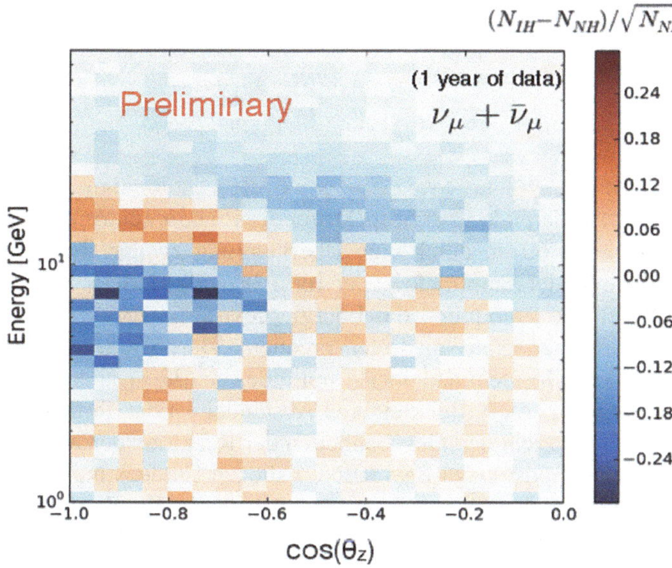

Abb. 4.14 Die erwartete Verteilung der Ereignisse atmosphärischer Neutrinos in PINGU als Funktion der Energie vs. Azimutwinkel. Aufgetragen ist die Asymmetrie der invertierten gegenüber der normalen Hierarchie $(N_{IH} - N_{NH})/\sqrt{N_{NH}}$ in dem kombinierten ν_μ- und $\bar{\nu}_\mu$-Signal [150]

Die ORCA-Kollaboration verfolgt eine ähnliche Strategie. Anstatt im Eis der Antarktis soll jedoch ein großer Wasser-Cherenkovdetektor im Mittelmeer realisiert werden. Zu erwähnen ist auch das INO-Projekt in Indien, das mit einem magnetischen Eisenkalorimeter mit 52 t Masse atmosphärische Neutrinooszillationen vermessen soll. Mehr Details zu diesen Projekten und ein Überblick über zukünftige NMH-Experimente finden sich in [151].

Reaktorbasierte Experimente mit einer Baseline von etwa 60 km eignen sich prinzipiell sehr gut für die NMH-Bestimmung durch Auflösung der Anordnung von Maxima und Minima in den Oszillationsmustern des Energiespektrums. Materieeffekte sind in diesem Falle vernachlässigbar. Die energieabhängige Überlebenswahrscheinlichkeit P der Reaktorneutrinos ist (vgl. mit Gl. 3.47)

$$P(E) = 1 - P_{21} - P_{31} - P_{32}, \tag{4.18}$$

mit dem *solaren* Term

$$P_{21} = \cos^4(\theta_{13}) \sin^2(2\theta_{12}) \sin^2(\Delta_{21}) \tag{4.19}$$

und zwei *atmosphärischen* Termen

$$P_{31} = \cos^2(\theta_{12}) \sin^2(2\theta_{13}) \sin^2(\Delta_{31}), \tag{4.20}$$

$$P_{32} = \sin^2(\theta_{12}) \sin^2(2\theta_{13}) \sin^2(\Delta_{32}). \tag{4.21}$$

Dabei gilt $\Delta_{ij} \propto \mid m_i^2 - m_j^2 \mid L/E$, wobei L die Distanz und E die Neutrinoenergie ist. Das resultierende Energiespektrum der Reaktorneutrinos wird bei einer Entfernung von etwa 60 km durch eine Überlagerung zweier Oszillationseffekte geprägt. Dominant in der Amplitude ist der Term P_{21} aufgrund des hohen Werts von $\sin^2(2\theta_{12})$. Dieser Term moduliert das Energiespektrum wegen dem kleinen Wert von $\sin^2(\Delta_{21})$ mit einer relativ niedrigen Frequenz. Darüber liegen die durch P_{31} und P_{32} bezeichneten Terme mit kleiner Amplitude $\sin^2(2\theta_{13})$, aber hohen Frequenzen $\sin^2(\Delta_{31})$ und $\sin^2(\Delta_{32})$. Bei kleineren Abständen ist der Term P_{21} noch nicht ausgeprägt. Dies entspricht den Gegebenheiten der Reaktorexperimente bei kurzen Distanzen (Double-Chooz, Daya-Bay, RENO), die zur Entdeckung des Mischungswinkels θ_{13} führten. Bei größeren Distanzen, wie beim KamLAND-Experiment, sind die schnellen Oszillationen aufgrund von P_{31} und P_{32} im Experiment nicht mehr auflösbar.

Bei normaler NMH gilt $\mid \Delta_{31} \mid > \mid \Delta_{32} \mid$, bei invertierter NMH ist es genau umgekehrt (vgl. Abb. 4.13). Die absolute Messung der Positionen der lokalen Maxima und Minima im Energiespektrum erlaubt es daher prinzipiell die NMH zu bestimmen. Dies ist in Abb. 4.15 für das JUNO-Experiment in China dargestellt.

Zur Messung der NMH ist folglich ein großvolumiger Detektor nötig, der zudem eine sehr gute Energieauflösung aufweist. Der JUNO- (Jiangmen Underground Neutrino Observatory) Detektor (Abb. 4.16) zeichnet sich durch ein aktives Szintillationsvolumen von 20 kt aus und ist damit um einen Faktor 20 größer als der KamLAND-

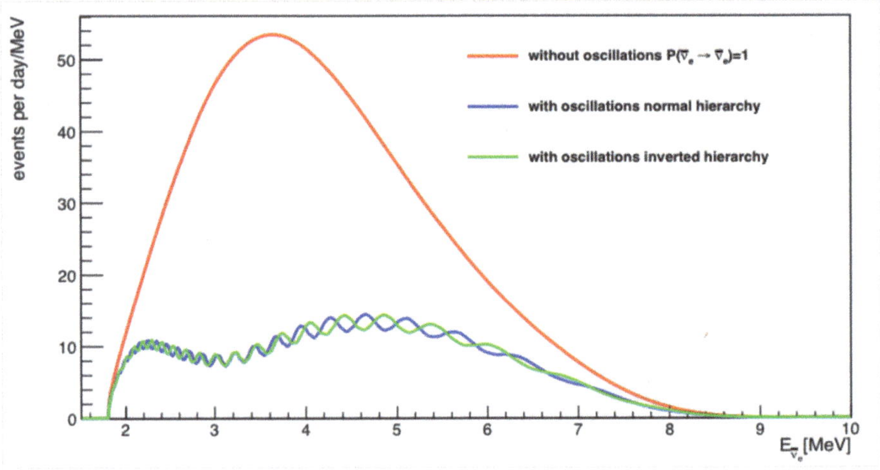

Abb. 4.15 Das berechnete Reaktorneutrinospektrum für JUNO bei einer Distanz von 53 km und einer gesamten thermischen Leistung von 36 GW. Die rote Kurve zeigt den Fall ohne Oszillationen, die blaue und grüne Linie jeweils das Spektrum bei normaler und invertierter NMH

Detektor [152]. Die optische Abdeckung durch Photosensoren (17596 Photovervielfacher mit je 50,8 cm Durchmesser plus 25587 kleinere Photovervielfacher mit 7,6 cm Durchmesser) mit hoher Quanteneffizienz liegt nahe am maximal möglichen Wert von etwa 75 %, um die angestrebte hohe Lichtausbeute zu realisieren. Die Szintillator-Flüssigkeit, die sich in einer Plexiglaskugel mit 35 m Durchmesser befindet, weist eine große Absorptions- und Streulängen auf. Sie liegt im Maximum des Emissionsspektrums bei $\lambda = 430$ nm bei knapp über 20 m. Somit wird eine Ausbeute von fast 1800 Photoelektronen pro MeV erreicht und damit eine Energieauflösung von besser als 3 % (1σ) erzielt. Der Detektor wurde in einem neuen Labor in China in einer Tiefe von etwa 650 m aufgebaut. Er ist umgeben von einem 35 kt schwerem Wasserpool, der ebenfalls mit Photovervielfachern ausgestattet ist und als hocheffizientes Veto gegen kosmische Myonen wirkt (‚WCD' in Abb. 4.16). Zusätzlich wurde ein ca. $1000\,\text{m}^2$ grosses Areal von Plastikszintillatoren (‚Top-tracker') oberhalb des Wasserpools errichtet, das ebenfalls Myonen registriert und deren Spur mit hoher Genauigkeit vermisst.

Das JUNO-Experiment begann mit der Aufnahme von Daten Ende August 2025. Details zur Performance des Detektors findet man in der Publikation [153]. Neben der Bestimmung der Massenanordnung wird JUNO die bisherige Genauigkeit bei der Bestimmung der Parameter θ_{12} und Δm^2_{21} deutlich verbessern. Bereits nach 60 Tagen Messzeit wurden neue Bestmarken für die beiden Werte veröffentlicht (s. Diskussion Abschn. 3.4) [88]. Um allerdings Aussagen zur Massenanordnung zu treffen ist eine längere Messperiode von ein paar Jahren nötig, damit die Nebenmaxima und Minima im Spektrum (Abb. 4.15) mit genügender Genauigkeit aufgelöst und auf der Energieskala richtig zugeordnet werden können.

Zukünftige Experimente mit Neutrinos von Beschleunigern sind ebenfalls sensitiv auf die NMH, wenn der Abstand zwischen Quelle und Detektor groß genug ist. Wie bei atmosphärischen Neutrinos kann man Materieeffekte in der Erde ausnutzen, da der Strahl wegen der Krümmung der Erde unterhalb der Erdoberfläche verläuft. Man beobachtet dabei in einem fernen Detektor den Flavour ν_e in einem ursprünglich reinen ν_μ-Strahl. Das erste Oszillationsmaximum tritt nach Gl. 2.35 bei einer Distanz von

$$d = L_{osc}/2 \approx (1/2) \times 2,5\,\text{km} \times (E/\text{GeV})/(\Delta m^2/\text{eV}^2)$$

auf. Mit $\Delta m^2 \approx 2,4 \cdot 10^{-3}\,\text{eV}^2$ beträgt der numerische Wert $d/E \approx 520\,\text{km/GeV}$, was den Mindestabstand zwischen Quelle und Detektor auf etwa 500 km setzt, da Materieeffekte in der Erde sich erst ab Energien von ~ 1 GeV bemerkbar machen. Bei normaler NMH würden ν_e-Oszillationen verstärkt und die der Antineutrinos unterdrückt werden. Im invertierten Szenario wäre der Effekt genau andersherum. NMH-Szenarios können daher durch eine genaue Messung der $\nu_\mu \rightarrow \nu_e$ und $\bar{\nu}_\mu \rightarrow \bar{\nu}_e$ Oszillationswahrscheinlichkeiten bestimmt werden. Das NOνA-Experiment mit einer mittleren Neutrinoenergie von 2 GeV und seiner Distanz von 810 km zur Quelle hat daher das Potential neue Erkenntnisse zur NMH zu liefern.

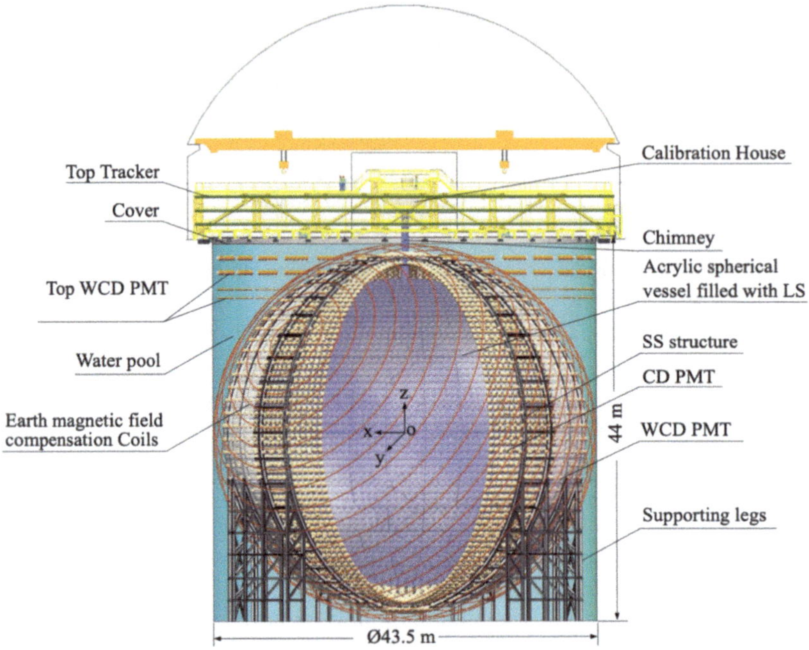

Abb. 4.16 Schematische Darstellung des JUNO-Detektors. Aus [153]

4.4.2 Experimente zur Bestimmung von CP-δ

Die Verletzung der CP-Symmetrie in der Natur ist eine der drei Bedingungen, die Andrei Sakharow im Jahre 1967 aufgestellt hat, um das Ungleichgewicht zwischen Materie und Antimaterie im Universum zu erklären [154]. Danach ist eine Erzeugung der Asymmetrie in der Baryogenese des frühen Universums nur möglich, wenn gleichzeitig

- die Baryonenzahlerhaltung verletzt ist,
- CP-Verletzung vorliegt und
- thermodynamisches Ungleichgewicht bei der Baryogenese herrscht.

Aus der Beobachtung von Photonen der kosmischen Hintergrundstrahlung und der Elementhäufigkeiten nach der primordialen Nukleosynthese wissen wir, dass das Baryon/Photon-Verhältnis bei ca. $6 \cdot 10^{-10}$ liegt. Die Paarvernichtung in Photonen von Teilchen der Materie und der Antimaterie überlebte im frühen Universum also nur ein winziger Teil. Der uns bekannte Teil des Universums, also alle Galaxien, Sterne und Planeten sind die Kondensate dieses winzigen Teils.

Würde aber strikte CP-Erhaltung gelten, dann wäre dieses Verhältnis noch sehr viel kleiner und würde theoretischen Berechnungen zufolge nur bei ca. 10^{-18} liegen. Das Universum würde also ganz anders beschaffen sein, wenn CP-Erhaltung strikt gültig wäre.

Das Standardmodell kann diese kleine Asymmetrie zwischen Materie und Antimaterie nicht erklären. Da die CP-Quantenzahlen sowohl in der elektromagnetischen als auch in der starken Wechselwirkung erhalten sind, kann im Rahmen der uns bekannten Theorie die CP-Symmetrie nur in der schwachen Wechselwirkung verletzt sein.

CP-Verletzung bei schwachen Prozessen wurde bei den Quarks in einem Experiment mit neutralen Kaonen am Beschleuniger in Brookhaven (USA) bereits im Jahre 1964 entdeckt. Ähnlich wie bei den Neutrinos sind neutrale Kaonen K^0 und ihre Antiteilchen $\bar{K}^0$, die in Prozessen der starken Wechselwirkung erzeugt werden, lineare Superpositionen zweier Massenzustände. Diese sind instabil und zerfallen mit zwei unterschiedlichen Lebensdauern schnell in zwei ($\tau = 8{,}9 \cdot 10^{-11}$ s) und langsamer in drei Pionen ($\tau = 5,2 \cdot 10^{-8}$ s) jeweils durch einen Prozess der schwachen Wechselwirkung, wobei die beiden Endzustände mit zwei und drei Pionen aber unterschiedliche CP-Eigenwerte besitzen. James Cronin und Val Fitch[6] wiesen die im Zerfall entstehenden Pionen nach einer 17 m langen Laufstrecke nach und fanden zu ihrer Überraschung eine eindeutige Evidenz für den Zerfall in zwei Pionen. Nach der Laufstrecke müßte der kurzlebige Zustand aber ausgestorben sein. Die Tatsache, dass trotzdem Zerfälle in zwei Pionen beobachtet wurden ist nur mit der Verletzung der CP-Invarianz beim Zerfall über die schwache Wechselwirkung zu erklären. Der Effekt is klein: Von insgesamt ca. 22700 Zerfällen wurden gerade mal 45 mit ‚falschem' CP-Wert nachgewiesen [155].

Die Amplitude der CP-Verletzung bei den Quarks ist viel zu klein, um die Asymmetrie zwischen Materie und Antimaterie im Universum zu erklären. Eine hypothetische Möglichkeit wäre nun, dass im Urknall sehr schwere instabile Neutrinos entstanden, die vorzugsweise über CP-verletzende Prozesse in Materie zerfallen. Diesen Mechanismus nennt man *Leptogenese.* Die schweren Neutrinos aus dem *see-saw*-Mechanismus (Abschn. 2.2) erfüllen genau die Anforderungen, um die Asymmetrie zwischen Materie und Antimaterie zu erklären [156]. Wenn also die leichten Neutrinos der CP-Verletzung unterliegen, dann ist es naheliegend zu vermuten, dass dies auch für ihre schweren Partner gilt. Daher wird die Suche nach einer eventuell CP-verletztenden Phase bei der Mischung der Neutrinos mit großem Interesse verfolgt.

Laufende und zukünftige Beschleunigerexperimente mit Neutrinos können Informationen zur bisher noch unbekannten $CP - \delta$-Phase in der PMNS-Matrix liefern. Aus Gl. 2.49 folgt für die Oszillationswahrscheinlichkeit $\nu_\mu \to \nu_e$

$$P_{\mu e}(x, t) = \left| \sum_i U_{\mu i} U_{ei}^* \, e^{-i(m_i^2 t/2p)} \right|^2 . \tag{4.22}$$

Den entsprechenden Ausdruck für die Oszillationswahrscheinlichkeit $\nu_e \to \nu_\mu$ bekommt man, wenn man die Indizes μ und e in Gl. 3.52 vertauscht:

[6] Nobelpreis für Physik im Jahre 1980

$$P_{e\mu}(x,t) = \left| \sum_i U_{ei} U^*_{\mu i} \, e^{-i(m_i^2 t/2p)} \right|^2 . \tag{4.23}$$

Wenn die Oszillation invariant unter der Operation der Zeitumkehr T verläuft, dann gilt $P_{\mu e}(x,t) = P_{e\mu}(x,t)$. Vergleicht man Gl. 3.52 mit Gl. 3.53 dann stellt man fest, dass die Matrixelemente in der einen Gleichung als konjugiert komplexe Größen in der anderen erscheinen. Wenn also nicht alle Matrixelemente strikt reell sind, dann ist es nicht zwingend nötig, dass T-Invarianz gilt. Unter Beachtung der CPT-Invarianz bei allen physikalischen Prozessen bedingt dies die Möglichkeit der CP-Verletzung bei Neutrinooszillationen.

Wendet man den CP-Operator auf den Prozess $\nu_\mu \to \nu_e$ an, bekommt man

$$CP(\nu_\mu \to \nu_e) = \bar{\nu}_\mu \to \bar{\nu}_e . \tag{4.24}$$

Dabei transformiert die Ladungskonjugation C Teilchen in Antiteilchen, und der Paritätsoperator P transformiert einen Zustand mit linker Chiralität zu einem mit rechter Chiralität und umgekehrt. Die Wahrscheinlichkeit für die Oszillation $\bar{\nu}_\mu \to \bar{\nu}_e$ erhält man aus Gl. 3.52 unter Berücksichtigung, dass dabei die Matrixelemente mit ihren konjugiert komplexen Werten zu versehen sind:

$$P_{\bar{\mu}\bar{e}}(x,t) = \left| \sum_i U^*_{\mu i} U_{ei} \, e^{-i(m_i^2 t/2p)} \right|^2 . \tag{4.25}$$

CP-Verletzung führt daher zu $P_{\mu e}(x,t) \neq P_{\bar{\mu}\bar{e}}(x,t)$ und kann nicht strikt ausgeschlossen werden, wenn nicht alle Matrixelemente reell sind.

Anwendung des CPT-Operators auf den Prozess $\nu_\mu \to \nu_e$ liefert

$$CPT(\nu_\mu \to \nu_e) = \bar{\nu}_e \to \bar{\nu}_\mu , \tag{4.26}$$

weil die Zeitumkehr T den Effekt der Vertauschung der Indizes μ mit e bewirkt. Für die Wahrscheinlichkeit der Oszillation $\bar{\nu}_e \to \bar{\nu}_\mu$ gilt

$$P_{\bar{e}\bar{\mu}}(x,t) = \left| \sum_i U_{\mu i} U^*_{ei} \, e^{-i(m_i^2 t/2p)} \right|^2 = P_{\mu e}(x,t). \tag{4.27}$$

Neutrinooszillationen sind also in jedem Fall CPT-invariant, unabhängig von den reellen oder komplexen Werten der Matrixelemente der Mischungsmatrix.

Die Differenz $P_{\mu e}(x,t) - P_{\bar{\mu}\bar{e}}(x,t)$ ist offenbar ein gutes Maß für die Größe der CP-Verletzung bei Neutrinooszillationen und bietet einen Ansatz nach diesem Effekt experimentell zu suchen. Es läßt sich zeigen, dass gilt:

$$P_{\mu e}(x,t) - P_{\bar{\mu}\bar{e}}(x,t) = 16\,\mathrm{Im}(U^*_{\mu 1}U_{e1}U_{\mu 2}U^*_{e2})\ \sin\Delta_{21}\sin\Delta_{31}\sin\Delta_{32}, \quad (4.28)$$

mit den Phasen

$$\Delta_{ji} = \Delta^2 m_{ji} \times \frac{L}{4E_\nu},$$

wobei L die Distanz zwischen Quelle und Detektor bezeichnet und E_ν die Neutrinoenergie ist.

Aus Gl. 2.22 kann man die Zuordnung der relevanten Matrixelemente von Gl. 4.28 zu den individuellen Mischungswinkeln erkennen. Die Amplitude von Gl. 4.28 wird durch das Produkt der Sinus- und Kosinusfunktionen aller reellen Mischungswinkel geprägt und vor allem durch die Lage des Terms $e^{i\delta}$ bestimmt. Würde gelten $\delta = 0$, oder $\delta = \pi$, dann würde man nach Gl. 4.28 keinen Unterschied zwischen Neutrino- und Antineutrinooszillationen beobachten. Nachdem bekannt war, dass θ_{12} und θ_{23} groß sind, war es daher sehr wichtig, θ_{13} zu bestimmen, um die experimentelle Möglichkeit zur Suche nach CP-Verletzung bei Neutrinooszillationen zu erkunden. Ein sehr kleiner Wert von θ_{13} hätte dies praktisch unmöglich gemacht.

Mit dem nun bekannten Wert hat sich wohl ein Weg geöffnet, dies zu realisieren, auch wenn die experimentellen Herausforderungen beträchtlich sind. Im Allgemeinen bevorzugt man relativ große Abstände und hohe Energien, um neben dem CP-δ-Wert auch Zugriff auf die NMH zu erhalten. Sowohl die NMH als auch CP-δ können aber zu Unterschieden zwischen Neutrino- und Antineutrinooszillationen führen, weshalb Entartungen und Interferenzen bei der Suche nach diesen Größen auftreten können.

Im Jahre 2017 hat das T2K-Experiment Daten von $\nu_\mu \to \nu_e$ und $\bar{\nu}_\mu \to \bar{\nu}_e$ Oszillationen publiziert [157]. Wegen der kurzen Distanz von 295 km und einer damit einhergehenden Energieverteilung um die 0,6 GeV spielen Materieeffekte in diesem Experiment nur eine untergeordnete Rolle. In der Publikation [157] wird der experimentelle CP-Asymmetrieterm $A_{CP} = P(\nu_\mu \to \nu_e) - P(\bar{\nu}_\mu \to \bar{\nu}_e)/P(\nu_\mu \to \nu_e) + P(\bar{\nu}_\mu \to \bar{\nu}_e)$ eingeführt. Die Asymmetrie A_{CP} kann in diesem Experiment maximal Werte um die 0,4 erreichen. Materieeffekte sind wegen der relativ kurzen Laufstrecke der Neutrinos durch die Erde kleiner als $\sim 0{,}1$. Mit einem Datensatz, der zwischen den Jahren 2010 und 2017 erhoben wurde, kann eine CP-Erhaltung (d. h. $\delta = 0$ oder $\delta = \pi$) mit 90 % c.l. ausgeschlossen werden. Vielleicht ist dieses Ergebnis ein erster Hinweis auf CP-Verletzung im Neutrino-Sektor, aber sicher darf man sich ganz bestimmt nicht sein. Das zeigt ein Blick auf das zweite laufende Experiment Noνa [158] (USA), das ebenfalls sensitiv auf CP-δ ist. Nach Publikation der neuesten Daten im Jahre 2024 zeigt es sich, dass die Interpretation der Daten von der Massenanordnung der Neutrinos abhängig ist (s. [159]). Unter der Annahme der normalen Hierarchie sind die Daten von T2K und von Noνa mit CP-Erhaltung

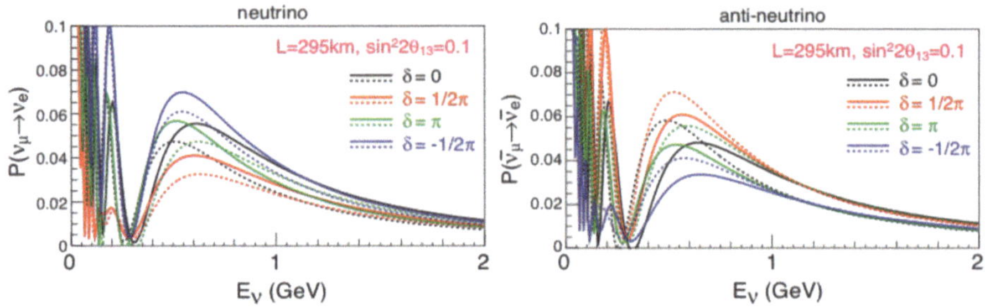

Abb. 4.17 Energieabhängige Oszillationswahrscheinlichkeiten für Neutrinos und Antineutrinos bei einer Baseline von 295 km für verschiedenen Werte von CP-δ und einem festen Parameter $\sin^2\theta_{13}$. Die durchgezogenen (gestrichelten) Linien repräsentieren den Fall der normalen (invertierten) Massenhierarchie. Von der Hyperkamiokande-Kollaboration [161]

kompatibel, während für die invertierte Anordnung ein Wert CP-$\delta \approx 270°$ favorisiert wird und CP-Erhaltung mit mehr als 3-σ ausgeschlossen scheint! Man sieht, die Lage ist (Stand 2025) uneindeutig.

Zukünftige Experimente, wie das DUNE-Projekt [160] (ebenfalls in den USA) sowie Hyperkamiokande in Japan [161] werden mit höherer Genauigkeit den Wert von CP-δ messen können. Wenn zu diesem Zeitpunkt die Frage nach der NMH geklärt sein sollte, dann führen Materieeffekte auch bei langen Distanzen kaum noch zu nennenswerten Entartungen. Die Distanz bei DUNE zwischen der Neutrinoquelle am Fermilab (USA) und dem Untergrundlabor in South Dakota beträgt ca. 1300 km. Es sollen vier Detektoren mit einer Gesamtmasse von 40 t entwickelt werden, wobei Target und Detektormedium aus flüssigem Argon bestehen. Dabei soll die Szintillation von Argon den elektronischen Trigger zur Auslese eines Ereignisses liefern und die Spuren der Neutrinowechselwirkung in einer TPC rekonstruiert werden. Das Hyperkamiokande-Experiment ist wie das Vorläuferexperiment SuperKamiokande ein reiner Wasser-Cherenkovdetektor, allerdings mit einer Gesamtmasse von ca. 260 kt. in Abb. 4.17 wird die Sensitivität des Hyperkamiokande-Experiments gezeigt. Die Leistung des Beschleunigers soll auf 0,75 MW angehoben werden. Zusammen mit einem *fiducial volume* das in etwa zehnmal größer als das von Super-Kamiokande ist, soll nach drei Jahren Datennahme ca. 76 % des Parameterraums von δ mit einer Genauigkeit von mindestens 3σ überprüfbar sein.

Zusammenfassend kann man sagen, dass die Hoffnung darauf, die zwei Fragestellungen nach der Ordnung der Neutrinomassen und nach dem Wert von CP-δ innerhalb der nächsten 10 Jahre beantworten zu können, wohl begründet ist. Die Verwendung atmosphärischer, Reaktor- und Beschleunigerneutrinos bietet eine sehr komplementäre Herangehensweise, da man komplett unterschiedliche Neutrinoquellen verwendet. Es ist somit anzunehmen, dass die endgültige Antwort durch eine Kombination verschiedener Experimente gegeben wird, wie es in der Vergangenheit in der Neutrinophysik schon oft der Fall war.

4.5 Gibt es sterile Neutrinos?

Bisher haben wir alle experimentellen Ergebnisse im Rahmen dreier aktiver Neutrinos ν_e, ν_μ und ν_τ besprochen. Andererseits haben wir bei der Einführung der Neutrinomischung und der Massenterme gesehen (s. Gl. 2.6), dass neben den bekannten linkshändigen Neutrinos auch rechtshändige Zustände existieren könnten. Weil diese Zustände aber nicht an der schwachen Wechselwirkung teilnehmen, werden sie als *sterile* Neutrinos bezeichnet. Da sie Masse besitzen können, würden sterile Neutrinos nach unserem heutigen Kenntnisstand nur der Gravitationswechselwirkung unterliegen. Demzufolge ist der direkte Nachweis steriler Neutrinos praktisch unmöglich. Wenn sterile Neutrinos aber existierten, dann würden sie zur Gesamtenergiedichte des Universums beitragen. Wenn sie Masse haben, dann würden sie auch zur dunklen Materie beitragen. Daher sind kosmologische Grenzen auch für sterile Neutrinos relevant.

Wenn sterile Neutrinos außerdem mit den bekannten Flavorzuständen ν_e, ν_μ und ν_τ mischen würden, dann müsste die Mischungsmatrix erweitert werden, und unser bisheriges Bild der Neutrinooszillationen wäre unvollständig. Unter welchen Umständen die Mischung zwischen aktiven und sterilen Neutrinos wirksam werden könnte wird z. B. in [162] erläutert. Hier wollen wir nur kurz die wichtigsten Effekte besprechen, die bei der einfachsten Erweiterung, nämlich im sogenannten (3+1)-Szenario, auftreten. Dabei werden nun vier Neutrinozustände ν_e, ν_μ, ν_τ, ν_s als lineare Superpositionen von vier Masseneigenzuständen ν_i $(i = 1, 2, 3, 4)$ beschrieben. Der Zustand ν_s ist das sterile Neutrino. Wie wir weiter unten sehen werden, gibt es eventuell einige experimentelle Hinweise auf die Existenz steriler Neutrinos, die mit den bekannten Flavoreigenzuständen mischen. Diese Hinweise sind am besten in einem Szenario zu beschreiben, in dem ν_s dominant an einen relativ schweren (im eV-Bereich oder darüber) Masseneigenzustand $m_4 >> m_i$ $(i = 1, 2, 3)$ ankoppelt, sodass gilt $\Delta m^2_{4i} >> \Delta m^2_{ij}$ mit $(j = 1, 2, 3)$. Weiter gilt unter diesen Annahmen $m_4 \simeq \sqrt{m^2_{4i}}$. Dieser erweiterte Ansatz der Neutrinomischung hat mehrere Konsequenzen: Zum einen gelten die neuen Unitaritätsbedingungen

$$\sum_{i=1}^{4} \mid U_{\alpha i} \mid^2 = 1, \tag{4.29}$$

für $\alpha = e, \mu, \tau, s$, zum anderen erwartet man in Disappearance-Experimenten das Auftauchen neuer Effekte, da ein zusätzlicher Kanal $\nu_\alpha \rightarrow \nu_s$ eröffnet wird. Eine möglichst genaue Bestimmung aller bekannten Mischungsparameter mit dem Ziel, die Unitarität der bekannten 3×3-Mischungsmatrix zu überprüfen, ist somit auch ein Test zur Existenz der Beimischung steriler Neutrinos. Leider sind die bisherigen Ergebnisse nicht genau genug, um so einen Test durchführen zu können. Die hochpräzise Messung von θ_{12} im JUNO-Experiment kann hier einen wichtigen Beitrag leisten.

Disappearance-Experimente an Kernreaktoren als $\bar{\nu}_e$-Quellen oder Experimente mit starken ν_e-Quellen sind aktuelle Beispiele für die Möglichkeit nach sterilen

Neutrinos zu suchen. Die Existenz eines vierten Neutrinos eröffnet aber auch neue Oszillationsmöglichkeiten zwischen aktiven Neutrinos, z. B. via $\nu_\mu \rightarrow \nu_s \rightarrow \nu_e$. An Beschleunigern mit einem nahezu reinen ν_μ-Strahl kann man so nach dem Auftreten von ν_e mit einem neuen Wert Δm^2_{4i} suchen. Im 3+1-Szenario berechnet sich unter obigen Annahmen die Wahrscheinlichkeit des Überlebens $P_{\alpha\alpha}$ eines anfänglichen Flavorzustands ν_α zu [163]

$$P_{\alpha\alpha} = 1 - \sin^2 2\theta_{\alpha\alpha} \sin^2 \left(\frac{\Delta m^2_{41}}{4E}\right), \tag{4.30}$$

mit $\sin^2 2\theta_{\alpha\alpha} = 4 \mid U_{\alpha 4} \mid^2 (1- \mid U_{\alpha 4} \mid^2)$. Für die Wahrscheinlichkeit des Auftretens einer Oszillation $\nu_\alpha \rightarrow \nu_\beta$ unter Mediation eines sterilen Neutrinos gilt [163]

$$P_{\alpha\beta} = \sin^2 2\theta_{\alpha\beta} \sin^2 \left(\frac{\Delta m^2_{41}}{4E}\right), \tag{4.31}$$

mit $\beta = e, \mu, \tau, s$ und $\alpha \neq \beta$. Hier ist $\sin^2 2\theta_{\alpha\beta} = 4 \mid U_{\alpha 4} \mid^2 \mid U_{\beta 4} \mid^2$.

Es werden zur Zeit zwei Wege verfolgt, um sterile Neutrinos indirekt nachweisen zu können. Zum einen durch astrophysikalische und kosmologische Beobachtungen und zum anderen durch die experimentelle Suche nach Neutrinooszillationen, die in unserem bisherigen Rahmen der Mischung dreier aktiver Spezies *nicht* erklärt werden können.

Bisher gibt es keinen eindeutigen Beweis für die Existenz steriler Neutrinos. Allerdings verdichteten sich in den letzten Jahren einige Hinweise darauf, dass dies doch der Fall sein könnte. Dies führte zu einer Anzahl an neuen Experimenten. Eine Motivation dazu rührt von der sogenannten Reaktoranomalie her: Neue Berechnungen des Quellspektrums von Reaktorneutrinos erbrachten den Hinweis, dass der vorhergesagte Neutrinofluss im Vergleich zu früheren Berechnungen um etwa 3 % höher sein müsste [79]. Zusätzlich hat sich der Durchschnittswert für die Neutronenlebensdauer zu geringeren Werten verschoben, was zu einem leicht erhöhten Wirkungsquerschnitt für den Nachweis von $\bar{\nu}_e$ über den inversen Betazerfall führt. Eine erneute Analyse älterer Reaktorexperimente bei kurzen Distanzen zwischen ca. 10 m und ca. 100 m könnte auf das Verschwinden von Reaktorneutrinos hindeuten [164]. Dafür würde die dazu nötige Massendifferenz bei ca. 1 $(\mathrm{eV})^2$ liegen, was im Rahmen unseres Bildes dreier aktiver Neutrinos nicht erklärt werden kann. Das gemittelte Verhältnis R zwischen dem gemessenen und dem erwarteten Fluß ohne Oszillationen ergibt in dieser Analyse $R = 0{,}943 \pm 0{,}023$ (1σ), was einen Effekt von fast $2{,}5\sigma$ impliziert [164]. Die Verteilung der einzelnen R-Werte für verschiedene Short-Baseline-Experimente ist in Abb. 4.18 illustriert.

Unterstützt wird diese Hypothese durch Quellenexperimente, die bei GALLEX und SAGE durchgeführt worden sind. Bei beiden Experimenten wurden starke radioaktive ^{51}Cr-Quellen in unmittelbarer Nähe der Galliumtanks platziert (vgl. mit Abschn. 4.1). Die SAGE-Kollaboration wiederholte dieses Experiment später mit

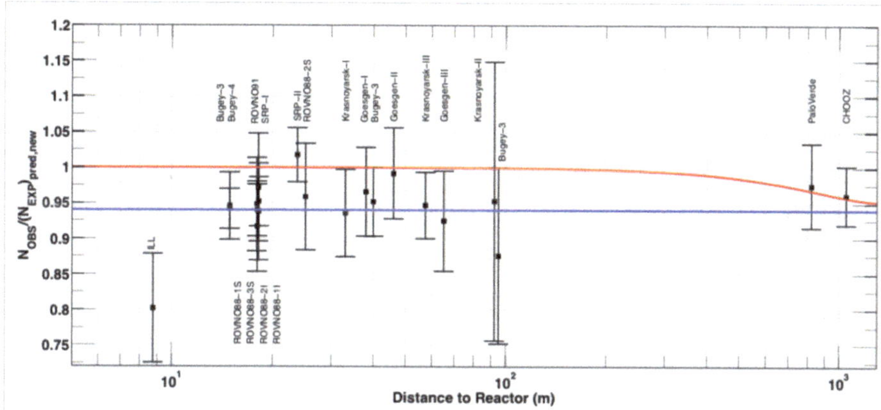

Abb. 4.18 Verteilung des Verhältnisses zwischen dem beobachteten und erwarteten Neutrinofluss von Reaktorexperimenten bei Abständen zwischen ca. 10 m und ca. 100 m [164]. Rot: Erwartungswerte für R im Rahmen der uns bekannten Neutrinooszillationen. Blau: Erwartungswerte bei der Existenz eines sterilen Neutrinos mit $\Delta m^2_{41} \sim 1\,(\mathrm{eV})^2$ und $\sin^2 2\theta_{\alpha\alpha} = 0{,}12$

einer ^{37}Ar-Quelle. Bei beiden Isotopen wird ein Elektron im Kern eingefangen und dabei monoenergetische ν_e mit Energien von 0,75 MeV (^{51}Cr) und 0,81 MeV (^{37}Ar) emittiert. Beide Versuche hatten ursprünglich das Ziel, die Nachweiswahrscheinlichkeit für solare Neutrinos in diesen Experimenten zu überprüfen, sie können aber auch als Oszillationsexperimente bei sehr kleinen Abständen zwischen Quelle und Nachweismedium gedeutet werden. GALLEX und SAGE beobachteten zusammen einen durchschnittlichen Wert von $R_G = 0{,}86 \pm 0{,}06\,(1\sigma)$ [165] und damit ein Defizit von ca. 14 % gegenüber dem Erwartungswert bei einer Signifikanz von etwa 2,3 σ. Eine gemeinsame Analyse aller Reaktorexperimente bei kurzen Abständen zusammen mit den Resultaten der Quellenexperimente ergibt als besten Fit die Werte

$$\Delta m^2_{41} \sim 1(\mathrm{eV})^2 \text{ und } \sin^2 2\theta_{ee} = 0{,}12. \tag{4.32}$$

Auch bei Beschleunigerexperimenten im mittleren Energiebereich gibt es Resultate, die eventuell auf die Existenz eines vierten Neutrinos hinweisen könnten. Bereits im Jahre 1996, also vor der Evidenz atmosphärischer Neutrinooszillationen, berichtete das LSND-Experiment am LAMPF-Beschleuniger von einem Exzess an Ereignissen, die als Evidenz für eine Oszillation $\bar{\nu}_\mu \to \bar{\nu}_e$ gedeutet werden konnten [166]. Beim LAMPF-Beschleuniger in Los Alamos wurden Protonen mit 780 MeV kinetischer Energie in einem massiven Kupferblock gestoppt. Sowohl die dort erzeugten geladenen Pionen als auch die durch den Pionenzerfall erzeugten Myonen wurden in dem Kupferblock gestoppt. Wichtig ist dabei, dass der absolut dominante Anteil der negativen Pionen von den Atomkernen des Kupferblocks eingefangen wird, sodass im Wesentlichen Neutrinos über folgende Zerfälle erzeugt wurden:

$$\pi^+ \to \mu^+ + \nu_\mu \text{ und } \mu^+ \to e^+ + \nu_e + \bar{\nu}_\mu. \tag{4.33}$$

Der relative Hintergrund verbleibender $\bar{\nu}_e$ wurde zu $\approx 7{,}5 \cdot 10^{-4}$ abgeschätzt. Im Szintillationsdetektor des LSND-Experiments wurde über den inversen Betazerfall $\bar{\nu}_e + p \to e^+ + n$ nach dem Auftauchen von Neutrinos der Art $\bar{\nu}_e$ gesucht. Die Entfernung des Detektors zur Neutrinoquelle betrug 30 m. Im Energieintervall zwischen 30 MeV und 60 MeV wurden 22 Ereignisse gefunden, die einer verzögerten Koinzidenz zwischen dem prompten Positron und einem leicht verzögerten Neutron entsprachen, während nur etwa fünf Hintergrundereignisse erwartet wurden [166]. Interpretiert man dieses Ergebnis als Oszillation, dann ergibt sich eine Oszillationswahrscheinlichkeit von ca. 0,3 %.

Das vergleichbare Experiment KARMEN am Protonenbeschleuniger ISIS (800 MeV) des Rutherford-Appleton-Laboratoriums in Großbritannien konnte dieses positive Ergebnis allerdings nicht bestätigen und einen beträchtlichen Teil des vom LSND-Experiments erlaubten Parameterbereich ausschließen [167]. Zudem schließen Reaktorexperimente die bei kurzen aber mehreren Distanzen durchgeführt worden sind, die Möglichkeit eines größeren Mischungswinkels aus. Zwei Beispiele dieser Experimente sind die am Reaktor in Gösgen in der Schweiz [168] und am französischen Reaktor in Bugey [169], die insgesamt mehrere Messungen zwischen 15 m und 91 m zu den jeweiligen Reaktoren entweder mit dem identischen (Gösgen) oder mit möglichst gleichartigen Detektoren (Bugey) durchführten. Da die Neutrinospektren relativ zueinander ausgewertet wurden, sind diese Resultate unabhängig vom absoluten Neutrinofluss und somit von der Reaktoranomalie unberührt. Weil neben dem KARMEN-Experiment keine Hinweise auf Oszillationen in den relativen Analysen von Gösgen und Bugey gefunden wurden, bleibt somit nur ein schmaler Korridor im folgenden Parameterbereich (90 % c.l.) zur Interpretation des LSND-Resultats übrig [166]:

$$1{,}5 \cdot 10^{-3} < \sin^2 2\theta_{\mu e} < 4 \cdot 10^{-2} \text{ und } 0{,}2 < \Delta m^2_{41}/\text{eV}^2 < 2. \tag{4.34}$$

Das MiniBooNE-Experiment am Fermilab (USA) benutzt Neutrinos aus den Zerfällen geladener Pionen im Flug. Ein gepulster Protonenstrahl mit einer Energie von 8 GeV trifft auf ein Berylliumtarget, aus dem sowohl π^+ als auch π^- emittiert werden. Je nach Wahl der Polarität eines magnetischen Filters können entweder π^+ oder π^- in einen Zerfallstunnel geleitet werden, sodass relativ reine ν_μ- bzw. $\bar{\nu}_\mu$-Strahlen erzeugt werden können. Die Energieverteilungen haben ein Maximum bei ca. 600 MeV (ν_μ) und 400 MeV ($\bar{\nu}_\mu$). In einem Abstand von 541 m zum Berylliumtarget befindet sich der sphärische MiniBooNE-Detektor, der mit 818 t Mineralöl gefüllt ist. Das in Photovervielfachern gemessene Lichtsignal ist eine Kombination aus Szintillations- und Cherenkovlicht, sodass die Richtung geladener Teilchen rekonstruiert werden kann. Der Nachweis der Neutrinos und die Rekonstruktion des Flavors erfolgt dabei im Wesentlichen über quasielastische cc-Reaktionen. Die Kollaboration berichtet in ihrer jüngsten Veröffentlichung von einem Exzess sowohl von ν_e- als auch von $\bar{\nu}_e$-Ereignissen, die mit Berechnungen zur Intensität der verbleibenden Hintergrundstrahlung nicht vereinbar sind. Dazu wurden Daten seit Beginn der Messungen im Jahre 2002 ausgewertet. Insgesamt ($\nu_e + \bar{\nu}_e$) wurde ein Überschuss von $460,5 \pm 95,8$ Ereignissen registriert, was einer Signifikanz von 4,8 σ entspricht [170]. Das Signal von MiniBooNE ist kompatibel mit dem beobachteten Exzess vom älteren LSND-Experiment.

Neben den oben angesprochenen Reaktorexperimenten gibt es eine Reihe von ν_μ-Disappearance-Experimenten an Beschleunigern, die auch keinen Effekt beobachteten und somit Grenzen im Parameterbereich steriler Neutrinos erstellen können. Das zur Zeit signifikanteste Limit stellt das OPERA-Experiment [76]. Berücksichtigt man diese Grenzen, dann ergibt sich aus den MiniBooNE-Daten folgender erlaubter Parameterbereich (99 % c.l.)

$$5 \cdot 10^{-4} < \sin^2 2\theta_{\mu e} < 2 \cdot 10^{-2} \text{ und } 0{,}1 < \Delta m_{41}^2/\text{eV}^2. \tag{4.35}$$

Aktuell suchen mehrere Experimente mit erhöhter Sensitivität nach der Existenz steriler Neutrinos. Das STEREO-Projekt [171] am Forschungsreaktor ILL in Grenoble, Frankreich, verwendet einen segmentierten Neutrinodetektor mit einem mit Gd angereicherten Flüssigszintillator bei einem Abstand von etwa 9 m zum kompakten, hochangereicherten Reaktorkern, dessen Neutrinoemission nahezu ausschließlich auf der Spaltung von ^{235}U beruht. Die Frequenz der sukzessiven Phasen von Reaktorbetriebszeiten und Pausen ist hoch und erlaubt so eine genaue Bestimmung des Untergrunds. Oszillationen steriler Neutrinos mit $\sim$ 1 eV Masse würden sich im Detektorvolumen und im Energiespektrum abbilden, da die Länge des Detektors vergleichbar zur halben Oszillationswellenlänge ist, aber klein gegenüber den Dimensionen der Quelle. Die STEREO-Kollaboration publizierte im Jahre 2023 ihre Ergebnisse: Es konnte kein Hinweis auf die Existenz steriler Neutrinos gefunden werden und ein weiter Wertebereich für die Kopplung an $\bar{\nu}_e$ wurde ausgeschlossen [172]. Die Genauigkeit von STEREO übertraf die Genauigkeit alle bisherigen Experimente derselben Art, so dass ein neuer Standard für das Neutrino-Quellspektrum aus der Spaltung von ^{235}U gesetzt wurde.

Der segmentierte PROSPECT-Detektor am HFIR-Forschungsreaktor in Oak Ridge (USA) befindet sich im Aufbau. Das besondere Merkmal von PROSPECT ist, dass der Detektor zwischen 7 und 12 m Abstand zum Reaktorkern bewegt werden kann [173]. Ähnlich wie bei STEREO ist die Quelle ein hochangereicherter ^{235}U-Kern. Der Nachweis des Neutrons aus dem inversen Betazerfall erfolgt bei PROSPECT in einem mit ^{6}Li geladenem Flüssigszintillator ($n +^6 \text{Li} \rightarrow \alpha +^3 \text{H}$, Q-Wert = 4,78 MeV), was eine genauere Ortsbestimmung des Neutroneneinfangs in den Segmenten des Detektors ermöglichen könnte.

Das NEOS-Experiment [174] in Südkorea verwendet einen nicht segmentierten Gd-dotierten Flüssigszintillator von ca. 1 m^3 Volumen. Als Quelle wird ein Kernreaktor mit 2,8 GW thermischer Leistung verwendet, und der Detektor befindet sich in einem Abstand von 25 m zum Reaktorkern. NEOS hat mit der Datennahme bereits begonnen und erste Ergebnisse veröffentlicht. Folgender Parameterbereich wird ausgeschlossen (90 % c.l.):

$$0{,}1 < \sin^2 2\theta_{41} \text{ im Bereich } 0{,}2 < \Delta m_{41}^2/\text{eV}^2 < 2,3. \tag{4.36}$$

Das DANSS-Experiment [175] am Reaktor in Kalinin (Russland) ist in einer Distanz zwischen 10 und 12 m verschiebbar. Es benutzt zum Neutrinonachweis Gd-dotierte Plastikszintillatoren.

Das Neutrino-4-Experiment in Russland verwendet einen Gd-geladenen Flüssigszintillator mit $3\,\text{m}^3$ Volumen, der an einem Reaktor mit 100 MW thermischer Leistung in einem Abstand zwischen 7 und 11 m Daten nehmen wird [176].

Schließlich sei noch das SoLId-Projekt an dem Forschungsreaktor BR2 in Belgien erwähnt, das zwischen 5,5 und 10 m Abstand zum Reaktorkern Neutrinos vermessen wird [177].

Es sind also ein Reihe von neuen Reaktor-Experimenten dabei, das Rätsel der Existenz steriler Neutrinos im Massenbereich um 1 eV zu lösen. Bisher gibt es kein eindeutiges Signal für die Existenz steriler Neutrinos in diesem Bereich. Für mehr Hintergrundinformationen zu diesem Thema verweisen wir auf [178].

Sterile Neutrinos werden auch im Zusammenhang mit dunkler Materie diskutiert. Astrophysikalische Beobachtungen einer schwachen Röntgenlinie bei einer Energie von 3,55 keV, die von Instrumenten des XMM-Newton-Satelliten [179] registriert werden, könnten ein Indiz für den radiativen Zerfall (s. Abschn. 4.6) steriler Neutrinos mit einer Masse um die 7 keV sein. Die Ruhemasse würde sich beim Übergang $\nu_s \to \nu_i + \gamma$ auf die beiden Zerfallsprodukte ν_i und γ gleichmäßig verteilen. Dabei bezeichnet ν_s das sterile Neutrino und ν_i einen der uns bekannten drei Masseneigenzustände. Die Zerfallsamplitude für diesen Zerfall würde wiederum über die erweiterte Mischungsmatrix gegeben sein. Dunkle Materie würde demzufolge dann zumindest teilweise aus diesen sterilen Neutrinos bestehen, welche nicht thermisch im frühen Universum erzeugt wurden, sondern durch Mischung mit den uns bekannten Neutrinos. Der Mischungsparameter müßte mit $\sin^2 2\theta \sim 10^{-10}$ (bei $m_\nu = 3{,}55\,\text{keV}$) allerdings sehr klein sein, weil sonst bei einer Neutrinomasse von ~ 7 keV die gesamte Massenenergiedichte unseres Universums $\Omega_{tot} = 1$ übersteigen würde [180]. Spekuliert man darauf, dass ein ~ 7 keV-Neutrino den Löwenanteil der dunklen Materie ausmachen soll, dann darf der Mischungswinkel auch nicht zu klein sein und es ergibt sich eine untere Grenze von ca. $\sin^2 2\theta \sim 10^{-13}$.

Zur Zeit ist es umstritten, ob die 3,55 keV Linie tatsächlich aus dem Zerfall schwerer Neutrinos stammt. Die Instrumente des japanischen XARM-Röntgensatelliten und der zukünftigen europäischen ATHENA-Mission erzielen eine verbesserte Energieauslösung ihrer Detektoren und lassen eine Klärung dieser Frage erhoffen. Mehr Informationen darüber findet man z. B. in [181].

Neben der Suche nach neuartigen Oszillationen, die durch die Kopplung steriler Neutrinos an die uns bekannten Neutrinos hervorgerufen werden könnten, ist die präzise Vermessung der spektralen Form von Betazerfällen eine weitere Möglichkeit sterile Neutrinos zu finden (s. auch Abschn. 4.6). Ein zusätzlicher massiver Zustand mit der Masse m_4 würde das Betaspektrum so modifizieren, dass bei der Energie $E_4 = Q - m_4 c^2$ ein ‚Knick' zu verzeichnen wäre, weil das gesamte Spektrum sich aus zwei Teilen, dem ‚normalen' Spektrum und einem zusätzlichen Spektrum mit dem neuen Endpunkt E_4 zusammensetzen würde. Die Amplitude des Effekts skaliert mit der Wahrscheinlichkeit dafür, dass der Zerfall über den Pfad mit der Emission mit dem Massenwert m_4 erfolgt, also mit $\sin^2\theta$. Das Gesamtspektrum liesse sich dann schreiben als

$$\frac{dN}{dE} = \cos^2\theta \cdot \frac{dN}{dE}(m(\nu_e)) + \sin^2\theta \frac{dN}{dE}(m(\nu_4)),$$

wobei der vordere Teil dem ‚normalen' Spektrum entspräche (s. Gl. 4.1) und der hintere dem um $\sin^2\theta$ unterdrückten Beitrag beim Endpunkt E_4. In der Vergangenheit wurde ein Vielzahl an dieser Art von Experimenten unternommen. Zeitweise wurden Ergebnisse publiziert, die eine Kopplung eines schweren Neutrinos mit einer Wahrscheinlichkeit um 1 % bei einer Masse um die 17 keV nahelegten, die aber später wieder zurückgenommen wurden. Man kann also feststellen, dass bis zum heutigen Zeitpunkt (Stand 2025) keine Beimischung steriler Neutrinos in Betazerfällen festgestellt werden konnte. Einen Überblick der experimentell festgelegten Grenzen für den Mischungswinkel als Funktion der Neutrinomasse zeigt Abb. 4.19. Diese Experimente wurden an verschiedenen Isotopen (^{3}H, ^{63}Ni, ^{35}S, ^{64}Cu, ^{177}Lu) mit den unterschiedlichsten Endpunkten an mehreren Spektrometern durchgeführt.

Mit dem TRISTAN-Projekt, das mit dem KATRIN-Spektrometer und einem modifizierten Detektor nach diesem Effekt sucht, wird zukünftig eine signifikante Steigerung in der Empfindlichkeit erwartet [182]. Ganz aktuell wurden erste Ergebnisse im Dezember 2025 veröffentlicht. Das Experiment erreichte eine Genauigkeit im Bereich $\sin^2\theta < 0{,}01$ und fand keinen Hinweis auf eine Deformation des Betaspektrums von Tritium. Damit kann ein beträchtlicher Teil des vorher offenen Parameterraums für die Kopplung eines sterilen Neutrinos an $\bar{\nu}_e$ ausgeschlossen werden [183].

Zusammenfassend kann man sagen, dass sterile Neutrinos in vieler Hinsicht ein sehr interessanter Ansatz jenseits des Standardmodells sind. Ihre Existenz kann zumindest in einigen Parameterbereichen experimentell überprüft werden. Es gibt einige experimentelle Ergebnisse, die die Existenz eines sterilen Neutrinos mit $m_4 \approx 1$ eV nahelegen könnten. Astrophysikalische Beobachtungen könnten darüber hinaus auf ein steriles Neutrino im keV-Bereich hindeuten. Zur Zeit gibt es aber keinen eindeutigen Beweis für die Existenz solcher steriler Neutrinos, und wir können nur hoffen, dass neue Experimente dies möglichst umfassend überprüfen werden.

4.6 Elektromagnetische Formfaktoren massiver Neutrinos

Massive Neutrinos können elektromagnetische Eigenschaften aufweisen, also an ein Photon ankoppeln, auch wenn sie elektrisch neutral sind. Dies wird indirekt durch Strahlungskorrekturen der Art $\nu_i \to W^{\pm}l^{\pm} \to \nu_f$ ermöglicht (Abb. 4.20). Dabei seien ν_i und ν_f $(i, f = 1, 2, 3)$ der Anfangs- bzw. der Endzustand des Neutrinos. Massive Neutrinos unterliegen daher dem radiativen Zerfall und können magnetische sowie elektrische Dipolmomente aufweisen. Experimentell konnten diese Phänomene noch nicht nachgewiesen werden. Dies steht aber nicht im Widerspruch zur Theorie des erweiterten Standardmodells mit Neutrinomassen und Mischung, weil die darin vorgesagten Effekte sehr klein sind. Über das Standardmodell hinaus gehende Theorien sagen aber zum Teil deutlich größere Effekte voraus und können somit experimentell getestet werden.

Wenn das Photon reell ist und wenn gilt $m_f < m_i$, dann beschreibt Abb. 4.20 den radiativen Neutrinozerfall eines massiven Neutrinos ν_i in einen leichteren Zustand ν_f und ein Photon, also $\nu_i \to \nu_f + \gamma$ (siehe z. B. [197], [198], [23]). Offensichtlich ist dieser Prozess eine unabdingbare Folge von Neutrinomischung und endlichen Neutrinomassen. Im so erweiterten Standardmodell berechnet sich die inverse Lebensdauer $\tau^{-1} = \Gamma$ im Schwerpunktsystem des zerfallenden Neutrinos ν_i zu

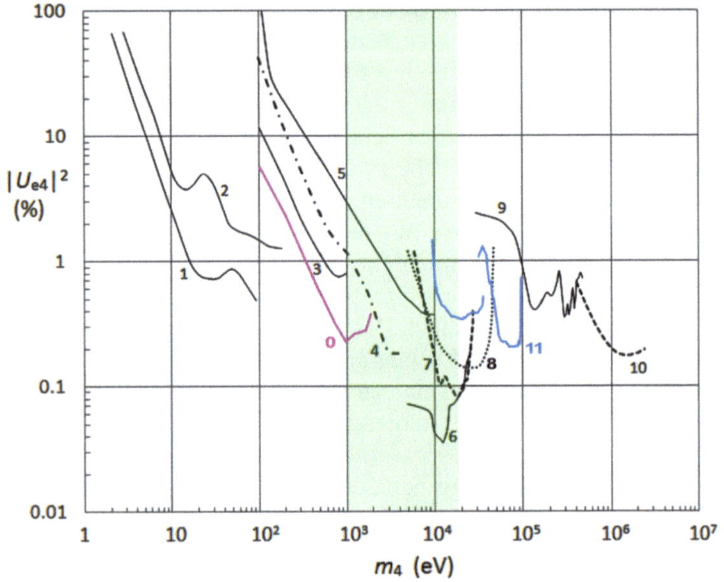

Abb. 4.19 Experimentelle Grenzen der Kopplungsstärke $| U_{e4} |^2$ eines sterilen Neutrinos ν_4 an ν_e als Funktion seiner Masse aus der Untersuchung von Betazerfällen. Grün unterlegt: Der mit Tritium-Experimenten zugängliche Bereich. Aus der Doktorarbeit von K. Altenmüller [184]. Ref.: 0 = [185], 0 = [185], 1 = [186], 2 = [187], 3 = [188], 4 = [189], 5 = [190], 6 = [191], 7 = [192], 8 = [193], 9 = [194], 10 = [195], 11 = [196]. Hinweis: Ab ca. 1 MeV sind die Grenzen aus der Suche nach Neutrinozerfällen deutlich sensitiver (s. Abschn. 4.6)

Abb. 4.20 Strahlungskorrekturen, die zu einer indirekten Kopplung des Neutrinos an das Photon führen

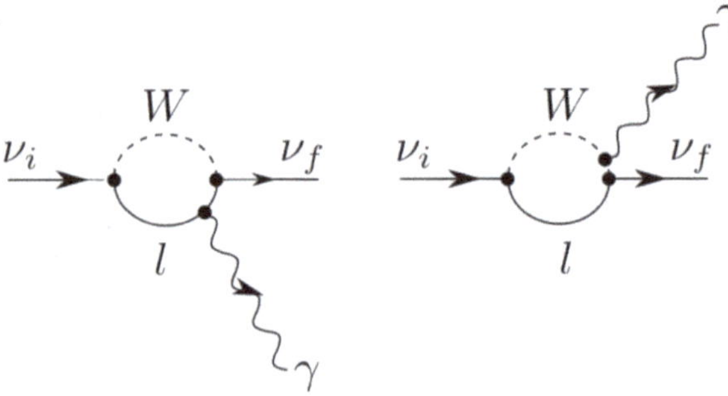

$$\Gamma = \frac{1}{8\pi}\left(\frac{m_i^2 - m_f^2}{m_i}\right)^3 (\mid a \mid^2 + \mid b \mid^2), \tag{4.37}$$

mit den für Dirac-Neutrinos gültigen Koeffizienten [199]

$$a_D = -\frac{eG_F}{8\sqrt{2}\pi^2}(m_i - m_f)\sum_l U_{li}^* U_{lf} F(r_l), \tag{4.38}$$

$$b_D = \left(\frac{m_i - m_f}{m_i + m_f}\right) a. \tag{4.39}$$

Die Summe berücksichtigt alle möglichen Kopplungen der beteiligten Neutrinos an virtuelle geladene Leptonen $l = e, \mu, \tau$ in Abb. 4.20. $F(r_l)$ ist eine glatte Funktion des Parameters $r_l = (m_l/m_W)^2$ und es gilt $F(r_l) \approx 3r/4$ für $r_l << 1$. Neben der Fermikonstanten G_F sind es also die so stark unterschiedlichen Massen der Leptonen und des W-Bosons in der Schlaufe von Gl. 4.20, die die radiative Zerfallswahrscheinlichkeit so klein machen. Berücksichtigt man in der Summe von Gl. 4.38 nur das schwerste Lepton, das Tau-Lepton, dann erhält man

$$\Gamma \approx \left(\frac{m_i}{\text{eV}}\right)^5 \mid U_{\tau l} U_{\tau f}^* \mid^2 \left(4 \times 10^{-37}\right) \text{y}^{-1}. \tag{4.40}$$

Für Majorana-Neutrinos erhält man $a_M = 0$, $b_M = 2b_D$ oder $a_M = 2a_D$, $b_M = 0$, abhängig von der relativen, komplexen Phase zwischen ν_i und ν_f. Im Ruhesystem des zerfallenden Neutrinos ist die Winkelverteilung des γ gegeben durch

$$\frac{dN_\gamma}{d\cos\theta} = \frac{1}{2}(1 + a \cdot \cos\theta), \tag{4.41}$$

wobei θ der Winkel zwischen der ν_i-Richtung im Laborsystem und der γ-Richtung ist. Es gilt $a = 0$ für Majorana-Neutrinos und $a =^{-}_{+} 1$ für links-(rechts)händige Dirac-Neutrinos [200], [201].

Grenzen für den radiativen Neutrinozerfall wurden aus Experimenten an Neutrinoquellen und aus astrophysikalischen Beobachtungen gewonnen. Diese Grenzen werden als Quotient der Lebensdauer über der Masse im Ruhesystem des zerfallenden Neutrinos angegeben, da man im Experiment nach dem Auftreten von Gammastrahlung aus dem Zerfall sucht und dabei die Zeitdilatation beim Übergang zwischen CM[7] - und Laborsystem berücksichtigen muss. Üblicherweise wird

[7] *Center-of-Mass,* also Schwerpunktsystem

dabei angenommen, dass die Neutrinomassen nicht entartet sind, also dass gilt $r = m_i - m_f/m_i \approx 1$.

Am LAMPF-Beschleuniger in Los Alamos wurden ν_μ und $\bar{\nu}_\mu$ aus den Zerfällen geladener Pionen und Myonen als Quelle benutzt. Massive Neutrinos koppeln daran $\propto| U_{\mu i} |^2$. Die vergebliche Suche nach Gammas ergab folgende Grenze (90 % c.l.) [202]

$$\frac{\tau_i}{m_i} > 15{,}4 \mid U_{\mu i} \mid^2 \frac{\text{s}}{\text{eV}}. \tag{4.42}$$

An Kernreaktoren koppeln massive Neutrinos $\propto| U_{ei} |^2$. Am Reaktor in Gösgen (Schweiz) wurde nach dem Auftreten von Gammastrahlung beim Übergang zwischen dem ausgeschaltenen Zustand des Reaktors und voller Reaktorleistung mit Szintillationsdetektoren gesucht. Aus der Nichtbeobachtung zusätzlicher γ-Strahlung wurde folgende Grenze (68 % c.l.) gewonnen [203]:

$$\frac{\tau_i}{m_i} > 22(59) \mid U_{ei} \mid^2 \frac{\text{s}}{\text{eV}}, \quad \text{für } a = -1(+1). \tag{4.43}$$

Am Reaktor in Bugey (Frankreich) wurde mit einem System von Vieldrahtkammern ebenfalls nach dem Auftreten des radiativen Neutrinozerfalls gesucht. Wegen des größeren Zerfallvolumens und der niedrigen Energieschwelle von ca. 1 keV war dieses Experiments besonders sensitiv auf entartete Neutrinos, d. h. für den Fall $r = m_i - m_f/m_i << 1$ [23], weil in diesem Fall das Gammaspektrum zu niedrigen Energien hin verschoben wird. In Bugey wurden für $r \approx 10^{-2}$ folgende Grenzen [204] erreicht: $\tau_i/m_i > 3 \cdot 10^3 \mid U_{ei} \mid^2$ s/eV. Für $r \approx 1$ (90 % c.l.) lautet das Limit

$$\frac{\tau_i}{m_i} > 20(350) \mid U_{ei} \mid^2 \frac{\text{s}}{\text{eV}} \quad \text{für } a = -1(+1). \tag{4.44}$$

Weitaus stringentere Einschränkungen zur Lebensdauer ergeben sich aus astrophysikalischen Beobachtungen. So konnte man aus experimentellen Grenzen zum solaren Röntgen- und Gammafluss eine Grenze (für $r = 1$) [205]

$$\frac{\tau_i}{m_i} > 7 \cdot 10^9 \mid U_{ei} \mid^2 \frac{\text{s}}{\text{eV}} \tag{4.45}$$

ableiten. Die Gammadetektoren des SMM[8] -Satelliten registrierten während des Supernovasignals im Februar 1987 (s. Kap. 6) keine Erhöhung ihrer Signalraten. Wiederum für $r = 1$ konnte daraus die Grenze [206]

[8] Solar-Maximum-Mission

$$\frac{\tau_i}{m_i} > 8{,}3 \cdot 10^{14} \mid U_{ei} \mid^2 \frac{\mathrm{s}}{\mathrm{eV}} \tag{4.46}$$

abgeleitet werden. Die Kopplungskonstante $\mid U_{ei} \mid^2$ taucht hier deshalb auf, weil die Autoren den in den Detektoren gemessenen $\bar{\nu}_e$-Fluss zur Berechnung der Grenze heranzogen, um völlig frei von irgendwelchen theoretischen oder astrophysikalischen Annahmen zu sein. Nimmt man die aus astrophysikalischen Modellen berechneten ν_μ- und ν_τ-Flüsse sowie die der Antineutrinos hinzu, dann erhält man ein modellabhängiges Limit $\tau_i/m_i > 2{,}8 \cdot 10^{15}$ s/eV [207], [208], [209].

Alle hier aufgezählten Grenzen aus der SN1987a sind gültig für $m_i < 50$ eV und nehmen an, dass keine schnelleren Zerfälle existieren.

Für den Fall schwerer Neutrinos mit Massen über ~ 1 MeV eröffnet sich die Möglichkeit des Zerfalls

$$\nu_i \rightarrow \nu_f + e^+ + e^-. \tag{4.47}$$

Die dazu relevanten Graphen werden in Abb. 4.21 gezeigt. Die Breite dieses Zerfalls berechnet sich zu [210]

$$\Gamma(\nu_i \rightarrow \nu_f e^+ e^-) = \frac{G_F^2}{192\pi^3} m_i^5 \mid U_{ei} \mid^2 \mid U_{ef} \mid^2 \Phi(m_e^2/m_i^2), \tag{4.48}$$

mit $G_F^2/192\pi^3 \approx 3{,}5 \cdot 10^{-5}\,\mathrm{MeV}^{-5}\,\mathrm{s}^{-1}$ und dem Phasenraumfaktor $\Phi(m_e^2/m_i^2)$ [210], der für $m_i \rightarrow 2m_e$ gegen Null geht und für $m_i >> 2m_e$ asymptotisch den Wert Eins anstrebt. Wegen der experimentellen Massengrenzen $m_\nu < 2{,}2$ eV und der bekannten Werte der Massendifferenzen aktiver Neutrinos ist heute klar, dass solch massive Neutrinos nur als sterile Neutrinos vorkommen können. Die Zerfallsbreite in Gl. 4.48 ist deutlich größer als die des radiativen Zerfalls (4.40). Dies liegt daran, dass der Zerfall $\nu_i \rightarrow \nu_f + e^+ + e^-$ im Gegensatz zum radiativen Neutrinozerfall auf Tree-level erfolgt (Abb. 4.21).

Da Kernreaktoren Neutrinos bis zu etwa 10 MeV emittieren, können sie auch massive Neutrinos ν_i mit Massen bis zu diesem Wert erzeugen. Die Wahrscheinlichkeit dafür ist durch die Kopplungsstärke $\mid U_{ei} \mid^2$ gegeben, sodass die Rate der Zerfälle vom Typ 4.47 proportional zur Größe $\mid U_{ei} \mid^4$ ist. Experimente zur Suche nach diesem Zerfall an Kernreaktoren wurden mit Szintillationszählern ([203], [211]) und mit Vieldrahtkammern ([212]) durchgeführt, die sensitiv auf das Auftreten von Elektron-Positronpaaren waren. Der Hintergrund wurde jeweils während der Betriebspausen des Reaktors bestimmt. Es konnte in keinem Fall ein Überschuss an Ereignissen registriert werden und somit Grenzen für die Kopplung an ein massives Neutrino in diesem Massenbereich über 1 MeV aufgestellt werden. Das empfindlichste Experiment dieser Art war das am Reaktor in Bugey, das für $2 < m_i/\mathrm{MeV} < 7$ Grenzen (90 % c.l.) im Bereich

Abb. 4.21 Führende Graphen zum Zerfall $\nu_i \to \nu_f + e^+ + e^-$

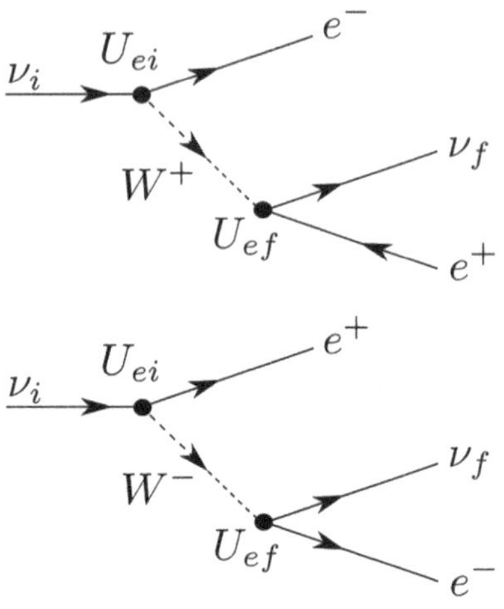

$$| U_{ei} |^2 < (7 - 2{,}5) \cdot 10^{-4} \tag{4.49}$$

aufstellen konnte [212]. Neutrinos mit Massen oberhalb von 1 MeV würden auch in der Sonne bei der Emission der ^{8}B-Neutrinos entstehen. Die Kopplungsstärke wäre proportional zu $| U_{ei} |^2$. Im Borexino-Experiment wurde nach dem Zerfall solcher schwerer Neutrinos in Elektron- Positronpaare gesucht. Wegen der niedrigen Hintergrundrate konnten somit stringente Grenzen für $| U_{ei} |^2$ als Funktion der Neutrinomasse im Bereich $1{,}5 < m_i/\text{MeV} < 14$ gesetzt werden [213]:

$$\begin{aligned} | U_{ei} |^2 &< 10^{-3} \text{ für } m_i = 1{,}5\,\text{MeV}, \\ | U_{ei} |^2 &< 4 \cdot 10^{-6} \text{ für } m_i = 14\,\text{MeV}. \end{aligned} \tag{4.50}$$

In [209] wurden Grenzen für diesen Parameter aus der SN1987a gewonnen. Dazu wurde der Bremsstrahlungsprozess $\nu_i \to \nu_f + e^+ + e^- + \gamma$ betrachtet. Dieser ist im Vergleich zu (4.47) um den Faktor α/π reduziert, wobei $\alpha = 1/137$ die elektromagnetische Feinstrukturkonstante ist. Im Energieband zwischen 10 und 25 MeV des Gammadetektors an Bord des SMM-Satelliten wurde keine Erhöhung der Zählrate registriert und folgende 3σ-Grenze für $| U_{ei} |^2$ gefunden:

$$| U_{ei} |^2 < 4{,}8 \cdot 10^{-7} \left(\frac{\text{MeV}}{m_i}\right)^4 . \tag{4.51}$$

An einem Beschleuniger können solche massiven Neutrinos aus dem Zerfall von Pionen und Kaonen entstehen. Demzufolge sind Experimente zur Suche nach dem Zerfall 4.47 an Beschleunigern sensitiv auf die Größe $| U_{\mu i} |^2 | U_{ei} |^2$. Im unteren

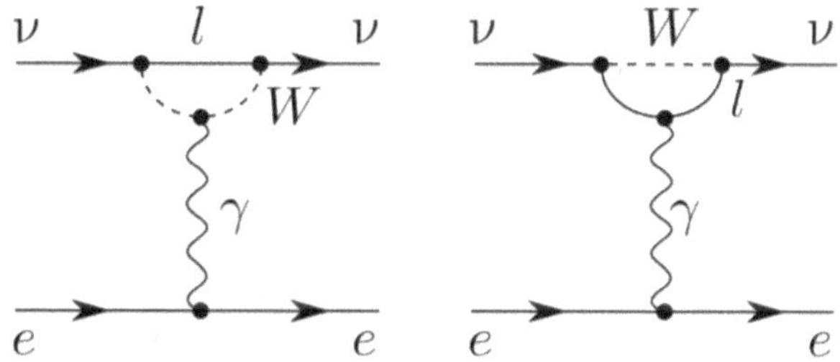

Abb. 4.22 Beitrag zur Neutrino-Elektronstreuung mittels eines magnetischen Dipolmoments des Neutrinos

Massenbereich wurden experimentelle Grenzen veröffentlicht die zwischen dem Resultat von Bugey und dem von Borexino liegen [214].

Sind auch Zerfälle von Charm-Teilchen beteiligt, sind diese Experimente auch auf die Kopplung $| U_{\tau i} |^2$ empfindlich. Experimente der CHARM-Kollaboration ([215]) und am CERN ([216], [217]) konnten keinen Hinweis auf das Auftreten von Lepton-Antileptonpaaren finden und somit stringente Grenzen in einem weiten Massenbereich definieren. Für $100 < m_i/\text{MeV} < 400$ wurden folgende Limits gesetzt (90 % c.l.):

$$\begin{aligned} | U_{ei} |^2 &< (10^2 - 3) \cdot 10^{-9}, \\ | U_{\mu i} |^2 &< (10^2 - 5) \cdot 10^{-8}. \end{aligned} \tag{4.52}$$

Das Photon in Abb. 4.20 kann aber auch virtuell an ein geladenes Teilchen, z. B. an ein Elektron, ankoppeln. Dann erhält man für $i = f$ einen zur schwachen Wechselwirkung zusätzlichen Term der Streuung eines Neutrinos an einem Elektron (Abb. 4.22). Diese zusätzliche Amplitude, die zu einer Erhöhung des Wirkungsquerschnitts führt und daher prinzipiell experimentell zugänglich ist, wird durch ein magnetisches Dipolmoment μ_ν des Neutrinos erzeugt. Im Standardmodell gilt $\mu_\nu = 0$, weil dort Neutrinos masselos sind und daher eine feste Helizität aufweisen. Hätten sie aber ein magnetisches Dipolmoment, dann könnten sie in einem externen Magnetfeld B einem Spinflip unterliegen und daher die Helizität ändern. Dies ist aber im Standardmodell verboten.

In der Tat führen die Strahlungskorrekturen in Abb. 4.20 zu einer Änderung der Chiralität der beteiligten Neutrinos. Erweitert man das Standardmodell minimal durch Einführung massiver Dirac-Neutrinos, dann ergibt sich ein magnetisches Neutrinomoment [218], [219]

$$\mu_\nu = 3{,}2 \cdot 10^{-19} \left(\frac{m_\nu}{\text{eV}}\right) \mu_B, \tag{4.53}$$

wobei $\mu_B = e/2m_e = 1{,}93 \cdot 10^{-11}\, e$ cm das Bohr'sche Magneton ist.

Im Gegensatz zum magnetischen Dipolmoment ist ein elektrisches Dipolmoment d_ν für ein Dirac-Neutrino nur dann möglich, wenn die *CP*-Invarianz verletzt ist. Gilt nämlich *CP*- bzw. *T*-Erhaltung, dann hätte ein Neutrino mit d_ν und Spin $\vec{\sigma}_\nu$ in einem elektrischen Feld $\vec{E}$ die Dipolenergie $E_d = -d_\nu \, \vec{\sigma}_\nu \cdot \vec{E}$. Unter Zeitumkehr T gilt:

$\vec{E} \to \vec{E}$, $\vec{\sigma} \to -\vec{\sigma}$, sodass $E_d \to -E_d$. Da sich aber bei T-Invarianz die Energie nicht ändern darf, muss gelten $E_d = 0$, und dies ist nur möglich, wenn $d_\nu = 0$. Man beachte, dass dies für ein magnetisches Moment nicht gilt, weil unter T-Umkehr gilt $\vec{B} \to -\vec{B}$.

Ein Majorana-Neutrino kann im Gegensatz zu einem Dirac-Neutrino weder ein magnetisches noch ein elektrisches Moment besitzen. Es hätte in einem externen elektromagnetischen Feld die Energie $E_d = -\mu_\nu \vec{\sigma}_\nu \cdot \vec{B} - d_\nu \vec{\sigma}_\nu \cdot \vec{E}$. Unter einer CPT-Transformation geht ein Teilchen in sein Antiteilchen über. Ein Majorana-Neutrino geht unter CPT also in sich selbst über. Weil aber unter CPT gilt, dass $\vec{B} \to \vec{B}$, $\vec{E} \to \vec{E}$ und $\vec{\sigma} \to -\vec{\sigma}$, gilt $E_d \to -E_d$, ergo $E_d = 0$, was wiederum nur dann möglich ist, wenn beide Dipolmomente verschwinden.

Die Suche nach elektromagnetischen Dipolmomenten des Neutrinos konzentriert sich auf die Analyse von Neutrino-Elektron-Streuexperimenten. Dabei wird nach einem zusätzlichen Beitrag zum differentiellen Wirkungsquerschnitt der Streuung gesucht:

$$\frac{d\sigma}{dy}(\nu e) = \frac{d\sigma_w}{dy} + \frac{d\sigma_{\text{em}}}{dy}, \tag{4.54}$$

mit $y = T/E_\nu$. Dabei ist T die kinetische Rückstoßenergie des Elektrons, $d\sigma_w/dy$ der Wirkungsquerschnitt der schwachen Wechselwirkung und $d\sigma_{\text{em}}/dy$ der elektromagnetische Beitrag. Dieser berechnet sich zu [220]

$$\frac{d\sigma_{em}}{dy} = \pi r_e^2 \left(\frac{1-y}{y}\right) \left(\frac{\mu_\nu}{\mu_B}\right)^2, \tag{4.55}$$

mit $r_e = e^2/4\pi m_e = \alpha/m_e = 2{,}82$ fm als dem klassischen Elektronenradius. Die Beiträge der schwachen und der elektromagnetischen Wechselwirkung addieren sich hier und interferieren nicht, weil Letztere wie oben bereits erwähnt zu einem Spinflip führt.

Aus Gl. 4.55 ist ersichtlich, dass der elektromagnetische Beitrag bei kleinem Energieübertrag y groß wird. Daher sind hier Experimente mit möglichst niedriger Energieschwelle im Vorteil. Bisher konnten nur obere Grenzen für μ_ν gefunden werden. Die restriktivsten Grenzen kommen aus Experimenten an Kernreaktoren und vom solaren Neutrinoexperiment Borexino. Ein Experiment am Reaktor in Rovno (Ukraine) ergab ein Limit (95 % c.l.) [221] von

$$\mu_\nu < 1{,}9 \cdot 10^{-10}\,\mu_B. \tag{4.56}$$

Das GEMMA-Experiment am Kernreaktor in Kalinin (Russland) benutzt einen gegen externe Gammastrahlung abgeschirmten HP-Ge-Detektor mit 1,5 kg Masse und erreicht eine effektive Energieschwelle von 3 keV. Die Entfernung zum Reaktor mit einer thermischen Leistung von 3 GW beträgt 13,9 m, sodass GEMMA einen

Neutrinofluss von $\Phi_\nu \approx 10^{13}\,\mathrm{cm}^{-2}\mathrm{s}^{-1}$ nutzen kann. Ein Vergleich der Energiespektren während und außerhalb der Betriebszeit des Reaktors ergab keine signifikanten Unterschiede. Daraus konnte ein oberes Limit für das magnetische Moment des Neutrinos abgeleitet werden [222]. Dieses Experiment liefert die zur Zeit besten Grenzen aller Reaktorexperimente (90 % c.l.):

$$\mu_\nu < 2{,}9 \cdot 10^{-11}\,\mu_B. \tag{4.57}$$

Das solare Neutrinoexperiment Borexino analysierte die Form des Rückstoßspektrums monoenergetischer ^{7}Be-Neutrinos ($E_\nu = 0{,}87\,\mathrm{MeV}$). Auch hier konnte kein zusätzlicher Beitrag zur bekannten schwachen Wechselwirkung gefunden werden. Das daraus abgeleitete Limit (90 % c.l.) ist vergleichbar zu (4.57) und beträgt [223]

$$\mu_\nu < 2{,}8 \cdot 10^{-11}\,\mu_B. \tag{4.58}$$

Schärfere Grenzen gewinnt man aus astrophysikalischen Betrachtungen, allerdings weisen diese deutlich größere systematische Unsicherheiten auf als kontrollierbare Experimente und deshalb wird hier auf Angaben bzgl. der statistischen Unsicherheit i. A. verzichtet. Das wesentliche Argument, das zu einer Beschränkung eines magnetischen Moments des Neutrinos aufgrund astrophysikalischer Beobachtungen führt, ist die zusätzliche Kühlung von Sternen oder sternähnlichen Objekten, die diese durch Neutrinoemission mit $\mu_\nu > 0$ erhielten. Da in diesen Szenarien i. A. starke Magnetfelder herrschen, würde ein magnetisches Moment einen Spin- und somit einen Helizitätsflip des Neutrinos ermöglichen und aktive Neutrinos in sterile Spezies umwandeln können. Diese würden aber das stellare Objekt ohne weitere Wechselwirkung verlassen, Energie wegtragen und es somit abkühlen. Damit würden typische Zeitskalen wie z. B. die Lebensdauer massiver roter Riesen oder die Zeitspanne der Supernovaexplosion SN1987a signifikant verkürzt werden. Die Modellabhängigkeit der aus diesem Argument gewonnenen Grenzen rührt daher im Wesentlichen aus den Unsicherheiten der dort herrschenden Magnetfelder. Die stringentesten Grenzen zu μ_ν stammen aus Beobachtungen zur Leuchtkraft roter Riesen [224] und von der SN1987a [225], [226], [227], [228]. Beide setzen ein Limit von $\mu_\nu < 2 \cdot 10^{-12}\,\mu_B$. Eine übersichtliche Darstellung dieser Argumente und Grenzen findet man in [229].

Auch wenn die aktuellen Grenzen die theoretischen Werte des minimal erweiterten Standardmodells nicht erreichen, so sind sie dennoch interessant, da es z. B. im Rahmen der GUT-Modelle Vorhersagen mit wesentlich größeren elektromagnetischen Formfaktoren gibt.

4.7 Gibt es weitere leptonzahlverletzende Prozesse?

Neutrinooszillationen verletzten die familienbezogene Leptonzahlerhaltung. Mit der Suche nach dem neutrinolosem Doppelbetazerfall haben wir ein Beispiel für einen

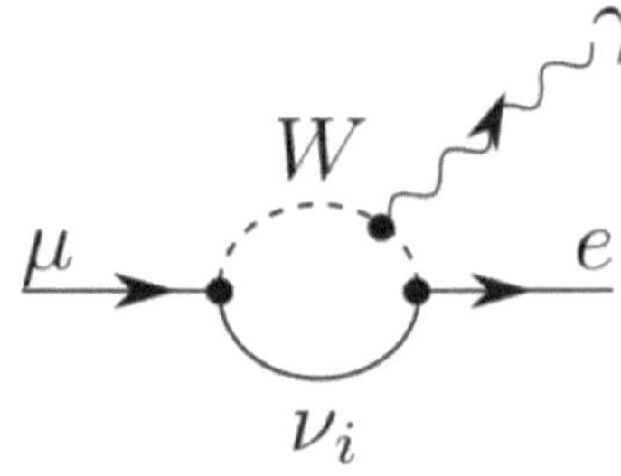

Abb. 4.23 Führender Beitrag zum neutrinolosen Myonzerfall $\mu \to e + \gamma$

Prozess kennengelernt, der die absolute Leptonzahl verletzt. Neutrinomischung und endliche Neutrinomassen führen aber noch zu weiteren verwandten Phänomenen, nach denen experimentell gesucht wird.

Der im Standardmodell verbotene Zerfall $\mu \to e + \gamma$ erhält im mit Neutrinomassen und Mischung erweiterten Standardmodell eine von Null abweichende Zerfallsbreite. Offensichtlich wird hier die gesamte Leptonzahl nicht verletzt, wohl aber die familienbezogenen Leptonzahlen L_e und L_μ. In Abb. 4.23 wird der führende Graph gezeigt, der zu diesem *neutrinolosen Myonzerfall* den größten Beitrag liefert.

Ähnlich wie der radiative Neutrinozerfall ist auch der Prozess $\mu \to e + \gamma$ stark unterdrückt. Im erweiterten Standardmodell ergibt sich das Verhältnis R der Zerfallsbreiten $\Gamma(\mu^+ \to e^+ + \gamma)$ zu der des erlaubten Zerfalls $\Gamma(\mu^+ \to e^+ + \bar{\nu}_\mu + \nu_e)$ zu [230]

$$R = \frac{\Gamma(\mu^+ \to e^+ + \gamma)}{\Gamma(\mu^+ \to e^+ + \bar{\nu}_\mu + \nu_e)} = \frac{3}{32}\frac{\alpha}{\pi}\left(\frac{m_2^2 - m_1^2}{M_W^2}\right)^2 \mid U_{e1} \mid^2 \mid U_{e2} \mid^2 . \quad (4.59)$$

Einsetzen der bekannten Werte ergibt unmessbar kleine Werte $R \approx 10^{-50}$. Allerdings sagen einige GUT-Theorien erheblich größere Werte für R voraus (siehe z. B. [231]). Die zur Zeit besten experimentellen Grenzen kommen von dem MEG-Experiment [232] am Paul-Scherrer-Institut (Schweiz), wo gestoppte μ^+ in großer Intensität (ca. $3 \cdot 10^7 \mathrm{s}^{-1}$) aus π^+-Zerfällen untersucht wurden. Hintergrundsignale wurden von möglichen Kandidaten des Zerfalls $\mu^+ \to e^+ + \gamma$ über eine Messung der Energien des Positrons und des Gammas sowie der Bestimmung ihrer relativen Winkelverteilung separiert. Die MEG-Kollaboration veröffentlichte 2013 [233] eine obere Schranke (90 % c.l.) von

$$R < 4{,}2 \times 10^{-13}. \quad (4.60)$$

Zukünftige Erweiterungen des Experiments zielen darauf ab, die Empfindlichkeit um mindestens eine Größenordnung zu verbessern, so dass R-Werte um $\approx 10^{-14}$ messbar werden. Dies ist in etwa der Bereich der von weiterführenden Theorien [231] vorhergesagt wird.

4.8 Zusammenfassung

Die offenen Fragen in der Neutrinophysik sind zusammengefasst folgende:

- Was ist die absolute Massenskala der Neutrinomassen?
- Sind Neutrinos Majorana- oder Dirac-Teilchen?
- Folgt die Anordnung der Masseneigenwerte einer normalen oder einer invertierten Hierarchie?
- Wie groß ist δ-CP?
- Gibt es sterile Neutrinos?
- Wie groß sind die elektromagnetischen Formfaktoren des Neutrinos?

Dabei ist zu beachten, dass diese Fragen mehrere Schnittstellen zu großen Problemen in der Teilchen-, Astrophysik und zur Kosmologie aufweisen. Die absolute Massenskala der Neutrinos beeinflusst die Entwicklung des Universums auf großen Skalen, und sterile Neutrinos könnten zumindest einen Teil der unbekannten dunklen Materie erklären. Die Existenz steriler Neutrinos würde zudem zu einer beträchtlichen Erweiterung des Standardmodells führen. Falls sich die ersten Anzeichen eines großen Wertes von δ-CP bestätigen sollten, dann könnte dies ein Hinweis bieten auf die Lösung der Frage nach dem Ursprung der Asymmetrie zwischen Materie und Antimaterie im Universum.

5 Neutrinos in Astrophysik und Kosmologie

Neutrinos spielen in der Astrophysik und in der Kosmologie eine äußerst wichtige Rolle. Das wird schon allein daraus klar, dass Neutrinos im Urknall in einer großen Anzahl erzeugt wurden und seitdem an der Entwicklung der Struktur des Universums mitbeteiligt waren. Abhängig von dem Wert der bisher noch unbekannten absoluten Massenskala der Neutrinos könnten Neutrinos sogar ganz erheblich die Struktur des Kosmos auf großen Skalen beeinflußt haben. Damit verbunden ist die Frage nach der Anzahl der Neutrinofamilien. Wir kennen bisher drei aktive Arten, es gibt aber einige Hinweise darauf, dass zusätzliche Neutrinoarten, die sogenannten sterilen Neutrinos, in der Natur existieren könnten. Auch dies hätte einen großen Einfluss auf die Entwicklung des Kosmos. Sterile Neutrinos mit bestimmten Eigenschaften bezüglich ihrer Masse und Beimischung zu den aktiven Arten könnten eventuell sogar das offene Problem der Herkunft der dunklen Materie erklären.

Die genaue Vermessung astrophysikalischer Neutrinos aus der Sonne und der sekundären kosmischen Strahlung in unserer Atmosphäre haben entscheidend zur Entdeckung der Neutrinooszillationen geführt. Zudem haben wir den Nutzen astrophysikalischer bzw. kosmologischer Beobachtungen zur Einschränkung der absoluten Neutrinomasse in Kap. 4 näher beleuchtet. Hier wollen wir aber den Spieß umdrehen und fragen, ob und wie Neutrinos als Sonden astrophysikalischer Objekte taugen. Es stehen also in diesem Kapitel nicht die intrinsischen Eigenschaften der Neutrinos im Mittelpunkt, sondern die Frage, was wir mit ihnen über Astrophysik lernen können.

Der Energiebereich kosmischer und astrophysikalischer Neutrinos ist immens. In Abb. 5.1 wird das Spektrum bekannter kosmischer Neutrinoquellen schematisch gezeigt. Man kann hier zwischen thermischen und nichtthermischen Quellen unterscheiden. Zu den Ersteren gehören zum Beispiel Neutrinos, die in den Zentren von Sternen gebildet werden, Neutrinos aus dem Urknall und zumindest zu einem großen Teil Neutrinos aus Supernovaexplosionen. Nichtthermische Quellen sind vor allem

L. Oberauer und J. Oberauer, *Neutrinophysik*,
https://doi.org/10.1007/978-3-662-73322-6_5

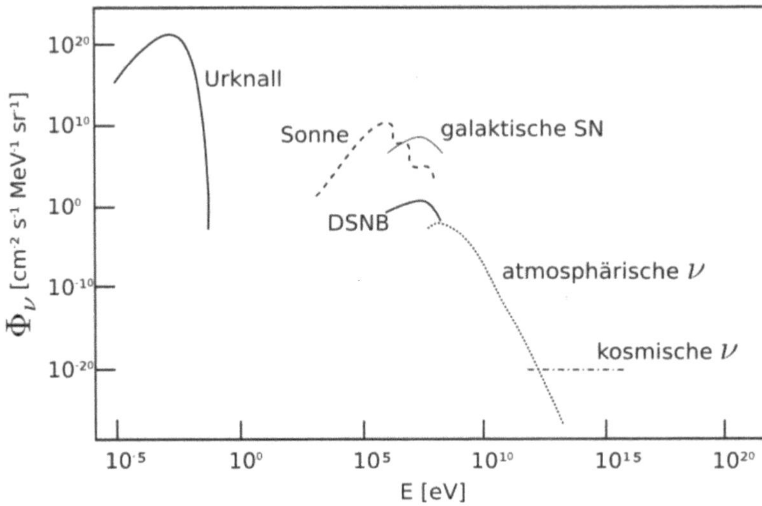

Abb. 5.1 Schematische Darstellung des Energiespektrums kosmischer Neutrinos aus verschiedenen Quellen. DSNB steht für *Diffuse-Supernova-Neutrino-Background*

kosmische Beschleuniger, deren Wirkungsweisen auch heute noch nicht vollständig verstanden sind. Auch atmosphärische Neutrinos, als sekundär erzeugte kosmische Strahlung, gehören zu dieser Klasse. Einige dieser Quellen werden bereits heute mithilfe großer Neutrinodetektoren erfolgreich untersucht. Von manchen Quellen vermuten wir, dass sie auch Neutrinos emittieren, wissen es aber noch nicht definitiv. Im Folgenden wollen wir die wichtigsten Quellen kosmischer Neutrinos besprechen und offene Fragen dazu kurz erörtern. Wir orientieren uns dabei an der Energieskala, beginnen mit Neutrinos aus dem Urknall und beenden das Kapitel mit jenen höchstenergetischen Signalen, die erst vor Kurzem mit dem IceCube-Detektor am Südpol aufgezeichnet werden konnten.

5.1 Neutrinos aus dem Urknall

Neutrinos aller Flavorarten wurden, wie alle der uns bekannten Elementarteilchen, im frühen Universum thermisch erzeugt. Die Entkopplung der Neutrinos von allen anderen Teilchen geschah nach ungefähr einer Sekunde, als die mittlere Temperatur des Universums wegen dessen Ausdehnung auf einen Wert von ungefähr $12 \cdot 10^9$ K gesunken war, was einer Energie von etwa 1 MeV entspricht. Vorher waren die Neutrinos im thermischen Gleichgewicht. Das heißt, ihre mittlere Annihilationsrate war genauso groß wie die ihrer Erzeugungsrate. So waren während dieser Phase zum Beispiel die Erzeugung und Vernichtung von Neutrinos und Antineutrinos aller Arten mit der Erzeugung von Elektronen und Positronen im Gleichgewicht: $e^- + e^+ \leftrightarrow \nu_\alpha + \bar{\nu}_\alpha$ $(\alpha = e, \mu, \tau)$. Andere wichtige Reaktionen waren $\nu + e^\pm \leftrightarrow \nu + e^\pm$ (ν steht hier für alle Neutrinos und Antineutrinos) und $\nu_\alpha + \bar{\nu}_\alpha \leftrightarrow \nu_\alpha + \bar{\nu}_\alpha$. In dieser Phase kurz vor der Entkopplung der Neutrinos waren deren Wechselwirkungsraten mit Nukleonen bereits vernachlässigbar, da deren Dichte durch die zuvor erfolgte Annihilation von Nukleonen und ihren Antiteilchen bereits um nahezu zehn Größenordnungen unterhalb der Dichte der leichten Leptonen gefallen war.

Die Entkopplung der Neutrinos erfolgte zu einem Zeitpunkt, als die Wechselwirkungsrate der Neutrinos kleiner wurde als die Expansionsrate des Universums, die durch den Hubble-Parameter definiert ist. Der frühe Zeitpunkt der Entkopplung erklärt sich durch die Tatsache, dass Neutrinos nur der schwachen Wechselwirkung unterliegen. Da die Neutrinos zu dieser Zeit und davor im thermischen Gleichgewicht mit der anderen Materie waren, entsprach die Energieverteilung der Neutrinos einer Fermi-Dirac-Verteilung mit einer mittleren Energie von etwa einem MeV. Seit dieser Zeit strömen diese auch als primordiale Neutrinos bezeichneten Teilchen frei durch den Kosmos. Wegen der Expansion des Universums wurden die relativistischen Neutrinos auf ihrer Reise durch den Kosmos rotverschoben, und ihre mittlere Temperatur sollte heute bei etwa 2 K liegen, also etwas unterhalb jener der kosmischen Hintergrundstrahlung von Photonen, die mit 2,725 K sehr genau vermessen wurde. Der Grund des etwas niedrigeren Werts für Neutrinos liegt darin, dass die Entkopplung der Neutrinos kurz vor der Annihilation der Elektronen und Positronen erfolgt ist. Die durch die Annihilation bedingte Erhöhung der Anzahldichte der Photonen hat die Neutrinos folglich nicht mehr beeinflußen können. Die Entkopplung der Photonen geschah deutlich später, ca. 380.000 Jahre nach dem Urknall. Man kann die Anzahldichte der Neutrinos aus dem Urknall, wie wir sie heute im Universum erwarten, berechnen. Sie liegt bei $220\,\mathrm{cm}^{-3}$ für jede Neutrinoart.

Die Neutrinos waren also bei ihrer Entkopplung und auch noch eine sehr lange Zeit danach hochrelativistisch, weil ihre Energien um Größenordnungen oberhalb ihrer Ruhemassen lagen. Aus diesem Grund können die uns bekannten primordialen Neutrinos die dunkle Materie im Universum nicht erklären. Sie sind viel zu leicht und ihre Gravitationswirkung reicht bei Weitem nicht aus, die heutige Strukturbildung auf relativ kleinen Skalen, also Galaxien und Galaxienhaufen, zu erklären. Im Gegenteil, hochrelativistische Teilchen glätten vielmehr zufällig auftretende Dichtefluktuationen, anstatt diese zu vertiefen. Das kann man leicht in folgender Größenabschätzung erkennen: Aus den Resultaten der Oszillationsexperimente erhalten wir eine untere Schranke für die Summe der Neutrinomassen $m_{\min} \sim \sqrt{\Delta m_{31}^2} \sim 50\,\mathrm{meV}$, was auf der absoluten Temperaturskala einem Wert von ~ 580 K entsprechen würde. Daher ist mindestens einer der drei Masseneigenzustände $\nu_i (i = 1, 2, 3)$ der primordialen Neutrinos heute nichtrelativistisch. Nach oben ist die Massenskala durch Laborexperimente experimentell auf unter 1 eV beschränkt. Daher sind die Geschwindigkeiten der Neutrinos auch heute immer noch groß. Ein primordiales Neutrino mit einer Masse von 1 eV wäre zwar nichtrelativistisch, hätte aber immer noch eine mittlere Geschwindigkeit von etwa $6 \cdot 10^3$ km/s und läge damit um ungefähr eine Größenordnung über der Fluchtgeschwindigkeit von Galaxien wie unserer Milchstraße. Es kann also selbst heute noch nicht von Galaxien eingefangen werden. Auch Galaxienhaufen mit Fluchtgeschwindigkeiten von ca. $2 \cdot 10^3$ km/s können diese Neutrinos nicht binden. Strukturen auf noch größeren Skalen (sogenannte Super-Cluster) hingegen können aber durch leichte Neutrinos mit Massen um die eV-Skala oder darunter über ihre Gravitationswirkung sehr wohl beeinflusst werden. Kosmische Beobachtungen legen heute eine Obergrenze für die Summe aller Neutrinoarten von deutlich unter 1 eV nahe (s. Kap. 4). Auch wenn die Interpretation dieser Beobachtungen modellabhängig ist, so ist es doch eine spannende Frage, was zukünftige, noch präzisere Beobachtungen uns über die absolute Massenskala verraten werden. Umgekehrt würde aber eine Bestimmung der Neutrinomasse im Labor sehr hilfreich sein, um Details der Strukturentwicklung des Universums besser zu verstehen.

Neutrinos aus dem Urknall konnten bisher nicht direkt nachgewiesen werden. Das Hauptproblem liegt an der extrem kleinen Energie dieser Teilchen, die einen Zugang über etablierte Nachweismethoden unmöglich macht. So ist zum Beispiel der Nachweis über die geladene Stromwechselwirkung an Atomkernen nur bei negativer Energieschwelle (oder zumindest nahe bei Null-Werten) möglich. Das bedeutet, dass das Target radioaktiv sein müsste. Das Zielobjekt zerfällt also! Es sollte daher wenigstens eine ausreichend lange Lebensdauer besitzen, die es ermöglicht, die Neutrinoabsorption wirklich nachweisen zu können. Eine Möglichkeit, die in diesem Zusammenhang diskutiert wird, ist der Nachweis von primordialen ν_e über den inversen Betazerfall am radioaktiven Tritium $\nu_e +^3 \mathrm{H} \rightarrow^3 \mathrm{He} + e^-$ mit einem negativen Q-Wert von 18,6 keV. Im KATRIN-Experiment (s. Kap. 4) zum Beispiel hat man eine relativ große Menge an Tritium zur Verfügung, und man würde knapp jenseits des Endpunktes des normalen Tritium-Betaspektrums eine Elektron-Linie erwarten, die von primordialen Neutrinos hervorgerufen wird. Die Lage dieser Linie im Spektrum wäre durch die Beziehung $E_e = Q + m_\nu$ gegeben, bei der m_ν die effektive Neutrinomasse bezeichnet. Das Signal wäre also bei hinreichender Energieauflösung klar vom normalen Betaspektrum zu trennen. Berechnungen ergeben allerdings, dass die zur Verfügung stehende Menge an Tritium viel zu gering ist, um ein Signal wirklich beobachten zu können.

Das Problem der zu niedrigen Signalrate hofft man eventuell über Kohärenzeffekte lösen zu können. Der Streuquerschnitt der kohärenten Streuung von Neutrinos an Atomkernen zum Beispiel skaliert im Wesentlichen mit dem Quadrat der Anzahl der Neutronen im Kern. Die Kohärenz bei der Streuung ist dann gegeben, wenn der Impulsübertrag bei dem Prozess klein ist, sodass bildlich gesprochen das Neutrino aufgrund der Heisenberg'schen Unschärferelation die Struktur des Streuzentrums nicht auflösen kann. Bei sehr kleinen Impulsüberträgen könnten demzufolge auch Neutrinos kohärent nicht nur an Atomkernen, sondern sogar an makroskopischen Körpern, etwa an Kristallen, streuen. Das tun sie den Grundregeln der Quantenmechanik nach auch, nur ist die Beobachtung dieser Prozesse extrem schwierig und bisher auch noch niemandem gelungen. Das Hauptproblem liegt in den extrem niedrigen Rückstoßenergien, die bei diesen Prozessen übertragen werden.

Die Existenz der Urknallneutrinos könnte man auch indirekt über die Messung der Energieverteilung höchstenergetischer kosmischer Strahlung nachweisen. Die Idee dabei ist, dass man die Absorption von Strahlung durch deren Wechselwirkung mit den Urknallneutrinos indirekt beobachtet. Dies kann über die resonante Erzeugung von W- und Z-Bosonen, den Vermittlern der schwachen Wechselwirkung, geschehen. Der Energiebereich, in dem diese Resonanzbedingung erfüllt wird, liegt bei $\approx 10^{20}$ eV. Die geladene Komponente der kosmischen Strahlung, also im Wesentlichen Protonen, erreicht aber wegen der resonanten Delta-Erzeugung durch Streuung an Photonen der kosmischen Hintergrundstrahlung ($p + \gamma \rightarrow \Delta^+ \rightarrow p + \pi^0$, bzw. $p + \gamma \rightarrow \Delta^+ \rightarrow n + \pi^+$), diese Energien nur schwer. Hochenergetische Neutrinos, die ebenfalls in kosmischen Beschleunigern erzeugt werden sollten und die in IceCube auch bereits nachgewiesen werden konnten, unterliegen diesem sogenannten GZK-cutoff (benannt nach Greisen-Zatsepin-Kusmin) nicht. Hochenergetische kosmische Neutrinos sollten mit denen aus dem Urknall über die resonante Z^0-Reaktion $\nu + \bar{\nu} \rightarrow Z^0 \rightarrow f + \bar{f}$ an definierten Stellen im Spektrum reagieren und absorbiert werden (f und $\bar{f}$ bezeichnen Fermion-Antifermionpaare, die bei dieser Reaktion freigesetzt werden). Experimentell beobachtbar wäre dann eine Absenkung im Spektrum der kosmischen Neutrinos bei diesen Energien.

5.2 Solare Neutrinos

Das solare Neutrinorätsel ist gelöst (s. Abschn. 3.1). Die theoretischen Vorhersagen der Neutrinoflüsse aus den verschiedenen Verzweigungen der solaren pp-Kette stimmen mit den experimentellen Ergebnissen sehr gut überein.

Im Abschn. 3.1 wurde gezeigt, wie diese Resultate zur Entdeckung der Neutrino-Oszillationen beigetragen haben. In diesem Kapitel wollen wir die astrophysikalischen Erkenntnisse diskutieren, die aus der Beobachtung solarer Neutrinos folgen. Insbesondere die Resultate des Neutrinoexperiments Borexino im italienischem Gran-Sasso-Untergrundlabor haben in der letzten Dekade dazu wertvolle Beiträge geliefert.

Borexino benutzt einen homogenen, kugelförmigen Detektor mit 300 t flüssigem Szintillator, wovon der äußere Anteil mit ca. 200 t als aktive Abschirmung und der innere Teil mit etwa 100 t als Target für den Nachweis solarer Neutrinos benutzt wird. Die Detektion solarer Neutrinos erfolgt über deren elastische Streuung an Elektronen $\nu + e^- \rightarrow \nu + e^-$. Der Nachweis der Rückstoßelektronen wird möglich durch die Verwendung extrem reiner Detektionsmaterialien und insbesondere an das Target werden diesbezüglich hohe Anforderungen gestellt.

Aufgrund einer niedrigen Energieschwelle konnte Borexino auch Neutrinos nachweisen, die von Fusionsreaktionen mit niedrigem Q-Wert stammen. Somit ist Borexino das bisher einzige Experiment, das bis auf eine Ausnahme (sogenannte hep-Neutrinos) alle Fusionsreaktionen der pp-Ketten mit Neutrinoemission experimentell erfassen konnte. Im Detail wurden folgende Reaktionen nachgewiesen:
pp-Neutrinos [58] aus der Fusion zweier Protonen zu Deuterium

$$\mathrm{p} + \mathrm{p} \rightarrow {}^2\mathrm{H} + e^+ + \nu_e,$$

pep-Neutrinos [57] aus der 3-Körper-Reaktion

$$\mathrm{p} + e^- + \mathrm{p} \rightarrow {}^2\mathrm{H} + \nu_e,$$

^{7}Be-Neutrinos [56] aus dem Einfang von einem Elektron in ^{7}Be

$${}^7\mathrm{Be} + e^- \rightarrow {}^7\mathrm{Li} + \nu_e,$$

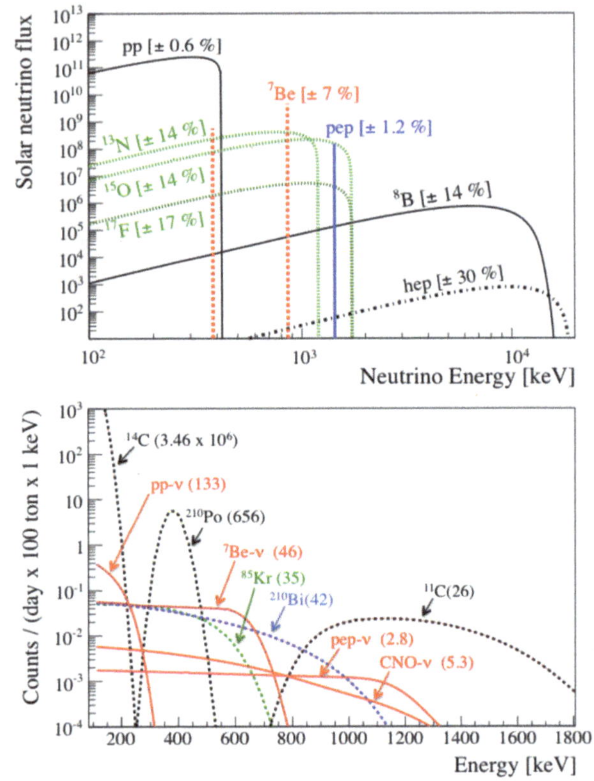

Abb. 5.2 Oben: Das theoretisch vorhergesagte solare Neutrinospektrum mit den theoretischen Unsicherheiten der ν-Flüsse. Unten: Berechnetes Rückstoßspektrum der Elektronen aus der Reaktion $\nu + e \to \nu + e$ der pp-, ^{7}Be-, pep- und CNO-Neutrinos in Borexino mit Zählraten in 100 t Target pro Tag. Im Falle von CNO entspricht der Wert einer oberen Grenze, für alle anderen Neutrinos aus den pp-Ketten sind es die im Experiment ermittelten Werte. Untergrund von ^{14}C, ^{85}Kr, ^{210}Po und ^{210}Bi stammt aus Beta- und Gammazerfällen im Detektionsvolumen, ^{11}C wird über die Wechselwirkung hochenergetischer Myonen an ^{12}C im Szintillator produziert [57]

und ^{8}B-Neutrinos [59] aus dem β^+-Zerfall

$$^8\mathrm{B} \to 2\,^4\mathrm{He} + e^+ + \nu_e.$$

Die eindeutige Zuordnung der Ereignisse zu den einzelnen Fusionsreaktionen gelang über Spektroskopie der Rückstoßelektronen aus dem Streuprozess $\nu + e^- \to \nu + e^-$. Die Neutrinospektren im niederenergetischen Bereich sowie die wichtigsten Hintergrundbeiträge werden in Abb. 5.2 gezeigt. Der Beitrag der ^{210}Po-Alphazerfälle wird in Borexino über Pulsformanalyse mit hoher Genauigkeit identifiziert, und derjenige von ^{85}Kr wird durch Messung eines isomeren γ-Zerfalls mittels verzögerter Koinzidenz ermittelt. Kosmogen generierte ^{11}C-Kerne im Szintillator werden über eine Dreifachkoinzidenz zwischen dem erzeugenden Myon, dem Neutroneneinfang und dem anschließenden β^+-Zerfall von ^{11}C mit hoher Effizienz identifiziert.

5.2.1 Neutrino-Luminosität und Zentraltemperatur

Die direkte Messung der pp-Neutrinos dient zur Überprüfung unseres Grundverständnisses der Energiefreisetzung in der Sonne, da ja 98 % davon über diese Fusion von zwei Protonen zu Deuterium läuft. Wir können damit die Neutrino-Luminosität der Sonne bestimmen und mit der Solarkonstanten, also der elektromagnetischen Luminosität, vergleichen.

Mit einer Targetmasse von 100 t beobachtet Borexino eine Ereignisrate von $144 \pm 13_{\text{stat}} \pm 10_{\text{syst}}$ Streuereignissen pro Tag, die den pp-Neutrinos zugeordnet werden, wobei hier statistische und systematische Unsicherheiten getrennt aufgelistet sind. Die Signifikanz des Ergebnisses liegt also bei etwa 10σ und eine Fehlinterpretation der Daten scheint ausgeschlossen zu sein. Die Messung der pp-Neutrinos ist besonders schwierig, da das Energiespektrum der Rückstosselektronen bei sehr niedrigen Energien liegt. Die pp-Neutrinos haben ein kontinuierliches Spektrum bis 0,42 MeV, weshalb die bei der Streuung an einem Elektron maximal übertragbare Energie auf 0,26 MeV beschränkt ist. In der Tat bilden Betazerfälle radioaktiver ^{14}C-Kerne mit einem Q-Wert von 0,16 MeV sind in dem organischen Flüssigszintillator den Hauptuntergrund zur Messung der pp-Neutrinos. Dabei muss man berücksichtigen, dass aufgrund der beschränkten Energieauflösung des Detektors das sichtbare Spektrum der ^{14}C-Zerfälle über den eigentlichen Endpunkt hinausreicht. Die ^{14}C-Konzentration im Szintillator von Borexino liegt bei $2 \cdot 10^{-18}$ und ist damit ungefähr sechs Größenordnungen unterhalb der Konzentration lebender Organismen. Zur Identifizierung der ^{14}C-Signale wurde die Intensität und die spektrale Form des ^{14}C-Betaspektrums in Borexino ab einer Energieschwelle von ungefähr 0,05 MeV präzise vermessen. Unter 0,225 MeV dominiert das ^{14}C-Betaspektrum, und oberhalb von 0,235 MeV fällt das Signal der pp-Neutrinos unterhalb des der solaren ^{7}Be-Neutrinos. In dem Bereich über 0,250 MeV ist zudem der intrinsische Untergrund der ^{210}Bi-Betazerfälle intensiver als das pp-Signal. Es öffnete sich also nur ein kleines Fenster im Energiespektrum, das die Messung der solaren pp-Neutrinos tatsächlich möglich gemacht hat.

Unter Berücksichtigung der Nachweisschwelle und der ν_e-Überlebenswahrscheinlichkeit der pp-Neutrinos von $(0{,}63 \pm 0{,}12)$ ergibt sich ein gemessener pp-Neutrinofluss

$$\Phi_{pp} = (6{,}6 \pm 0{,}7) \times 10^{10}\,\text{cm}^{-2}\text{s}^{-1}.$$

Die daraus ableitbare solare Luminosität, sozusagen im Lichte der Neutrinos, ist ([58])

$$L_{\text{sol},\nu} = 3{,}89^{+0{,}35}_{-0{,}42} \times 10^{33}\,\text{ergs}^{-1}.$$

Die elektromagnetische Luminosität der Sonne L_{sol} ist wohl bekannt und ihr aktueller Wert lautet

$$L_{\text{sol}} = (3{,}846 \pm 0{,}015) \times 10^{33}\,\text{ergs}^{-1}.$$

Die beiden Werte sind also innerhalb ihrer Unsicherheiten miteinander kompatibel.

Die von Borexino gemessenen solaren Neutrinos wurden ca. 8,3 min vorher in der Sonne erzeugt. Die elektromagnetische Strahlung von der Sonnenoberfläche, die unserem Planeten die Energie zur Entwicklung von Leben verleiht, ist das Ergebnis dieser nuklearen Fusionen und des Energietransports aus dem Inneren der Sonne an deren Oberfläche. Dieser Prozess hat aber eine typische Zeitskala von ca. 10^4 bis 10^5 Jahre. Das Ergebnis von Borexino zeigt also, dass auf dieser Zeitskala die Energiefreisetzung im Innern und die Energieabstrahlung an der Oberfläche der Sonne sich die Waage halten.

Umgekehrt kann man unter der Annahme der Gleichheit der Luminositäten den gesamten Neutrinofluss Φ_{sol} und damit den pp-Fluss berechnen und so eine nahezu modellunabhängige Vorhersage für diese Größen treffen. Es gilt

$$\Phi_{\mathrm{sol}} = \frac{P_{\mathrm{sol}}}{4\pi r^2} \cdot \frac{1}{E} \cdot \epsilon \cdot n_\nu, \tag{5.1}$$

mit $P_{\mathrm{sol}} = 3{,}845 \cdot 10^{26}\,\mathrm{W}$ als der Sonnenleistung, $r = 1{,}5 \cdot 10^{11}\,\mathrm{m}$ dem mittleren Abstand der Erde zur Sonne, $E = 26{,}2\,\mathrm{MeV}$ der bei einer Fusion von vier Protonen zu Helium freiwerdenden Energie (abzüglich der dabei emittierten Neutrinoenergien), $\epsilon = 0{,}98$ der Wahrscheinlichkeit, dass diese Fusion zu Helium über die pp-Verschmelzung zu Deuterium erfolgt und $n_\nu = 2$ die Anzahl der dabei freigesetzten Neutrinos. Die Größe $P_{\mathrm{sol}}/4\pi r^2 = 1{,}367\ \mathrm{kW\,m^{-2}}$ ist die wohlbekannte Solarkonstante.

Das Ergebnis dieser Rechenaufgabe lautet $\Phi_{sol} = (5{,}98 \pm 0{,}04) \times 10^{10}\,\mathrm{cm^{-2}s^{-1}}$ und stimmt wiederum innerhalb der Unsicherheiten mit dem experimentellen Ergebnis von Borexino (Φ_{pp} s. o.) innerhalb einer Standardabweichung überein.

Die Zentraltemperatur der Sonne ermittelt man am besten über die Messung des solaren ^{8}B-Flusses. Hier liefern die Ergebnisse des SuperKamiokande und des SNO-Experiments die genauesten Werte. Ersteres liefert die höchste Statistik über die elastische Streuung an Elektronen, letzteres die Messung des gesamten solaren ^{8}B-Flusses über die neutrale-Strom-Wechselwirkung $^2\mathrm{H} + \nu \rightarrow \mathrm{p} + \mathrm{n} + \nu$. Dieses SNO-Resultat ist blind gegenüber dem Neutrino-Flavor und daher unabhängig von Parametern der Neutrino-Oszillationen. Das gemeinsame Ergebnis $T = 15{,}5 \cdot 10^6\,\mathrm{K}$ ist in guter Übereinstimmung mit dem berechneten Wert des theoretischen Sonnenmodells.

5.2.2 Das ^{3}He/^{4}He-Verhältnis

Ein Vergleich der gemessenen Intensitäten der pp- und der pep-Neutrinos mit derjenigen der ^{7}Be-Neutrinos erlaubt zudem die Bestimmung eines kernphysikalisch wichtigen Verzweigungsverhältnisses innerhalb der pp-Kette. Sowohl die Fusion zweier Protonen zu Deuterium

$$\mathrm{p} + \mathrm{p} \rightarrow {}^2\mathrm{H} + e^+ + \nu_e$$

als auch die Dreikörperreaktion

$$p + e^- + p \rightarrow ^2 H + \nu_e$$

führt über die nachfolgende Reaktion

$$p +^2 H \rightarrow ^3 He + \gamma$$

zur Bildung des Isotops ^{3}He.

Hier nun spaltet die pp-Kette auf: Zum einen wird über die Fusion zweier ^{3}He-Kerne das Isotop ^{4}He gebildet:

$$^3He +^3 He \rightarrow ^4 He + 2p$$

und somit die pp-Kette (sogenannte pp-I-Kette) terminiert. Zum anderen bildet sich aber der Kern ^{7}Be über die Fusion von ^{3}He und ^{4}He:

$$^3He +^4 He \rightarrow ^7 Be + \gamma,$$

mit der sukzessiven Bildung der ^{7}Be- und nachfolgend der ^{8}B-Neutrinos.

Theoretische Berechnungen dieses Verzweigungsverhältnisses zwischen ^{3}He- und ^{4}He-Fusion sind schwierig, weil nicht nur die experimentell bekannten nuklearen Wirkungsquerschnitte darin eingehen, sondern auch die Eigenschaften des Sonnenplasmas eine wichtige Rolle spielen. Hier ist insbesondere die teilweise Abschirmung des abstoßenden, elektrostatischen Coulomb-Potentials zwischen zwei geladenen Kernen durch die im Plasma frei beweglichen Elektronen zu nennen[1]. Dieser Effekt führt zu einer effektiven Absenkung des abstoßenden Potentials im Plasma und somit zu einer Erhöhung der Reaktionswahrscheinlichkeit in der Sonne verglichen mit der, die im Labor gemessen wird.

Mit Borexino konnte zum ersten Mal dieses ^{3}He/^{4}He-Verhältnis in der Sonne direkt bestimmt werden. Natürlich muss man dabei die unterschiedlichen Überlebenswahrscheinlichkeiten der solaren Neutrinos aufgrund der Neutrino-Oszillationen berücksichtigen.

Das Verhältnis

$$R = (^3He +^4 He)/(^3He +^3 He)$$

wird von der Borexino-Kollaboration unter Berücksichtigung aller Unsicherheiten zu

$$R = 0,178^{+0,027}_{0,023}$$

angegeben [58]. Dies ist unter Berücksichtigung aller Unsicherheiten in noch zufriedenstellender Übereinstimmung mit dem Wert, der im solaren Standardmodell ($R = 0,15$) verwendet wird.

[1] sogenanntes ‚electron-screening'.

5.2.3 CNO-Neutrinos

Der Beitrag des sogenannten CNO-Zyklus zur Energiefreisetzung in der Sonne ist klein gegenüber dem der pp-Ketten. In schwereren Sternen als die Sonne aber, und solche sind im Universum wesentlich häufiger vorzufinden, ist der CNO-Zyklus der wichtigste Mechanismus.

Eine experimentelle Verifikation des solaren CNO-Zyklus ist daher von großem astrophysikalischen Interesse. Er war historisch die erste Abfolge nuklearer Reaktionen, die unabhängig voneinander von Carl-Friedrich von Weizsäcker [234] und Hans Bethe [235] in den Jahren 1938 bis 1939 vorgeschlagen wurden, um die Energiefreisetzung in Sternen quantitativ zu erklären. Im Jahre 2020 konnte der CNO-Zyklus erstmals über die dabei emittierten Neutrinos vom Borexino-Experiment experimentell nachgewiesen werden [236].

Der CNO-Zyklus teilt sich in zwei Unterzyklen auf, die mit CN und NO bezeichnet werden. Die Reaktionen des CN-Zyklus verlaufen in folgender Reihenfolge:

$$\begin{aligned}
{}^{12}\mathrm{C} + \mathrm{p} &\rightarrow {}^{13}\mathrm{N} + \gamma, \\
{}^{13}\mathrm{N} &\rightarrow {}^{13}\mathrm{C} + e^+ + \nu_e, \\
{}^{13}\mathrm{C} + \mathrm{p} &\rightarrow {}^{14}\mathrm{N} + \gamma, \\
{}^{14}\mathrm{N} + \mathrm{p} &\rightarrow {}^{15}\mathrm{O} + \gamma, \\
{}^{15}\mathrm{O} &\rightarrow {}^{15}\mathrm{N} + e^+ + \nu_e, \\
{}^{15}\mathrm{N} + \mathrm{p} &\rightarrow {}^{16}\mathrm{O}^* \rightarrow {}^{12}\mathrm{C} + \alpha.
\end{aligned} \tag{5.2}$$

Es werden also Neutrinos über zwei β^+-Zerfälle emittiert. Die dabei auftretenden Endpunktsenergien liegen bei 1,19 MeV für den ^{13}N-Zerfall und bei 1,73 MeV für den von ^{15}O. Der angeregte $^{16}\mathrm{O}^*$-Zustand kann mit einem Verzweigungsverhältnis von 2 % unter der Emission eines Gammas in seinen Grundzustand übergehen. Hier knüpft der NO-Zyklus an:

$$\begin{aligned}
{}^{15}\mathrm{N} + \mathrm{p} \rightarrow {}^{16}\mathrm{O}^* &\rightarrow {}^{16}\mathrm{O} + \gamma, \\
{}^{16}\mathrm{O} + \mathrm{p} &\rightarrow {}^{17}\mathrm{F} + \gamma, \\
{}^{17}\mathrm{F} &\rightarrow {}^{17}\mathrm{O} + e^+ + \nu_e, \\
{}^{17}\mathrm{O} + \mathrm{p} &\rightarrow {}^{14}\mathrm{N} + \alpha.
\end{aligned} \tag{5.3}$$

Die maximale Energie der Neutrinos aus dem Zerfall der ^{17}F-Kerne beträgt 1,74 MeV, ist also deutlich niedriger als der Endpunkt der ^{8}B-Neutrinos aus der pp-Kette.

Die Kohlenstoffkerne werden im CNO-Zyklus nicht verbraucht. Sie wirken vielmehr wie Katalysatoren für die Fusion von vier Wasserstoffkernen zu Helium über den Netto-Prozess

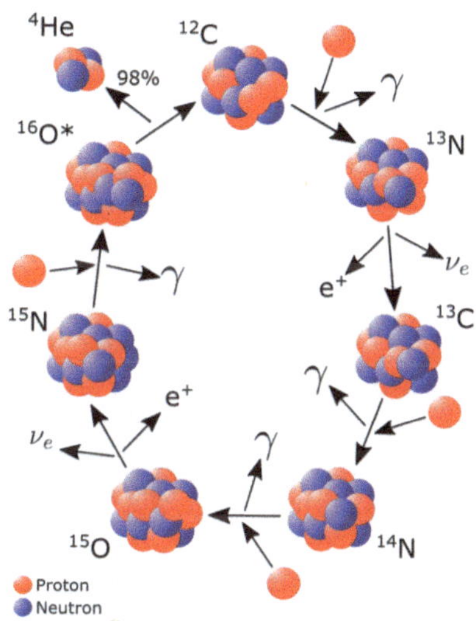

Abb. 5.3 Schematische Darstellung des dominanten CN-Zyklus zur thermonuklearen Fusion von Wasserstoff zu Helium

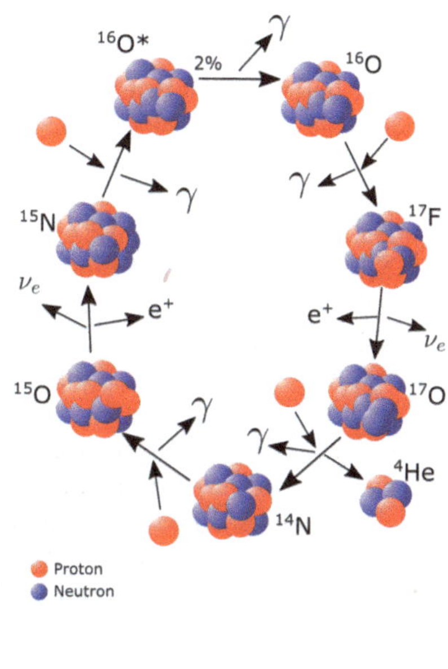

Abb. 5.4 Schematische Darstellung des subdominanten NO-Zyklus zur thermonuklearen Fusion von Wasserstoff zu Helium. Der angeregte ^{16}O*-Zustand zerfällt mit 2 % Wahrscheinlichkeit unter der Emission eines Gammaquants in seinen Grundzustand

$$^{12}\text{C} + 4\text{p} \rightarrow ^{12}\text{C} + \alpha + 2e^+ + 2\nu_e. \tag{5.4}$$

Die beiden CNO-Zyklen werden in Abb. 5.3 und 5.4 schematisch dargestellt. Genauso wie bei den pp-Ketten fusionieren letzlich vier Protonen zu einem Heliumkern und dabei werden zwei Elektron-Neutrinos freigesetzt.

Die solare Energiefreisetzung über den CNO-Zyklus liegt bei nur ungefähr 1–2 % im Vergleich zu der Energie, die über die Fusionsresktionen der pp-Ketten frei wird. Der Grund für diese Unterdrückung ist die im Vergleich zur Fusion zweier Protonen

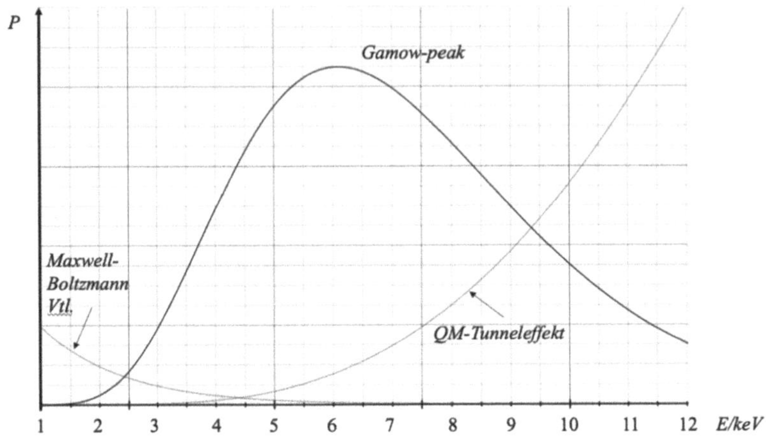

Abb. 5.5 Wahrscheinlichkeitsverteilung P (willkürliche Einheiten) der solaren p-p-Fusion als Funktion der kinetischen Energie der Protonen. Sie ist das Produkt aus der Maxwell-Boltzmann-Verteilung und des mit E steigendem Wirkungsquerschnitts. Der resultierende Gamow-peak liegt bei etwa 6 keV

höhere Coulombschwellen, die bei den Fusionsreaktionen des CNO-Zyklus zu überwinden sind. Dabei spielt der quantenmechanische Tunneleffekt eine entscheidende Rolle. Die Zentraltemperatur in Sternen ist nämlich viel zu niedrig, als dass ein nennenswerter Teil der Kerne kinetische Energien oberhalb der Coulombschwelle haben könnten. In der Sonne zum Beispiel entspricht die zentrale Temperatur von etwa 15,5 Mio. Grad einer mittleren kinetischen Energie von ca. 1,3 keV. Die Coulombschwelle bei der Fusion zweier Protonen beträgt aber etwa 0,8 MeV, ist also deutlich höher. Klassisch gesehen können die Fusionsreaktionen in der Sonne gar nicht stattfinden, der Anteil an Teilchen in der Maxwell-Boltzmann-Verteilungsfunktion, die diese Schwelle überschreiten ist viel zu gering.

Der quantenmechanische Tunneleffekt zur Überwindung von Potentialschwellen wurde im Jahre 1928 von dem Theoretiker George Gamow entdeckt [237]. Die Bedeutung dieses Effekts für stellare Fusionsreaktionen inklusive Berechnungen zu ihrer Wahrscheinlichkeit als Funktion der Coulombschwelle und der Zentraltemperatur wurden im Jahr darauf von Robert Atkinson und Fritz Houtermans dargelegt [238].

Der Wirkungsquerschnitt der Fusion zweier Kerne über den Tunneleffekt wächst mit der kinetischen Energie der Teilchen stark an, während die Maxwell-Boltzmann Verteilung der Geschwindigkeiten exponentiell abfällt. Daraus resultiert ein Energiebereich, der sogenannte ‚Gamow-peak', in dem die Fusionsreaktionen im Wesentlichen stattfinden. In Abb. 5.5 werden beispielhaft die beiden Verteilungsfunktionen und der daraus resultierende Gamow-peak (bei ca. 6 keV) für die solare p-p-Fusion gezeigt.

Bei massiveren Sternen sind Druck und Temperatur im Inneren, also dort wo die Fusionsreaktionen stattfinden, höher als in der Sonne und folglich spielt der CNO-Zyklus in diesen Sternen eine wesentlich wichtigere Rolle. Dies liegt an den unter-

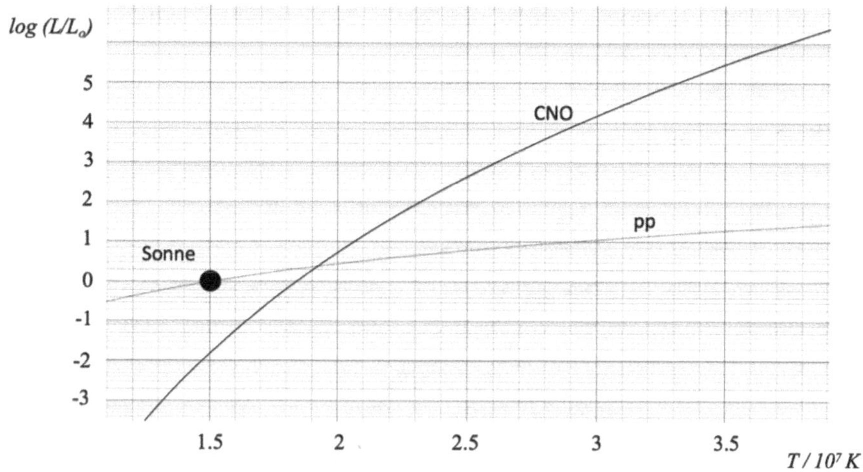

Abb. 5.6 Abhängigkeiten der Luminositäten L von pp-Kette und CNO-Zyklus als Funktion der Temperatur T. L_o ist die solare Luminosität

schiedlichen Temperaturabhängigkeiten von pp- und CNO-Reaktionen, die in Simulationsrechnungen zur Sternentwicklung bestimmt werden. Während die Luminosität bei der pp-Kette gut mit einem $\sim T^4$-Gesetz beschrieben werden kann, beginnt die des CNO-Zyklus erst ab ca. $1{,}4 \cdot 10^7$ K nennenswert zur Energiefreisetzung beizutragen, um dann aber rasch zu dominieren. Der Verlauf bei höheren Temperaturen zeigt eine T^{18}-Abhängigkeit und bereits ab etwa $2 \cdot 10^7$ K dominiert der CNO-Zyklus (Abb. 5.6).

Die experimentelle Messung des solaren CNO-Neutrinoflusses ist sehr schwierig, weil der Fluss der CNO-Neutrinos gegenüber dem aus den pp-Ketten stark unterdrückt ist. Zudem entstammen die CNO-Neutrinos alle aus Betazerfällen mit kontinuierlichen Spektren mit nicht allzu hohen Endpunktsenergien um die 1,7 MeV (s. o.) und werden teilweise von den Neutrinos aus den pp-Ketten überdeckt (s. Abb. 3.2).

Der Nachweis solarer Neutrinos erfolgt in Borexino über die elastische Neutrino-Streuung $\nu + e^- \rightarrow \nu + e^-$. Das bei jeder Wechselwirkung erzeugte Rückstoßelektron gibt seine kinetische Energie vollständig im Szintillator ab und erzeugt dabei Photonen, die im Detektor durch Sensoren (Photomultiplier) registriert werden. Die bei jeder Neutrinostreuung gemessene Anzahl an Photoelektronen ist daher ein Mass für die kinetische Energie des Elektrons. Diese wiederum hängt von der Energie des Neutrinos und dem Streuwinkel ab. Nachdem dieser zwischen Null (Vorwärtsstreuung) und 180° (maximaler Impuls- und Energieübertrag) liegen kann, ergibt sich selbst für monoenergetische Neutrinos ein kontinuierliches Elektron-Rückstoßspektrum, das bis zu einer maximalen Energie reicht, die durch die Neutrinoenergie und den maximalen Streuwinkel von 180° festgelegt ist.

Eine Beschreibung des Borexino-Detektors im italienischen Gran-Sasso Untergrundlabor findet man in Abschn. 3.1. Durch vielfältige Methoden konnte das Niveau der radioaktiven Hintergrundstrahlung insbesondere im zentralen Bereich des Detek-

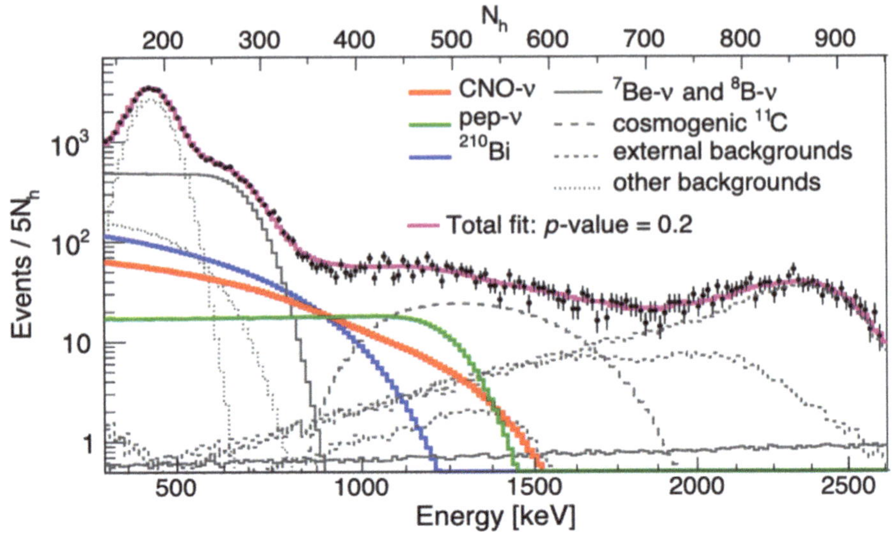

Abb. 5.7 Spektrale Verteilung im Borexino-Detektor im Zeitraum zwischen Januar 2017 und Oktober 2021 mit Hintergrundbeiträgen und Rückstoßspektren solarer Neutrinos. Erklärung im Text. Aus [239]

tors auf sehr niedrige Werte gedrückt werden. Als gefährlichster verbliebender Hintergrund stellt sich das durch Beta-Zerfälle des Isotops ^{210}Bi (maximale Energie ca. 1,2 MeV) gebildete Spektrum heraus. Das Folgeprodukt von ^{210}Bi ist ^{210}Po, das wiederum radioaktiv ist und über einen Alpha-Übergang auf das stabile Isotop ^{206}Pb zerfällt. Die Bestimmung der ^{210}Bi-Aktivität im zentralen Bereich des Detektors gelang am besten über die Messung der Rate der monoenergetischen Alpha-Teilchen, nachdem das radioaktive Gleichgewicht zwischen den beiden Isotopen erreicht worden ist. Diese Messung wurde zuerst erheblich erschwert durch konvektive Strömungen im Flüssigszintillator des Detektors, welche die Raten im zentralen Bereich des Detektors zeitlich sehr stark variieren ließen. Erst durch die thermische Isolation des gesamten Detektors konnte nach einer längeren Periode eine genügend stabile Situation erreicht werden.

Die spektrale Verteilung der Daten, die im Zeitraum zwischen Januar 2017 und Oktober 2021 gewonnen wurden, zeigt Abb. 5.7. Abgebildet ist der niederenergetische Bereich des Spektrums im logarithmischen Maßstab bis zu einer maximalen Energie von 2,6 MeV. Die obere Skala N_h gibt die Anzahl der gemessenen Photoelektronen an. Sie ist proportional zur Energie. Die schwarz gezeichneten Datenpunkte können durch einen gemeinsamen Fit beschrieben werden, der folgende Beiträge umfasst: Monoenergetische Alphas aus dem Zerfall von ^{210}Po unterhalb von 0,5 MeV sichtbarer Energie, die Compton-ähnliche Schulter solarer ^{7}Be-Neutrinos, der Hintergrund der Beta-Zerfälle von ^{210}Bi (blau), die Verteilung solarer pep-Neutrinos (grün), der Beitrag der gesuchten CNO-Neutrinos (rot), der Hintergrund durch kosmisch aktivierte ^{11}C-Kerne, Hintergrund durch externe Gamma-Strahlung und der in diesem Energiebereich sehr niedrige Beitrag solarer ^{8}B-Neutrinos.

Der ^{11}C-Hintergrund stammt aus dem β^+-Zerfall von ^{11}C-Kernen, die durch Spallations-Reaktionen kosmischer Myonen an ^{12}C-Kernen im Szintillator entstehen, wobei ein Neutron aus dem Kernverband herausgelöst wird. Diese Ereignisse können mittels der Beobachtung der charakteristischen Dreifach-Koinzidenz aus dem Myon, einem Neutron-Einfang und dem nachfolgendem β^+-Zerfall mit einer Effizienz von ca. 90 % identifiziert werden, und die Verteilung in Abb. 5.7 zeigt die danach verbleibenden Ereignisse.

Die Aktivität von ^{210}Bi wird durch die unabhängig erfolgte Messung der ^{210}Po-Alpha-Aktivität festgelegt, die spektrale Verteilung folgt aus dem Verlauf des Beta-Spektrums gefaltet mit der Energieauflösung des Detektors. Die Unsicherheit des Beitrags der solaren pep-Neutrinos kann durch die Luminosität der Sonne stark eingeschränkt werden, da diese ganz oben in der pp-Kette aller Fusionsreaktionen steht (s. Abb. 3.1). Zieht man nun all diese bekannten Beiträge vom experimentell gemessenen Spektrum ab, verbleibt ein signifikanter Überschuss an Daten, dessen spektrale Form perfekt mit der gefittet werden kann, wie man sie von den Neutrinos aus dem solaren CNO-Zyklus erwartet. Diese Verteilung wird in Abb. 5.7 als rote Kurve dargestellt. Unter Berücksichtigung der Oszillationswahrscheinlichkeit ergibt sich ein solarer Neutrinofluss auf der Erde ([239]) $\Phi_{CNO} = 6{,}6^{+2{,}0}_{-0{,}9} \times 10^8\,\mathrm{cm}^{-2}\,\mathrm{s}^{-1}$, also etwa einen Faktor 10^2 schwächer als der der pp-Neutrinos, wie man es vom Standardmodell der Sonne erwartet.

Ein eindeutiger Beweis für die Sonne als Quelle des Überschusses im Spektrum um 1 MeV erfolgte schließlich durch die Identifikation der Cherenkov-Photonen im Signal der Rückstoßelektronen. Die vom Cherenkov-Effekt kommenden Photonen machen nur einen kleinen Teil (ca. 5 %) des gesamten Lichts aus, können aber durch die hohe zeitliche Auflösung der verwendeten Photomultiplier von den Szintillations-Photonen getrennt werden. Die Emission der Cherenkov-Photonen erfolgt prompt, ohne Zeitverzögerung, während die Photonen aus dem Szintillations-Mechanismus mit einer typischen Zeitkonstante von einigen Nanosekunden erzeugt werden, die durch die Lebensdauer der angeregten Moleküle und dem Energietransfer zwischen den einzelnen Komponenten im szintillierenden Medium bestimmt ist. Eine zeitliche Analyse der registrierten Photonen erlaubt daher eine Separation der prompten Cherenkov- von den verzögerten Szintillations-Photonen. Erstere zeigen aber die Richtung der Rückstoßelektronen an und somit, innerhalb einer von der Energie abhängigen Unsicherheit, die Richtung der Neutrinos, die an den Elektronen streuen. Die Analyse der Borexino-Daten zeigt nun eine eindeutige Korrelation dieser Richtungsverteilung mit dem jeweiligen Sonnenstand für den Anteil der Daten um ca. 1 MeV, die dem oben erwähnten Überschuss entspricht. Dies ist nicht nur ein weiterer Beleg für den Nachweis solarer CNO-Neutrinos, sondern auch eine interessante Möglichkeit den Hintergrund weiter zu reduzieren, weil die Ereignisse aus Hintergrundreaktionen wie z. B. dem radioaktiven Zerfall diese Korrelation natürlich nicht zeigen. Das finale Ergebnis der Datenanalyse ergibt einen experimentell ermittelten CNO-Neutrino-Fluss [240]

$$\Phi_{CNO} = 6{,}7^{+1{,}2}_{-0{,}8} \times 10^8\,\mathrm{cm}^{-2}\,\mathrm{s}^{-1},$$

der kompatibel mit theoretischen Erwartungswerten ist.

5.2.4 Solare Metallizität

Zeitgleich mit der Entwicklung der solaren Neutrino-Spektroskopie wurden in den letzten Dekaden auch die astrophysikalischen Beobachtungen der Helioseismologie und der solaren Atmosphäre immer genauer. Die Helioseismologie beobachtet die Eigenschwingungen der Sonne an deren Oberfläche und kann damit Berechnungen der Schallgeschwindigkeit im Inneren durchführen. Da diese von der Zusammensetzung der Sonne abhängig ist, erlaubt die Helioseismologie einen Blick in den inneren Aufbau der Sonne. Sie ist neben der Neutrinospektroskopie die einzige Möglichkeit dazu. Die Resultate der Helioseismologie und der Beobachtungen der solaren Atmosphäre haben in den letzten Jahren zu einer gewissen Diskrepanz bei der *Metallizität* in der Sonne geführt.[2] Das Vorkommen dieser schwereren Elemente ist im Vergleich zum Wasserstoff und Helium sehr klein, hat aber große Konsequenzen für den Energietransport aus dem Inneren der Sonne an die Oberfläche. Die Metallizität bestimmt ganz wesentlich die Opazität der Sonne, also wie effizient die elektromagnetische Strahlung im Sonnenplasma absorbiert wird. Die Strahlung wird auf ihrem Weg zur Oberfläche ständig gestreut oder absorbiert und dann gleich wieder emittiert. Dieser diffuse Prozess bestimmt im Wesentlichen den Energietransport in der Sonne, da erst bei einem Abstand vom Zentrum von ca. 71 % des Sonnenradius Konvektion einsetzt.

Das Vorkommen der Metalle in der solaren Atmosphäre kann man direkt aus den elektromagnetischen Emissions- und Absorptionsspektren der Sonne („Fraunhofer-Linien") ableiten. Seit Kurzem kann man mithilfe von Computersimulationen die räumliche Verteilung der Elemente in der Sonnenatmosphäre aus diesen Beobachtungen rekonstruieren. Man hat nun lange angenommen, dass die Metallizität an der Oberfläche und im Inneren der Sonne gleich sein sollten, d. h. dass die Verteilung der schwereren Elemente in der Sonne homogen sein sollte.

Die neuesten Beobachtungen und Interpretationen sagen aber unterschiedliche Werte voraus. Die Helioseismoligie führt zu Vorhersagen von etwas kleineren Vorkommen („low metallicitiy"), die der direkten Beobachtungen aus der solaren Atmosphäre zu etwas höheren Werten („high metallicity").

Kann die solare Neutrino-Spektroskopie zwischen diesen beiden Szenarien unterscheiden? Im Prinzip ja, weil die Metallizität den Gradienten der Temperatur als Funktion des Radius der Sonne stark beeinflusst. Der Grund liegt darin, dass die schwereren Metalle, im Gegensatz zum Wasserstoff und Helium, im Inneren der Sonne nicht vollständig ionisiert sind und daher Photonen über den Photoeffekt absorbieren können. Damit steigt der Temperaturgradient mit der Metallizität. Da die Temperatur an der Oberfläche natürlich bestimmbar und damit festgelegt ist, bedingt eine metallreichere Sonne eine höhere zentrale Temperatur. Das wiederum beeinflusst die Häufigkeit der thermonuklearen Reaktionen im Zentrum und damit die Stärke der Neutrinoemissionen.

[2] Astrophysiker bezeichnen alle Elemente oberhalb von Helium als Metalle.

Die Abhängigkeiten der Neutrinoflüsse der verschiedenen Verzweigungen der pp-Kette von der Metallizität sind unterschiedlich ausgeprägt. So ist der Fluss der solaren ^{8}B-Neutrinos wegen der deutlich höheren Temperaturabhängigkeit wesentlich stärker von der Metallizität abhängig als zum Beispiel der Fluss der pp-Neutrinos. Die stärkste Abhängigkeit von der Metallizität hat der CNO-Neutrinofluss und daher ist seine präzise Messung der Königsweg zur Bestimmung der inneren solaren Metallizität.

Die aktuelle Situation wird in den drei Plots von Abb. 5.8 gezeigt. Aufgetragen sind die Flüsse solarer B- und Be-Neutrinos über dem Fluss solarer CNO-Neutrinos (links oben und links unten), sowie der Be-Fluss über dem B-Fluss (rechts unten). Die roten und blauen Bereiche zeigen die Bereiche, die von solaren Modellrechnungen mit hoher und niedriger Metallizität vorhergesagt werden. Dabei geben die roten bzw. blauen Punkte die zentralen Werte wieder, die Bereiche werden über die Unsicherheiten definiert.

Die in grün bzw. in grau gehaltenen Bereiche geben die von Borexino bzw. von allen solaren Neutrino-Experimenten gemessenen Werte innerhalb ihrer Unsicherheiten wieder. Da der Mischungswinkel Θ_{12} in die Berechnungen eingeht, benötigt

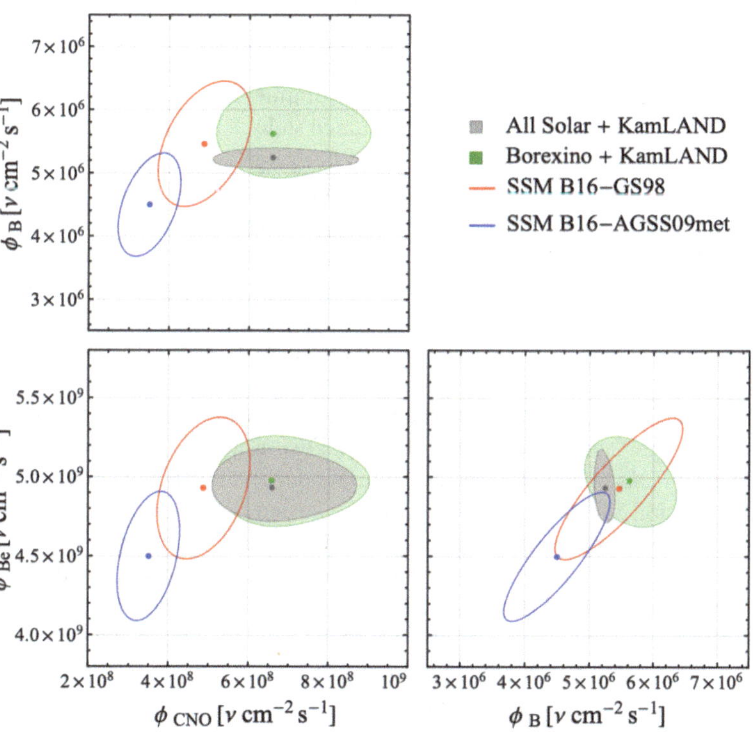

Abb. 5.8 Vergleich der Vorhersagen zu Neutrino-Flüssen in Abhängigkeit von hoher (rot) und niedriger (blau) Metallizität und experimentelle Werte (grün: Borexino, grau: alle solaren Experimente zusammen). Insbesondere die CNO-Messungen von Borexino favorisieren das Szenario mit höherer Metallizität. Aus [239]

man zudem das Ergebnis des KamLAND-Experiments. Man sieht, dass in allen Messungen solare Neutrino-Experimente das Szenarion mit hoher Metallizität favorisiert. Deutlich wird dies insbesondere durch die CNO-Neutrino Messungen von Borexino.

5.3 Supernovaneutrinos

Das Ende eines massereichen Sternes in einer Supernovaexplosion ist zweifelsohne eines der spektakulärsten Ereignisse im Kosmos. Supernovae werden in der Astrophysik in verschiedene Klassen eingeordnet. Im Rahmen der Neutrinophysik sind vor allem Supernovae des Typs II interessant, die als Folge eines Gravitationskollapses entstehen und die wir hier behandeln wollen.

Ist der Vorrat an Wasserstoff im Inneren eines Sterns im Wesentlichen aufgebraucht, so werden sukzessive thermonukleare Fusionsreaktionen schwererer Elemente gezündet. Wegen den dabei auftretenden größeren Coulombenergien sind noch höhere Temperaturen nötig, und die Fusion der schwereren Elemente verläuft vor allem im Inneren der Sterne. Es bildet sich eine Art Zwiebelstruktur aus, wobei das Brennen des noch vorhandenen Wasserstoffs ganz außen stattfindet (Abb. 5.9).

Weiter innen befinden sich Schalen, in denen die Fusion schwererer Elemente abläuft. So kann sich der Stern für eine bestimmte Zeit stabilisieren. Der immer gegenwärtigen Kraft der Gravitation nach innen steht der Strahlungsdruck von innen nach außen entgegen. Der Stern bleibt so im Gleichgewicht. Die Zeitdauern der einzelnen Brennphasen sind allerdings sehr unterschiedlich wie in Abb. 5.10 gezeigt wird. Je schwerer die Kerne sind, die zu den jeweiligen thermonuklearen Fusionsprozessen beitragen, desto höher sind die dazu nötigen Temperaturen und desto kürzer sind die jeweiligen Brennphasen. Die Silizium-Brennphase kurz vor der einsetzenden Implosion spielt sich auf einer Zeitskala von Tagen ab.

Im Kern des Sterns konzentrieren sich sozusagen als Asche der Fusionreaktionen die schwersten Elemente, die durch diese Prozesse entstehen können: Eisen und Nickel. Sie besitzen unter allen Kernen die höchste Bindungsenergie pro Nukleon, und eine weitere Energiefreisetzung bei der Fusion noch schwererer Elemente ist nicht möglich. Das bedeutet, dass die Synthese der chemischen Elemente in Sternen durch Kernfusion nur bis zu der Gruppe um Eisen und Nickel erfolgt. Noch schwerere Atomkerne können über Fusionsreaktionen nicht erzeugt werden.

Im Zentrum des Sterns ist also das nukleare Feuer erloschen. Aber auch der Eisen- Nickelkern eines Sterns kann das Gleichgewicht bewahren, wenngleich nun kein klassischer Strahlungsdruck mehr aufgebaut werden kann. Die Elektronen im massiven und dichten Eisen- Nickelkern übernehmen diese Rolle. Sie bilden ein Fermigas mit Druck von innen nach außen und stabilisieren so den Stern. Je massiver der Kern, desto größer wird die Fermienergie der Elektronen. Verkleinert sich nämlich das Volumen des Kerns durch die Schwerkraft, so werden die Energieniveaus der Elektronen angehoben und die Fermienergie steigt. Dies erzeugt einen Gegendruck und für Massen des Kerns unterhalb eines kritischen Werts bleibt der Kern des Sterns stabil. Die meisten Sterne liegen mit ihrer Gesamtmasse unterhalb dieser

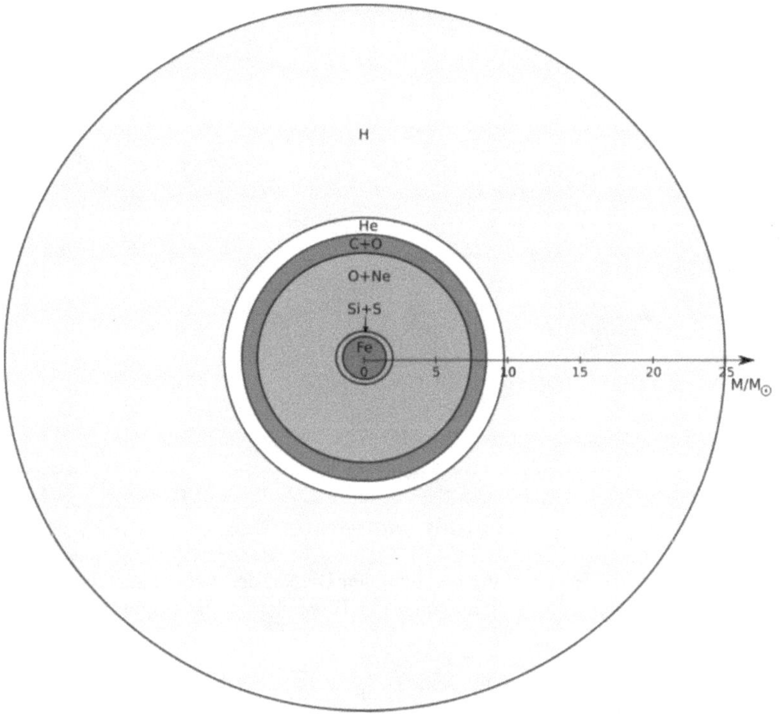

Abb. 5.9 Zwiebelschalenstruktur eines massereichen Sterns kurz vor einem Gravitationskollaps mit anschließender Supernovaexplosion. Hier wurde eine Gesamtmasse von 25 Sonnenmassen angenommen. Die einzelnen Zonen geben die räumliche Verteilung der verschiedenen Brennzonen thermonuklearer Fusionsprozesse wieder

kritischen Grenze. Sie sind, wie auch unsere Sonne, normale Hauptreihensterne mit einer zentralen Temperatur um die 10^7 K und Lebensdauern um die 10^{10} Jahre und enden schließlich als weiße Zwerge.

Setzt die Fusion von Silizium zu Eisen ein, entsteht innerhalb von Tagen ein massiver Eisen-Nickelkern im Zentrum des Sterns. Ab einer Masse des Eisen-Nickelkerns von ca. 1,4 Sonnenmassen (das ist die sogenannte Chandrasekhar-Masse) werden die nun bereits relativistischen Elektronen energetisch in die Lage versetzt, folgende Reaktionen in Atomkernen zu ermöglichen: $p + e^- \to n + \nu_e$. Die charakteristischen Größen des Eisen-Nickelkerns (Masse, Temperatur, Radius und Dichte) zu diesem Zeitpunkt sind: $M \sim 1{,}4\,\mathrm{M}_o$, $T \sim 10^{10}\,\mathrm{K}$, $R_{FeNi} \sim 8 \times 10^3\,\mathrm{km}$, $\rho \sim 10^9\,\mathrm{gcm}^{-3}$. Die den Kern des Sterns stabilisierenden Elektronen werden also über die schwache Wechselwirkung zu Neutrinos umgewandelt, die zu diesem Zeitpunkt den Stern ohne weitere Wechselwirkung verlassen. Die Folgen sind dramatisch: Der Eisen- Nickelkern wird instabil und implodiert nahezu im freien Fall. Bei dieser Kompression steigen der Druck und die Temperatur der Materie im Inneren des Kerns stark an. Die dabei entstehende thermische Strahlung ist hochenergetisch (im Bereich über $\sim$ 10 MeV) und diese Gammaquanten führen zur radiativen Zertrümmerung der Kerne in einzelne Nukleonen. Dazu ist eine immens hohe Energie nötig,

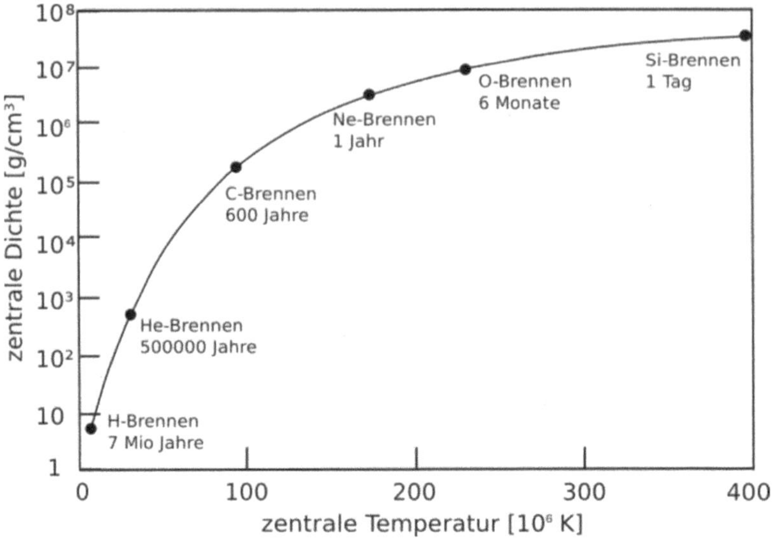

Abb. 5.10 Diagramm der Entwicklung der zentralen Dichte, der Temperatur und der typischen Zeitdauern während verschiedener thermonuklearer Brennphasen eines schweren Sterns mit 25 Sonnenmassen

die Photonen werden dabei absorbiert und können den Stern nicht stabilisieren. Letztlich wird die über viele Jahrmillionen erfolgte Fusion der Atomkerne zu Eisen und Nickel innerhalb von Sekunden umgekehrt. Durch die dabei fortlaufenden Reaktionen der schwachen Wechselwirkung werden letztlich alle Protonen zu Neutronen verwandelt. Die Materie komprimiert sich bei diesem Prozess enorm und erreicht schließlich die Dichte von Kernmaterie. Die charakteristischen Parameter sind jetzt: $M \sim 1{,}4\,\mathrm{M}_o$, $T \sim 30\,\mathrm{MeV}$, $R_{NS} \sim 50\,\mathrm{km}$, $\rho \sim 3 \times 10^{14}\,\mathrm{gcm}^{-3}$.

Der mittlere Abstand der Nukleonen liegt jetzt bei ungefähr 1 fm = 10^{-15}m. Bei weiterer Annäherung der Nukleonen treten sehr starke abstoßende Kräfte auf, und die Impulsrichtung der einfallenden Materie wird als Folge dessen umgedreht. Eine Schockwelle läuft von dem entstehenden Neutronenstern nach außen durch alle äußeren Schalen und bringt den gesamten Stern zur Explosion. Bei der Verdichtung der Materie hin zu nuklearer Dichte werden alle Arten von Neutrinos und Antineutrinos thermisch erzeugt: $\gamma + \gamma \rightarrow e^+ + e^- \rightarrow \nu_\alpha + \bar{\nu}_\alpha$ mit $\alpha = e, \mu, \tau$. Dies ist der wesentliche Teil der Neutrinoentstehung in einer Supernova über einen Gravitationskollaps. Er übertrifft die Intensität der zuvor bei der Neutronisierung der Materie freigesetzten ν_e um mindestens eine Größenordnung.

Während dieser Phase, die einige Sekunden andauern kann, sind selbst die Neutrinos gefangen! Ab einer Dichte von etwa $2 \cdot 10^{11}$ g cm^{-3} ist ihre mittlere freie Weglänge kleiner als die typischen Dimensionen der Materie. Die dabei wichtigsten Reaktionen sind die kohärente Streuung an Atomkernen mit der Massenzahl A: $\nu_\alpha + A \leftrightarrow \nu_\alpha + A$, ein Prozess der neutralen schwachen Wechselwirkung, dessen Wirkungsquerschnitt im Wesentlichen mit N^2 skaliert, wobei N die Anzahl der Neutronen im Atomkern bezeichnet. Die kohärente Streuung von Neutrinos an Atomkernen wird im Abschn. 6.4 behandelt.

Im Zentrum des Kollapses sind Neutrinos mit der übrigen Materie auch über Reaktionen mit kleineren Wirkungsquerschnitten im thermodynamischen Gleichgewicht, wie z. B. die elastische Streuung an Elektronen, Annihilationsprozessen wie $\nu_\alpha + \bar{\nu}_\alpha \leftrightarrow e^- + e^+$ und dem inversen Betazerfall an Nukleonen: $\nu_e + n \leftrightarrow e^- + p$ bzw. $\bar{\nu}_e + p \leftrightarrow e^+ + n$. Nur Neutrinos nahe der Oberfläche einer *Neutrinosphäre* können diesen Bereich verlassen. Schließlich, auf einer Zeitskala von ungefähr 10 bis 20 s werden alle Neutrinos abgestrahlt und kühlen somit den entstehenden Neutronenstern. Nach dieser Modellvorstellung wird letztlich nahezu die gesamte gravitative Bindungsenergie des Eisen-Nickelkerns in Form von Neutrinos abgestrahlt.

Übrig bleibt ein Neutronenstern oder ein schwarzes Loch. Im ersten Fall übernehmen nun die Neutronen als Fermigas die stabilisierende Rolle, analog wie es die Elektronen im Eisen-Nickelkern taten. Wegen dem sich dramatisch verkleinertem Trägheitsmoment um einen Faktor $\sim (R_{FeNi}/R_{NS})^2 \sim 3 \cdot 10^4$ und der Konstanz des Drehimpulses rotiert der Neutronenstern mit hoher Frequenz, die durchaus bis in den Bereich von kHz reichen kann. Da das Produkt von Querschnittsfläche und Magnetfeld konstant bleibt, besitzen Neutronensterne auch ein sehr hohes, zeitlich veränderliches Magnetfeld (bis ca. 10^8 T). Geladene Teilchen in der Nähe eines Neutronensterns werden in den dabei entstehenden elektrischen Feldern stark beschleunigt und emittieren aufgrund der Lorentzkraft im Magnetfeld eine sehr intensive elektromagnetische Synchrotron-Strahlung entlang der Pole des Magnetfelds. Ist die Rotationsachse gegenüber der Magnetfeldachse geneigt, so wird die Strahlung periodisch abgestrahlt, und der Neutronenstern wird als Pulsar bezeichnet. Die Leistung dieser Strahlung ist beeindruckend: Sie ist um einen Faktor ca. 10^5 höher als die unserer Sonne. Die so ständig abgegebene Energie wird aus der Rotationsenergie gespeist, was zu einer stetigen Abnahme der Rotationsfrequenz eines Pulsars führt. Die Lebensdauer eines Pulsars ist folglich auf eine Zeitspanne von mehreren Millionen Jahren eingeschränkt. Der am besten erforschte Pulsar ist der des Krebsnebels in einer Entfernung von etwa 2 kpc. Er ist das Produkt der Supernovaexplosion, die im Jahre 1054 von chinesischen Astronomen beobachtet worden ist. Seine Periodendauer beträgt 33 ms, und der Krebsnebel ist als Supernova-Überrest ein kosmischer Teilchenbeschleuniger. Im Jahre 1989 konnte mit dem amerikanischen Whipple-Teleskop zum ersten Mal hochenergetische Gammastrahlung mit Energien bis zu 10^{12} eV aus dem Krebsnebel beobachtet werden.

Soweit unsere Grundvorstellung des Ablaufs einer Supernovaexplosion aufgrund eines Gravitationskollapses des Eisen-Nickelkerns im Zentrum. Es gibt Bemühungen den Ablauf einer Supernovaexplosion auf dem Computer zu simulieren. Dazu sind sehr leistungsfähige Rechner und hochentwickelte Algorithmen nötig. Erst seit Kurzem ist man in der Lage dreidimensionale Modelle zu berechnen. Dabei ist die Frage, was die Explosion wirklich vorantreibt, immer noch nicht gänzlich geklärt, da in manchen Simulationen die Expansion der Schockwelle zum Erliegen kommt. Das Problem hier liegt in der immens hohen Energie, die benötigt wird, um die Kerne in ihre Bestandteile zu zerlegen. Es könnte sein, dass Konvektionserscheinungen und die Restwechselwirkung der Neutrinos hier eine wichtige Rolle spielen. Es könnte aber auch sein, dass in der Realität nicht jeder Gravitationskollaps in einer optisch sichtbaren Supernovaexplosion mündet. Vielleicht bleibt ein gewisser Bruchteil aller Kollapse optisch dunkel. In diesem Falle würden nur Neutrinos und unter bestimmten Bedingungen Gravitationswellen ausgesandt werden.

Es war ein glücklicher Zufall, dass diese Grundvorstellung bei der Supernova 1987a mithilfe von Neutrinos überprüft werden konnte. Zu diesem Zeitpunkt waren die zwei damals größten Wasser-Cherenkovdetektoren Kamiokande (Japan) und IMB (USA) gerade in Betrieb gegangen. Zudem hat ein kleinerer Szintillations-Detektor im russischen Untergrundlabor bei Baksan im Kaukasus Daten genommen. Beide Cherenkovdetektoren hatten noch mit technischen Problemen zu kämpfen. Kamiokande hat am 24. Februar 1987 einen sogenannten „Probe-Run“ gestartet und die Zeiten der beobachteten Ereignisse nur mithilfe einer internen Computeruhr vermerkt. Die IMB-Kollaboration hatte eine Uhr mit absoluter Zeitmessung am Laufen, aber wegen technischer Probleme waren ungefähr 30 % der Photovervielfacher des Detektors außer Betrieb. Australische Hobbyastronomen haben die Supernova SN1987a in der großen Magellan'schen Wolke am 24. Februar 1987 entdeckt. Die Entfernung beträgt ungefähr 157.000 Lichtjahre. Die SN1987a war die erste Supernova, bei der man den Progenitor, also den Vorläuferstern, identifizieren konnte. Die Masse des Progenitors mit dem Namen Sanduleak betrug etwa 17 Sonnenmassen, und konnte als ein sogenannter blauer Überriese charakterisiert werden. Die nach der Bekanntgabe von SN1987a sofort erfolgten Analysen der Detektordaten von Kamiokande, IMB und Baksan ergaben folgendes Bild (Tab. 5.1): In Kamiokande wurden in einem Zeitfenster von 13 s 12 Neutrinoereignisse festgehalten, im IMB-Detektor deren 8 und 5 in Baksan [114–116]. In einem erweiterten Zeitfenster bis 24 s wurden allein in Kamiokande noch weitere 4 Ereignisse bei relativ niedrigen Energien beobachtet.

Diese Ereignisse verliefen koinzident. Wegen der mangelnden Genauigkeit des Kamiokande-Detektors konnte man die Koinzidenzzeitspanne auf eine Minute begrenzen. Statistische Untersuchungen ergaben, dass eine zufällige Anhäufung von Untergrundereignissen während dieser Zeitspanne in den drei Detektoren mit insgesamt 24 Ereignissen extrem unwahrscheinlich ist. Der Zeitpunkt der Reaktionen der Neutrinos in den Detektoren lag drei bis vier Stunden vor der optischen Entdeckung. Dies entspricht der Erwartung, weil die Opazität der äußeren Schichten des Sterns ein Entweichen der Photonen zuerst verhindert. Dies geschieht erst, wenn die Dichte der Materie weit genug abgesunken ist, und man vermutete schon vor Beobachtung von SN1987a, dass diese Zeitspanne in der Größenordnung von Stunden liegt.

Wegen des mit Abstand höchsten Wirkungsquerschnitts nahm man an, dass der inverse Betazerfall an freien Protonen ($\bar{\nu}_e + p \to e^+ + n$) als hauptsächliche Reaktion der Supernovaneutrinos in den drei Detektoren infrage kommt. Diese Vermutung wird gestützt durch die Analyse der Richtungen der Cherenkovkegel in den Detektoren Kamiokande und IMB. Sie entspricht der Erwartung an die Verteilung von Positronen nach dem inversen Betazerfall und ist im Wesentlichen isotrop. Man kann also keine Korrelation zu dem Impulsvektor der Neutrinos erkennen. Wäre dagegen die elastische Streuung an Elektronen die dominante Reaktion gewesen,

Tab. 5.1 Liste der relativen Zeiten und Energien der in Kamiokande (K), IMB (I) und Baksan (B) registrierten Neutrinoereignisse während der Supernova SN1987a. Die jeweils ersten Ereignisse in den Detektoren wurden auf $t = 0$ gesetzt. Das tatsächliche zeitliche Koinzidenzfenster betrug ± 1 Minute

Ereigniszahl	Zeit (ms)	Energie (MeV)	Ereigniszahl	Zeit (ms)	Energie (MeV)
K1	0	$20{,}0 \pm 2{,}9$	I1	0	38 ± 7
K2	107	$13{,}5 \pm 3{,}2$	I2	412	44 ± 15
K3	303	$7{,}5 \pm 2{,}0$	I3	650	28 ± 6
K4	324	$9{,}2 \pm 2{,}7$	I4	1141	39 ± 7
K5	507	$12{,}8 \pm 2{,}9$	I5	1562	36 ± 9
K6	686	$6{,}3 \pm 1{,}7$	I6	2684	36 ± 6
K7	1541	$35{,}4 \pm 8{,}0$	I7	5010	19 ± 5
K8	1728	$21{,}0 \pm 4{,}2$	I8	5582	22 ± 5
K9	1915	$19{,}8 \pm 3{,}2$			
K10	9219	$8{,}6 \pm 2{,}7$			
K11	10433	$13{,}0 \pm 2{,}6$			
K12	12439	$8{,}9 \pm 2{,}9$	B1	0	$12{,}0 \pm 2{,}4$
K13	17641	$6{,}5 \pm 1{,}6$	B2	435	$17{,}9 \pm 3{,}6$
K14	20257	$5{,}4 \pm 1{,}4$	B3	1710	$23{,}5 \pm 4{,}7$
K15	21355	$4{,}6 \pm 1{,}3$	B4	7687	$17{,}5 \pm 3{,}5$
K16	23814	$6{,}5 \pm 1{,}6$	B5	9099	$20{,}3 \pm 4{,}1$

hätte man eine sehr ausgeprägte Korrelation zwischen der Richtung der Neutrinos und der Elektronen beobachten müssen.

Im Folgenden wollen wir den totalen Fluss an Neutrinos aus der Supernova von 1987 auf der Erde abschätzen. Die beim Kollaps freiwerdende Bindungsenergie E_B beträgt

$$E_B = G\left(\frac{M}{R_{\text{FeNi}}} - \frac{M}{R_{\text{NS}}}\right) \sim G\,\frac{M}{R_{\text{NS}}} \approx 3 \times 10^{53}\,\text{erg}. \tag{5.5}$$

Hier sind G die Gravitationskonstante, R_{FeNi} der Radius des Eisen-Nickelkerns vor der Implosion, R_{NS} der Radius des entstandenen Neutronensterns und $M = 1{,}4\,M_o$ die Chandrasekharmasse[3]. Da 99 % der Bindungsenergie in Form von Neutrinos abgestrahlt wird, ist die Anzahl aller emittierten Neutrinos N_ν in sehr guter Näherung

$$N_\nu = E_B/\bar{E}_\nu, \tag{5.6}$$

[3] 1 erg = $6{,}24 \times 10^5$ MeV.

mit $\bar{E}_\nu$ als die mittlere Neutrinoenergie. Unter der Annahme, dass die Gesamtenergie im Wesentlichen auf alle Neutrinoarten gleichmäßig verteilt ist, berechnet sich der totale Fluss Φ an Elektronantineutrinos zu

$$\Phi \approx \frac{N_\nu}{6} \frac{1}{4\pi d^2} = \frac{1}{6} \frac{E_B}{\bar{E}_\nu} \frac{1}{4\pi d^2}, \tag{5.7}$$

mit $d \approx 50\,\text{kpc}$ als dem Abstand zur großen Magellan'schen Wolke. Für eine mittlere Neutrinoenergie $\bar{E}_\nu \approx 10$ MeV folgt somit ein totaler $\bar{\nu}_e$-Fluss auf der Erde von $\Phi \approx 10^{10}\,\text{cm}^{-2}$.

Vergleicht man diesen Wert mit dem experimentell ermittelten unter Berücksichtigung der Anzahl der Protonen als Target in den zwei Cherenkovdetektoren sowie den Energieschwellen (KamioKande 7,5 MeV und IMB = 19 MeV), ergibt sich ein einigermaßen konsistentes Bild. Die aus den experimentellen Daten ermittelten Werte beider Detektoren für den Fluss von Elektron-Antineutrinos lauten: $\Phi_{\text{Kam}} = (2{,}0 \pm 0{,}6) \times 10^{10}\,\text{cm}^{-2}$ und $\Phi_{\text{IMB}} = (0{,}8 \pm 0{,}3) \times 10^{10}\,\text{cm}^{-2}$. Zur Berechnung nimmt man hier an, dass die Neutrinos einer Fermi-Dirac-Verteilung folgen

$$\frac{d\Phi}{dE_\nu} \propto \frac{1}{T^3} \frac{E_\nu^2}{1 + \exp(E_\nu/k_B T)}, \tag{5.8}$$

mit k_B als der Boltzmannkonstanten. Die gemessenen Energieverteilungen der Neutrinoereignisse ist verträglich mit dieser Annahme und sowohl für Kamio-Kande als auch IMB können mittlere Temperaturen für die SN1987a abgeschätzt werden. Die Werte lauten $T_{\text{Kam}} = 2{,}6^{+0{,}7}_{-0{,}5}$ MeV und $T_{\text{Kam}} = 4{,}2^{+1{,}0}_{-0{,}8}$ MeV. Für die mittlere Neutrinoenergie gilt bei einer Fermi-Dirac-Verteilung der Zusammenhang $\bar{E}_\nu = 3{,}15\,T$. Die mittlere gemessene Neutrinoenergie liegt folglich zwischen 9 und 13 MeV. Die bei der SN1987a insgesamt freigesetzte Energie kann somit auf einen Bereich $E_B = (3 - 5) \times 10^{53}$ erg abgeschätzt werden. Damit wurden unsere Grundvorstellungen eines Gravitationskollapses experimentell bestätigt. Zum ersten Mal wurden Neutrinos beobachtet, die außerhalb unseres Sonnensystems erzeugt wurden, und trotz der geringen Statistik war es möglich, eine Abschätzung der insgesamt freigesetzten Energie zu erhalten. Für diese bahnbrechende Beobachtung wurde Masatoshi Kashiba von der Kamiokande-Kollaboration im Jahre 2002 der Nobelpreis für Physik verliehen.

Heutige große Cherenkovdetektoren wie Super-Kamiokande würden bei einer galaktischen Supernova des Typs II wohl um die ca. 20.000 Neutrinoereignisse innerhalb eines Zeitfensters von etwa 10 s messen. Damit wäre es möglich, Details im Ablauf des Gravitationskollapses und der anschließenden Akkreditionsphase zu gewinnen. Leider ist die Wahrscheinlichkeit einer solchen Supernova in unserer Milchstraße sehr klein. Aus astrophysikalischen Beobachtungen vermutet man, dass die Häufigkeit bei ungefähr zwei bis drei Explosionen pro Jahrhundert liegt. Es kann also etwas dauern, bis wir wieder in den Genuss einer galaktischen Supernova kommen. Andere Galaxien sind aber schon zu weit entfernt und das Neutrinosignal ist zu schwach für heutige Neutrinodetektoren. Der diesbezügliche Horizont von Super-Kamiokande zum Beispiel reicht gerade bis zur unserer nächsten Nachbargalaxie, dem Andromeda-Nebel. Andererseits ist es klar, dass die nächste Front einer galaktischen Neutrinowelle von einer Supernova zu uns bereits unterwegs ist, und wir mit unseren Detektoren gewappnet sein sollten, dieses seltene Phänomen vermessen zu können.

Es ist auch möglich, dass ein gewisser Anteil der Gravitationskollapse nicht in einer Explosion endet. Diese würden dann zwar optisch quasi dunkel bleiben, aber trotzdem Neutrinos in sehr hoher Intensität emittieren. Damit wären Neutrinodetektoren und wahrscheinlich Gravitationswellenantennen die einzigen Instrumente, mit denen man diese astrophysikalischen Ereignisse beobachten könnte. Ein weiteres interessantes Szenario würde wohl zudem die Formation eines schwarzen Lochs als Folge des Gravitationskollapses bieten, bei der die Neutrinoemission spontan abbrechen würde.

5.4 Der diffuse Supernova Neutrinohintergrund

Da bei jeder Supernovaexplosion mit Gravitationskollaps die freiwerdende Energie in Form von Neutrinos ausgestrahlt wird, erwartet man, dass sich als Folge aller bisher im Universum erfolgten Supernovae ein diffuser Hintergrund von Supernovaneutrinos gebildet hat (DSNB für *Diffuse Supernova Neutrino Background*). Die Intensität dieser ungerichteten Strahlung hängt von der Häufigkeit von Supernovae des Typs II in der Geschichte des Universums ab. Eine Messung des DSNB würde zum einen erlauben astrophysikalische Beobachtungen zu dieser Häufigkeitsverteilung zu überprüfen, zum anderen könnte man das gemittelte Energiespektrum einer Supernova des Typs II messen.

In die Berechnung der DSNB-Intensität gehen mehrere kosmologische und astrophysikalische Parameter ein. Sie ist abhängig von der Rate der Supernovae mit Neutrinoemission im Universum als Funktion der Zeit (bzw. als Funktion von z, der Rotverschiebung). Diese Rate korreliert mit der Sternformationsrate und der Massenverteilung der Sterne. Beobachtungen dieser Größen geben also innerhalb gewisser Unsicherheiten Hinweise auf die Supernova-Rate als Funktion der Zeit. Zudem ist die Intensität des DSNB natürlich direkt proportional zur Neutrino-Leuchtkraft einer typischen Supernova unter Gravitationskollaps.

Man kann die Größenordnung des DSNB-Flusses und die daraus folgende Signalrate in einem Detektor wie zum Beispiel Super-Kamiokande grob abschätzen. Dazu betrachtet man die Supernovarate in einem Volumen mit Radius d (Abb. 5.11). Innerhalb einer Galaxie ($d \sim$ kpc) erwartet man ca. eine Supernova alle hundert Jahre, in einem Volumen mit Radius $d \sim$ Mpc erhöht sich diese Zahl auf ca. ein Ereignis pro Jahr, und betrachtet man das gesamte Universum, so ist die Rate etwas über einem Hertz oder bei $\sim 10^8$ pro Jahr.

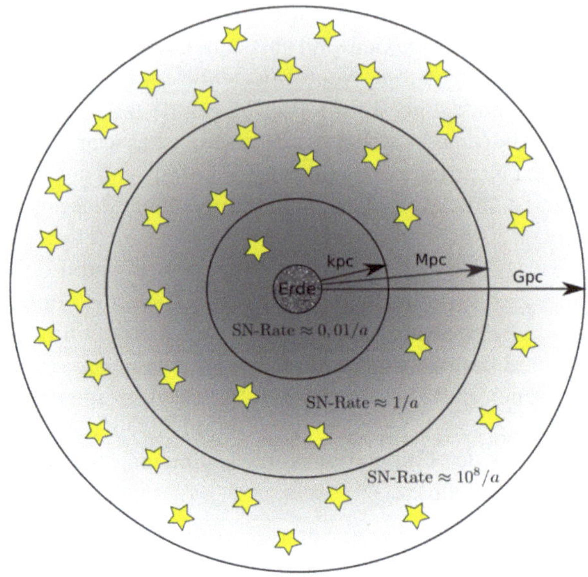

Abb. 5.11 Supernovaraten als Funktion der Entfernung. In einer typischen Spiralgalaxie wie unserer Milchstrasse erwartet man in etwa eine Supernova pro Jahrhundert. Innerhalb eines Abstandes von etwa 1 Mpc bereits eine pro Jahr und im gesamten Universum mehr als eine pro Sekunde

Der DSNB-Fluss Φ_{dsnb} von detektierbaren Elektron-Antineutrinos $\bar{\nu}_e$ ist dann näherungsweise gegeben durch

$$\Phi_{\text{dsnb}} \sim \frac{N_{\text{sn}}}{4\pi d_{\text{sn}}^2} N_\nu, \tag{5.9}$$

mit $N_{\text{sn}} \sim 3\,\text{s}^{-1}$ der Supernovarate im Universum, $d_{\text{sn}} \sim 10^{26}\,\text{m}$ für die mittlere Distanz und $N_\nu \sim (1/6)E_B/\bar{E}_\nu \sim 3 \times 10^{57}$ emittierter $\bar{\nu}_e$ pro Supernova. Der numerische Wert liegt dann bei $\Phi_{\text{dsnb}} \sim 10\,\text{s}^{-1}\text{cm}^{-2}$.

Der DSNB-Fluss ist vergleichbar mit dem extragalaktischer Photonen von allen Sternen und entspricht in etwa 10 % der Energiedichte der kosmischen Hintergrundstrahlung.

Gibt es eine realistische Chance den DSNB experimentell nachzuweisen? Der oben abgeschätzte DSNB-Fluss ist einige Größenordnungen kleiner als der Fluss solarer Neutrinos. Dementsprechend klein wird die Ereignisrate selbst in großvolumigen Detektoren, wie zum Beispiel in SuperKamiokande, erwartet. Über die Reaktion des inversen Betazerfalls $\bar{\nu}_e + p \to e^+ + n$ erwartet man in SuperKamiokande eine DSNB-Ereignisrate von einigen Events pro Jahr.

Eine genauere Berechnung der Rate und des Energiespektrums des DSNB muss die Rotverschiebung der Neutrinos während der Expansion des Universums berücksichtigen und erfordert die Beschreibung der Supernovarate als Funktion der Zeit. Bezeichnen wir die Supernovarate bei der Rotverschiebung z als $R_{\text{sn}}(z)$, dann ist die heutige Anzahldichte $dn(E_\nu)$ der Neutrinos des DSNB mit Energien im Intervall $E_\nu, E_\nu + dE_\nu$, die durch Supernovae in der Epoche $z, z + dz$ erzeugt wurden, gegeben durch

$$dn(E_\nu) = R_{\rm sn}(z)dt\frac{dN(E_\nu^*)}{dE_\nu^*}dE_\nu^*, \tag{5.10}$$

wobei $E_\nu^* = (1+z)E_\nu$ die Neutrinoenergie zur Zeit der Rotverschiebung z ist und $dN(E_\nu^*)/dE_\nu^*$ das Spektrum der Neutrinos bezeichnet, die bei einer Supernova freigesetzt werden [241]. Die relativistische Friedmanngleichung 4.6 liefert die Beziehung zwischen der Rotverschiebung z und t:

$$\frac{dz}{dt} = -H_0(1+z)\sqrt{\Omega_m(1+z)^3 + \Omega_\Lambda}. \tag{5.11}$$

Hier gehen als kosmologische Parameter die Hubble-Konstante H_0, die Materiedichte Ω_m und die kosmologische Konstante Ω_Λ ein. Die Gesamtverteilung des DSNB-Flusses erhalten wir als Integral über alle Epochen:

$$\frac{df_\nu}{dE_\nu} = \frac{c}{H_0}\int_0^{z_{\max}} R_{\rm sn}(z)\frac{dN_\nu(E_\nu^*)}{dE_\nu^*}\frac{dz}{\sqrt{\Omega_m(1+z)^3 + \Omega_\Lambda}} \tag{5.12}$$

wobei z_{max} jener Wert der Rotverschiebung ist, bei dem die ersten Gravitationskollapse begannen. Für die folgenden numerischen Berechnungen wurden die kosmologischen Werte $\Omega_m = 0{,}3$, $\Omega_\Lambda = 0{,}7$, $H_0 = 70\,\mathrm{km\,s^{-1}\,Mpc^{-1}}$ und $z_{\max} - 5$ verwendet.

Die astrophysikalische Bestimmung der Sternformationsrate als Funktion der Zeit hat in den letzten Jahren große Fortschritte gemacht und die Vorhersagen für den Fluss des DSNB präzisiert [242]. Beschreibt man das Neutrinospektrum einer einzelnen, typischen Supernova mit einer Maxwell-Boltzmann-Verteilung, dann hängt der spektrale Verlauf nur von einem Parameter ab, nämlich von der mittleren Neutrinoenergie $\bar{E}_\nu$. Aufgrund astrophysikalischer Argumente kann dieser Wert zwischen 10 MeV und ca. 20 MeV schwanken. Die nach obiger Formel berechnete spektrale Verteilung dff_ν/dE_ν wird in Abb. 5.12 für vier verschiedene Werte von $\bar{E}_\nu$ gezeigt.

Diese Berechnungen erfolgten im Rahmen des europäischen LENA-Projektes (Low-Energy-Neutrino-Astronomy), in dem zum ersten Mal das physikalische Potential eines großvolumigen Neutrino-Detektors (angenommene Masse 50 kt) mit Flüssigszintillator untersucht wurde [243]. Als Reaktion zum Nachweis des DSNB kommt der inverse Betazerfall $\bar{\nu}_e + p \to e^+ + n$ in Frage, da er einen relativ hohen Wirkungsquerschnitt besitzt und die Möglichkeit der zeitverzögerten Koinzidenz zwischen dem prompten Positron und dem verzögerten Einfang des Neutrons bietet. Als Standort von LENA wurde ein Untergrundlabor in Pyhäsalmi (Finnland) untersucht, das die geologischen Voraussetzungen zur Realisation eines solch großen Detektors erfüllen würde. In Abb. 5.12 werden auch die ununterscheidbaren Hintergrundsignale von Kernreaktoren und atmosphärischen Neutrinos gezeigt. Die Signalrate für $\bar{E}_\nu = 12\,\mathrm{MeV}$ im LENA-Detektor würde nur einige Ereignisse pro

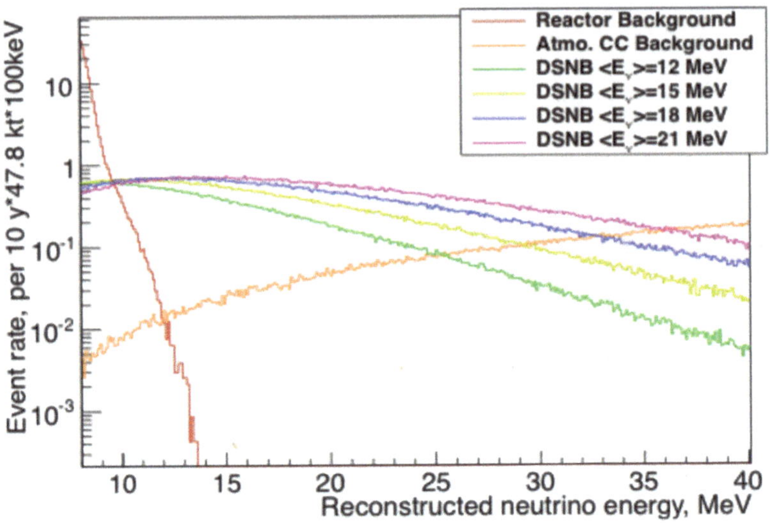

Abb. 5.12 Spektrale Verteilung der Neutrinosignale des DSNB im LENA-Detektor als Funktion von vier verschiedenen Werten für die mittlere Neutrinoenergie. Als Vergleich werden die ununterscheidbaren Hintergrundbeiträge von Reaktorneutrinos und atmosphärischen Neutrinos gezeigt [243]

Jahr betragen, sodass ein signifikantes Signal nur nach einer Zeitspanne mehrerer Jahre zu erwarten wäre.

Das europäische LENA-Projekt wurde nicht realisiert, dagegen befindet sich aktuell der JUNO-Detektor mit einem 20 kt Szintillator-Target in einem neu geschaffenen Untergrundlabor in China im Aufbau und die internationale JUNO-Kollaboration kann vermutlich im Jahre 2025 mit der Datennahme beginnen. Die oben gezeigten Berechnungen und Abschätzungen für LENA sind relativ leicht auf JUNO übertragbar. Neben den unterschiedlichen Targetmassen sind vor allem verschiedene Hintergrundbeiträge durch Reaktor- und atmosphärische Neutrinos zu berücksichtigen. Erstere dominieren den niederenergetischen Bereich des Spektrums und zusammen mit durch μ-Spallation erzeugten ^{9}Li-Kernen definieren sie eine untere Schranke von etwa 12 MeV für den DSNB-Nachweis.

Atmosphärische $\bar{\nu}_e$ reagieren ebenfalls über den inversen Betazerfall, sind daher ununterscheidbar und dominieren im Energiebereich oberhalb von ungefähr 34 MeV. Unabhängig vom Flavour können atmosphärische Neutrinos zudem inelastisch an den Kohlenstoffkernen im Szintillator über die neutrale Stromwechselwirkung reagieren, dabei schnelle Neutronen freisetzen und somit ebenfalls Hintergrundereignisse erzeugen. Man versucht diesen Beitrag über Pulsformanalyse zu identifizieren.

Kosmische Myonen erzeugen schnelle Neutronen im hohen Maße, können aber leicht im Vetosystem des Detektors nachgewiesen werden, wenn sie diesen durchqueren. Auf solche Weise extern erzeugte Neutronen dagegen können durchaus den inneren Teil des Detektors erreichen und dort ebenfalls Hintergrundereignisse produzieren. Hier hilft die Selbstabschirmung des großvolumigen Detektors und mithilfe

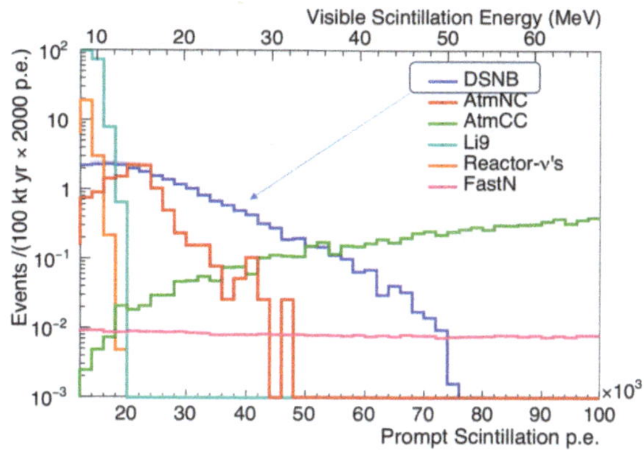

Abb. 5.13 Erwartete spektrale Verteilung von Ereignissen des DSNB und relevante Hintergrundbeiträge im JUNO Detektor [246]. Das DSNB-Signal wird sichtbar im Energiefenster zwischen ca. 12 und 34 MeV

der Ortsrekonstruktion kann ein inneres Volumen definiert werden, in dem dieser Hintergrundbeitrag nur eine untergeordnete Rolle spielt.

Das Ergebnis von dazu relevanten Berechnungen mittels Monte-Carlo Simulationen am Computer zeigt Abb. 5.13. Im Energiefenster zwischen ca. 12 MeV und etwa 34 MeV sollten DSNB-Ereignisse dominieren, wenn die oben beschriebenen Methoden zur Unterdrückung von Hintergrundereignissen funktionieren. Da die erwartete DSNB-Zählrate sehr klein ist (s. o.), sind mindestens fünf Jahre Datennahme in JUNO nötig, bevor sich ein positives Signal abzeichnet ([247]).

Der inverse Betazerfall an freien Wasserstoffkernen ist auch für SuperKamiokande der einzig mögliche Reaktionskanal zur Entdeckung des DSNB. Im Gegensatz zu einem Szintillator-Detektor ist das frei werdende Neutron aber im Wasser-Cherenkov-Detektor nur sehr schwer nachzuweisen, da der Einfang $n + p \to D + \gamma$ mit $E_\gamma = 2{,}2$ MeV nur eine geringe Energie aufweist. Damit entfällt die Möglichkeit mittels verzögerter Koinzidenz DSNB-Signale nachzuweisen, und demzufolge ist die Rate an Hintergrundereignissen gerade bei niedrigeren Energien höher als in Szintillations-Detektoren.

Im Wesentlichen ist dieser niederenergetische Hintergrund durch die Erzeugung relativ langlebiger radioaktiver Kerne (eine wesentliche Rolle spielt hier wiederum ^{9}Li) durch hochenergetische kosmische Myonen dominiert. Eine weitere Quelle für Hintergrundereignisse sind sogenannte unsichtbare atmosphärische Myon-Neutrinos. Diese erzeugen in Prozessen der schwachen Wechselwirkung geladene Myonen unterhalb der Cherenkovschwelle im Detektor. In der Datennahme sichtbar werden dann nur das Elektron (bzw. Positron), welches in dem nachfolgenden Zerfall des Myons entsteht.

Trotzdem kommen aktuell die besten Grenzen zum DSNB-Fluss vom Super-Kamiokande-Experiment in Japan. In der Publikation [244] wird eine obere Schranke für DSNB-$\bar{\nu}$ mit Energien über 17,3 MeV von $\Phi_{\text{dsnb}} < 2{,}7\ \bar{\nu}_e\ \text{cm}^{-2}\text{s}^{-1}$ ausgewiesen. Interessanterweise liegt dieser Wert durchaus im Bereich der theoretischen Vorhersagen zum DSNB-Fluss. Eine Entdeckung des DSNB ist daher bei einer Erhöhung der Nachweiseffizienz, bzw. bei einer Erniedrigung der Hintergrundrate, nicht unwahrscheinlich.

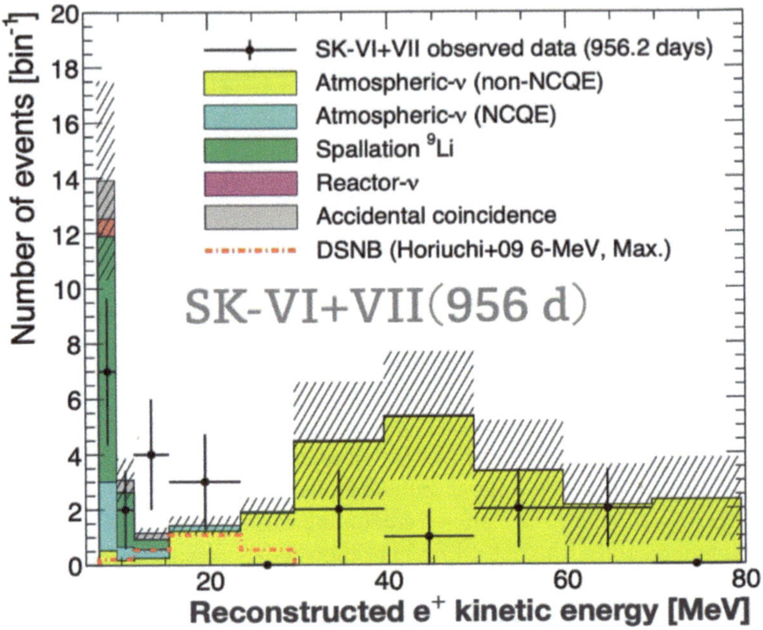

Abb. 5.14 Energiespektrum aller Kandidaten für DSNB-Neutrinos nach 956 Tagen Datennahme in SuperKamiokande mit Gd. Im Fenster zwischen 10 und 30 MeV wird ein kleiner, statistisch noch nicht signifikanter, Exzess über dem Hintergrund verzeichnet [248]

Deshalb wurde dem Wasser des SuperKamiokande-Detektors ab dem Jahre 2021 das Element Gadolinium (Gd) beigefügt, um die Nachweiswahrscheinlichkeit für DSNB-Ereignisse zu erhöhen. Einige Gd-Isotope haben einen sehr hohen Wirkungsquerschnitt für den Einfang thermischer Neutronen und als Folge des Einfangs werden im Mittel drei Gammas mit einer Gesamtenergie um die 8 MeV emittiert. Diese erzeugen ein sichtbares Signal, so dass nun die verzögerte Koinzidenz zwischen dem prompten Positron-Ereignis und dem verzögerten Einfang des Neutrons als Identifikationsmerkmal für $\bar{\nu}_e$-Reaktionen genutzt werden kann.

Nach 956 Tagen Datennahme mit Gd-dotiertem Wasser veröffentlichte die Super-Kamiokande-Kollaboration ein erstes Ergebnis (Abb. 5.14) zur Suche nach einem DSNB-Signal [248]. Im Energiebereich zwischen 10 und 20 MeV wird ein kleiner Exzess über dem Hintergrund verzeichnet. Dieser Überschuss an Ereignissen ist statistisch noch nicht signifikant, aber interessant. Die weitere Datennahme wird zeigen, ob sich dieser Exzess als DSNB-Signal etablieren läßt.

Die gleiche Technik mit Gd-dotiertem Wasser könnte auch in dem vorgeschlagenen Nachfolgeexperiment Hyperkamiokande benutzt werden. Dazu wird der Aufbau eines 520 kt großen Wasserdetektors geplant. Mit Hyperkamiokande stünde natürlich auch ein wesentlich größerer Detektor mit deutlich besserer Statistik zum Nachweis von DSNB-Neutrinos zur Verfügung.

5.5 Hochenergetische kosmische Neutrinos

Die kosmische Strahlung wurde vor über hundert Jahren von Viktor Hess entdeckt, als er in mehreren abenteuerlichen Ballonfahrten bis zu 5000 m über der Erdoberfläche überraschenderweise eine mit der Höhe über der Erdoberfläche zunehmende ionisierende Strahlung registrierte. Viktor Hess erhielt für seine Entdeckungen im Jahre 1936 den Nobelpreis für Physik [249].

Heute wissen wir, dass die geladene kosmische Strahlung im Wesentlichen aus Protonen und einem kleinen Anteil massiverer Elementen sowie Elektronen besteht und das Energiespektrum von ungefähr 1 GeV bis zu ca. 10^{20} eV überdeckt . Das Spektrum verläuft nach einem Potenzgesetz $\Phi \propto E^{-\gamma}$. Der spektrale Index lautet $\gamma = 2{,}7$ für den Energiebereich zwischen einigen GeV bis etwa 10^{15} eV. Für höhere Energien fällt der spektrale Index ab auf Werte von $\gamma \sim 3$. Den daraus folgenden Knick im Spektrum bezeichnet man als das Knie der kosmischen Strahlung. Bei noch höheren Energien ab $\sim 10^{18}$ eV scheint das Spektrum wiederum etwas abzuflachen und für Energien jenseits der ca. 10^{20} eV erwartet man einen Abbruch des Spektrums (GZK-Cutoff[4]) wegen der dann eintretenden Wechselwirkung der Protonen mit Photonen der Hintergrundstrahlung unter Bildung von Δ^+-Resonanzen $p + \gamma_{cmb} \rightarrow \Delta^+$. Die Δ^+-Zustände zerfallen sehr schnell über die starke Wechselwirkung entweder über $\Delta^+ \rightarrow p + \pi^0$ oder $\Delta^+ \rightarrow n + \pi^+$. Aufgrund dieser Wechselwirkung erwartet man, dass die Protonen der kosmischen Strahlung mit Energien oberhalb des GZK-Cutoff eine begrenzte Reichweite von etwa 50 MPc[5] besitzen.

Wegen des stark abfallenden Potenzgesetzes beschränkt sich die direkte experimentelle Untersuchung der kosmischen Strahlung mit satellitengestützten Detektoren auf einen Energiebereich unterhalb von ca. 1 TeV. Die Vermessung der kosmischen Strahlung oberhalb dieser Grenze ist großflächigen, erdgebundenen Feldern zahlreicher Detektoren vorbehalten, die miteinander elektronisch vernetzt sind. Die kosmische Strahlung wird dabei indirekt über die Schauerbildung der sekundären Teilchen beobachtet, die als Folge der starken Wechselwirkung der Protonen in den obersten Schichten der Erdatmosphäre gebildet werden und gegebenenfalls die Erdoberfläche erreichen. Als ein Beispiel für diesen Typ der Beobachtung kosmischer Strahlung bis hin zu höchsten Energien sei das Pierre-Auger-Observatorium in Argentinien erwähnt [250].

Die Frage nach dem Ursprung der kosmischen Strahlung, insbesondere die Beschleunigsmechanismen des höchstenergetischen Anteils, ist im Detail noch nicht ganz verstanden. Hier verspricht man sich neue Erkenntnisse vom Studium hochenergetischer Gammas und Neutrinos, die ebenfalls Bestandteil der kosmischen Strahlung sind. Im Gegensatz zu der geladenen kosmischen Strahlung werden Photonen und Neutrinos in den intra- und intergalaktischen Magnetfeldern des Universums nicht abgelenkt. Sie können somit prinzipiell dazu benutzt werden um die Herkunft

[4] benannt nach Greisen, Zatsepin und Kuzmin.

[5] ca. 160 Mio. Lichtjahre.

der kosmischen Strahlung zu untersuchen. Während Photonen sowohl in leptonischen als auch in hadronischen Prozessen erzeugt werden können, stammen Neutrinos bevorzugt aus hadronischen Wechselwirkungen. Das bekannteste Beispiel dazu ist die Erzeugung von Mesonen, die anschließend über die schwache Wechselwirkung in Leptonen unter Emission von Neutrinos zerfallen. Man verspricht sich daher vom gemeinsamen Studium kosmischer Gammas und Neutrinos mehr Einsicht in die Beschleunigungsmechanismen im Universum zu bekommen.

Im Falle der Neutrinos müssen dazu gigantische Detektoren in der Größenordnung einiger km^3 realisiert werden. Dies ist nur unter Ausnutzung natürlicher Gegebenheiten möglich. Um die Richtung der wechselwirkenden Neutrinos der kosmischen Strahlung rekonstruieren zu können, benutzt man wiederum den Cherenkoveffekt, diesmal in einem natürlich auftretendem Medium. Erste Prototypdetektoren dieser Art wurden im Baikalsee in Rußland, am Südpol (Amanda) und im Mittelmeer (Antares) erfolgreich erprobt. Die ersten kosmischen Neutrinos hat das IceCube-Experiment am Südpol in der Antarktis entdeckt [251], wobei das Eis als Cherenkovmedium wirkt. In einer Tiefe zwischen 1450 m und 2450 m wurden 86 Ketten (sogenannte strings) versenkt, die mit jeweils 60 optischen Modulen versehen sind. Diese Ketten bilden von oben betrachtet ein hexagonales Gitter mit einer Einheitslänge von 125 m. Der Abstand zwischen zwei Modulen beträgt 17 m. Jedes Modul birgt einen Photovervielfacher (Durchmesser 25,4 cm) und die Elektronik, die zum Auslesen der Signale benötigt wird. Insgesamt wird so ein Detektionsvolumen von insgesamt 1 km^3 aufgespannt (Abb. 5.15). Aufgrund der großen Abstände zwischen den optischen Modulen ist der IceCube-Detektor nur für Neutrinoereignisse mit sehr großen Energien empfindlich. Allerdings wurde im Inneren des Detektors ein dichteres Netz an Strings mit kleinerem Abstand der Module errichtet (das sogenannte *Deep-Core*), das eine relativ niedrige Energieschwelle von ca. 10 GeV aufweist.

Der Nachweis der Neutrinos in IceCube erfolgt über deren geladene Stromwechselwirkung und die Vermessung des Cherenkovlichts der dabei entstehenden geladenen Leptonen. Die optischen Eigenschaften des Eises der Antarktis sind in der Tiefe des IceCube-Detektors sehr homogen. Die Absorptionlängen sind vergleichbar mit der von Wasser, nur die Streuung der Photonen ist deutlich wahrscheinlicher. Myonen mit Energien im PeV-Bereich[6] bilden im Detektor wegen ihrer Produktion von hochenergetischen, sekundären Teilchen (Gammas, Elektron-Positronpaare, Pionen etc.) eine Art breite Spur durch das Volumen des Detektors. Aufgrund der Zeitinformation der optischen Module kann man die Richtung der Myon-Neutrinos recht genau mit einer Auflösung von $\sim 0{,}3$ Grad rekonstruieren. Da Myonen mit Energien oberhalb von 1 TeV im Eis der Arktis Laufstrecken von mehreren Kilometern aufweisen, können selbst im IceCube-Detektor diese Ereignisse nicht geschlossen beobachtet werden. Entweder man sieht das Myon durch den gesamten Detektor hindurchgehen, oder es entsteht innerhalb des Detektors um ihn dann zu verlassen. Daher weisen diese Ereignisse zwar eine gute Richtungsinformation auf, für ihre Energien kann man aber nur untere Grenzen angeben. Elektronen und Tau-Leptonen

[6] 1 PeV = 1000 TeV.

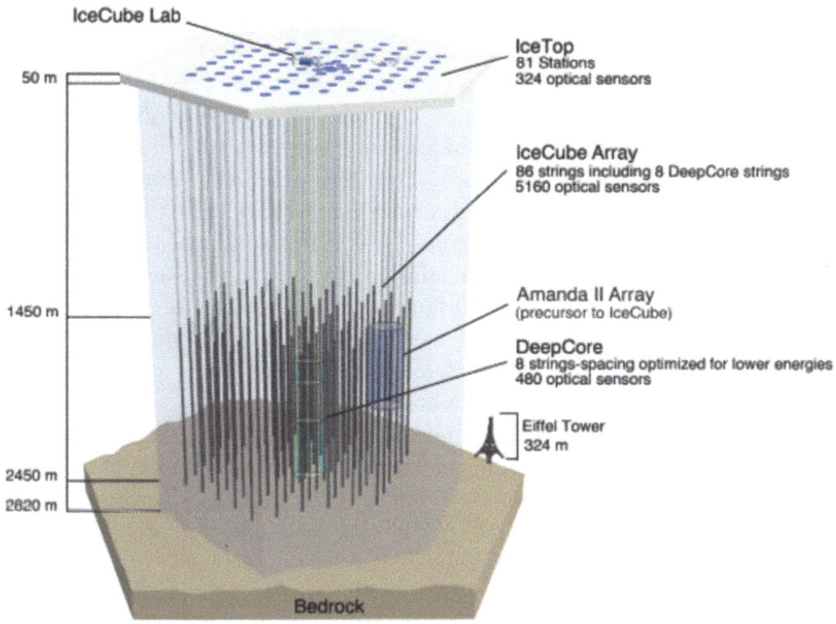

Abb. 5.15 Schematische Darstellung des IceCube-Detektors. Aus der Doktorarbeit von T. Glauch [253]

dagegen bilden eine Kaskade elektromagnetischer Schauer im IceCube-Detektor. Da das Tau-Lepton auch hadronisch zerfallen kann, ist in diesem Fall auch ein Beitrag hadronischer Schauer zu erwarten. In beiden Fällen ist die Rekonstruktion der Neutrinorichtung im Gegensatz zu Myonen deutlich limitiert auf etwa 10 bis 15 Grad, dagegen kann man recht genau die Energie der Ereignisse abschätzen.

Die hauptsächlichen Quellen für Hintergrundereignisse in IceCube stellen hochenergetische atmosphärische Myonen und Neutrinos dar, die in der Wechselwirkung und in nachfolgenden Prozessen geladener kosmischer Strahlung (d. h. im Wesentlichen Protonen) in den oberen Schichten der Erdatmosphäre entstehen. Mit dem sogenannten IceTop-Detektorfeld, einer Anordnung von 82 Detektoren an der Oberfläche oberhalb von IceCube, können Hintergrundereignisse, die durch die geladene kosmische Strahlung erzeugt werden, als solche identifiziert werden. Das Spektrum atmosphärischer Neutrinos fällt steil ab, sodass ab Energien $\sim 10^2$ TeV die Wahrscheinlichkeit für die Misidentifikation kosmischer Neutrinos sehr klein wird. Oberhalb von $E \sim 10^2$ TeV wird ein eindeutiger Überschuss an Ereignissen im Vergleich zu der zu erwartenden Hintergrundrate atmosphärischer Signale (Myonen und Neutrinos) beobachtet. Zum erstenmal werden Neutrinos mit Energien bis über 1 PeV beobachtet. Die Wahrscheinlichkeit, dass die beobachteten Ereignisse atmosphärischer Natur sind, kann mit $5{,}7\sigma$ ausgeschlossen werden [252]. Das Tor zur Neutrinoastronomie bei extrem hohen Energien wurde geöffnet und bildet die logische Fortsetzung der erfolgreichen Neutrinoastronomie bei niedrigen Energien.

Nach nun über 10 Jahren Messzeit (Stand 2025) registrierte IceCube zusammen mit DeepCore etwa $2 \cdot 10^5$ Neutrino-Ereignisse im Energiebereich zwischen 10 GeV und 100 GeV und $7 \cdot 10^5$ Signale zwischen 100 GeV und 1 PeV. Der gemessene Fluss kosmischer Neutrinos Φ_ν liegt bei einer Energie $E_\nu \sim 1$ PeV mit $\Phi_\nu \sim 3 \cdot 10^{-20}\,\mathrm{cm}^{-2}\,\mathrm{s}^{-1}\,\mathrm{GeV}^{-1}$ sogar etwas höher als aus astrophysikalischen Abschätzungen eigentlich erwartet wurde. Da die Neutrinos aus pionischen Zerfällen stammen, kann somit der Fluss der neutralen Pionen in den Quellen abgeschätzt werden. Diese zerfallen sehr rasch über $\pi^0 \rightarrow \gamma + \gamma$ in zwei hochenergetische Gammas. Der Fluss dieser Strahlung übersteigt den Wert, der von satellitengestützten Gamma-Detektoren registriert wird. Offensichtlich verliert die Gammastrahlung in den dichten astrophysikalischen Quellen effizient ihre Energie und erreicht uns nur noch im niederenergetischen $\sim$ MeV Bereich.

Die aus der Milchstraße stammende kosmische Neutrinofluss wird von IceCube mit nur ca. 10 % vom Gesamtfluss eingeordnet. Er stammt aus Wechselwirkungen der geladenen kosmischen Strahlung mit dem interstellaren Medium. Der kosmische Neutrinofluss wird also dominiert durch extragalaktische Strahlung. Dies ist durchaus überraschend und steht im Gegensatz zur elektromagnetischen kosmischen Strahlung, die durch Quellen der eigenen Galaxie dominiert wird.

Die Suche nach Punktquellen ist in der letzten Dekade mit Erfolg gekrönt worden. Im Energiebereich $E_\nu \sim 1$ TeV wurden 80 ν_μ-Ereignisse in einem engen Raumwinkel von 0,18 Grad identifiziert, die der aktiven Galaxie NGC 1068 (M77) zugeordnet werden können. Mithilfe gleichzeitiger Beobachtungen im Gamma-, Röntgen- und im optischen Bereich konnten weitere, weniger intensiv strahlende, Neutrinoquellen entdeckt werden. Weitere, interessante Möglichkeiten zum Auffinden punktförmiger Quellen bietet die so genannte *Multi-Messenger*-Idee, die im Jahre 2018 zum ersten Mal erfolgreiche Früchte trug: Der Blazar TXS 0506+056 ist ein Quasar, der einen hochrelativistischen Jet an Teilchen und Strahlung in Sichtlinie unseres Sonnensystems emittiert. Beobachtungen der Gamma-Astronomie berichteten von einem Gamma-Ausbruch dieses Blazars. Die IceCube-Kollaboration durchforstete daraufhin ihre Daten mit erniedrigter Energieschwelle und fand ein Neutrinoereignis, das am 22. September 2017 *koinzident* mit dem Gamma-Ausbruch im IceCube-Detektor registriert wurde. Die Rekonstruktion der Neutrinorichtung dieses Ereignisses zeigt in der Tat auf den Ort des Blazars. Motiviert von diesem Erfolg analysierte die Kollaboration 9,5 Jahre des IceCube-Detektors und fand einen Überschuss an Ereignissen aus der Richtung des Blazars in dem Zeitintervall zwischen September 2014 und März 2015 mit einer Evidenz von 3,5 σ gegenüber dem Hintergrund atmosphärischer Neutrinoereignisse. Das bedeutet, dass Blazare Quellen hochenergetischer Neutrinos sind [255].

Die KM3NeT-Kollaboration plant die Realisierung eines ähnlich großen Detektors wie IceCube, aber in den Gewässern des Mittelmeers [254]. Der Neutrinonachweis soll wie in IceCube über den Cherenkoveffekt erfolgen. Eine Neuentwicklung der optischen Module und die längeren Streulängen von Licht im Wasser lassen ein verbessertes Auflösungsvermögen erwarten. Zudem würde ein zweiter Detektor dieser Art auf der Erde das Gesichtsfeld bezüglich der von unten kommenden Neutrinos komplementieren. Ein Detektor auf der nördlichen Halbkugel der Erde würde so kosmische Neutrinos aus der galaktischen Ebene beobachten können. Als Standort für diesen Detektor mit dem Namen ARCA[7] mit einem km^3 großem Volumen ist das Meer vor Capo Passero in Sizilien vorgesehen. Gleichzeitig soll ein kleinerer, aber mit höherer Instrumentierung versehener Detektor[8] vor Toulon (Frankreich) zur Messung der Massenhierarchie der Neutrinos verwirklicht werden.

Zuletzt sei noch ein ähnliches Projekt mit dem Namen „Pacific Ocean Neutrino Experiment (P-ONE)" erwähnt, das im nördlichen Pazifik ca. 600 km vor der Küste von Vancouver Island (Kanada) realisiert werden soll [256]. Der Cherenkov-Detektor soll dort in ca. 2600 m Tiefe errichtet werden. Vorarbeiten dazu zeigen vielversprechende Resultate, was z. B. die optische Qualität des Wassers betrifft. Vor allem profitiert das Projekt aber von der Infrastruktur des sich dort bereits befindlichen NEPTUNE[9]-Observatoriums, eines der größten ozeanischen Unterwasser-Beobachtungsstationen weltweit.

5.6 Zusammenfassung

Astrophysikalische Neutrinos werden heute als Sonden benutzt, um astrophysikalische Objekte detailliert studieren zu können. Mit solaren Neutrinos werden die indiviudellen Stärken thermonuklearer Fusionsreaktionen in der Sonne ausgemessen. Die Beobachtung der Supernova SN1987a in der großen Magellan'schen Wolke hat unsere Grundvorstellung eines stellaren Gravitationskollapses bestätigt. Eine Supernovabeobachtung in unserer Galaxie oder in einer unserer Satellitengalaxien der lokalen Gruppe mit heutigen Neutrinodetektoren würde uns zahlreiche Details eines solchen Prozesses liefern. Moderne Neutrinodetektoren schicken sich an den diffusen Supernova-Neutrino Hintergrund zu vermessen. Hochenergetische Neutrinos der kosmischen Strahlung aus weit entfernten Galaxien wurden erst kürzlich erfolgreich nachgewiesen. Neutrinoteleskope haben in der beobachtenden Astrophysik einen festen Platz gefunden. In der Zukunft erwartet man insbesondere durch die gleichzeitige Observation von Photonen aller Energien, Gravitationswellen und Neutrinos neue Erkenntnisse zu gewinnen.

[7] ARCA steht für *Astroparticle-Research-with-Cosmics-in-the-Abyss.*

[8] ORCA steht für *Oscillation-Research-with-Cosmics-in-the-Abyss.*

[9] NEPTUNE steht für *North East Pacific Time-series Underwater Networked Experiment.*

Angewandte Neutrinophysik? 6

Neutrinos tragen Informationen über ihre Quellen mit sich. Im vorigen Kapitel haben wir gesehen, wie heute neue Kenntnisse in der Astrophysik mittels der Detektion von Neutrinos aus stellaren und kosmologischen Quellen gewonnen werden können. Beschleuniger-Streuexperimente mit hochenergetischen Neutrinos an Protonen und Kernen hat man in der Vergangenheit äußerst erfolgreich benutzt, um die Quark-Struktur der Nukleonen besser zu verstehen.[1] Neutrinos werden also bereits jetzt schon als Sonden benutzt.

Mit Beschleunigern werden gepulste Neutrinostrahlen zur präzisen Messung von Oszillationsparametern über weite Distanzen erzeugt (Abschn. 3.3). Mit der gleichen Technologie könnte man Informationen über weite Entfernungen übertragen. Zwar erscheint diese Methode auf den ersten Blick sehr aufwendig und kostenintensiv zu sein, aber so seltsam es auch erscheinen mag, weist sie auch Vorteile auf: Man kann Neutrinos durch dichte Materie wie die Erde schicken ohne eine bemerkbare Abschwächung der Srahlintensität oder Ablenkung durch magnetische oder elektrische Felder. Ebenso ist es sehr schwierig einen Neutrinostrahl abzufangen. Die Zukunft wird zeigen, ob dies eine interessante technologische Anwendung der Neutrinophysik ist. Hier zeigen wir, wie gepulste Neutrinostrahlen benutzt werden um die spezielle Relativitätstheorie zu überprüfen (Abschn. 6.1).

Seit dem ersten Nachweis von Neutrinos vor mehr als sechzig Jahren hat sich die Detektortechnologie enorm entwickelt. Hintergrundereignisse, die Neutrinosignale imitieren können, werden durch die Entwicklung und Verwendung immer reinerer Detektormaterialien sehr effizient unterdrückt. Auch die Entwicklung neuer Algorithmen zur Erkennung echter Neutrinosignale hat dazu beigetragen, dass selbst die Detektion niederenergetischer Neutrinos mit hoher Zuverlässigkeit möglich gewor-

[1] eine Abhandlung dazu findet man z. B. in [26].

L. Oberauer und J. Oberauer, *Neutrinophysik*,
https://doi.org/10.1007/978-3-662-73322-6_6

den ist. Aus diesen Gründen ist es nicht vermessen vom Anfang einer angewandten Neutrinophysik zu sprechen. In diesem Kapitel wollen wir Ideen und erste Ergebnisse dazu anhand zweier Beispiele beleuchten, bei denen niederenergetische Neutrinos im MeV-Bereich eingesetzt werden können: Neutrinos zur Überwachung von Kernreaktoren und als neue Sensoren in der Geophysik (Abschn. 6.2).

Natürlich bleibt das Problem der niedrigen Wirkungsquerschnitte bei kleinen Energien bestehen, sodass der Neutrinonachweis immer auf relativ große Detektoren beschränkt sein wird. Aber auch hier gibt es Überlegungen über kohärente Effekte neue Methoden zum Nachweis der Neutrinos zu entwickeln. Ein Beispiel dazu ist die sogenannte kohärente Neutrinostreuung an Atomkernen. Mit einer kurzen Beschreibung dieses Effekts und einem Ausblick auf die Möglichkeiten, ihn als Nachweismethode zu etablieren, beenden wir dieses Kapitel (Abschn. 6.4).

6.1 Test der speziellen Relativitätstheorie

Neutrinos haben Masse und deshalb bewegen sie sich im Raum nicht mit der Vakuum-Lichtgeschwindigkeit c. Legt ein Neutrino die Distanz d mit der Geschwindigkeit v zurück, dann ist der Zeitunterschied δt zu einem masselosen Teilchen, wie z. B. dem Photon, gegeben durch

$$\delta t = d\left(\frac{1}{v} - \frac{1}{c}\right) \approx \frac{d}{c}\left(\frac{c-v}{c}\right), \tag{6.1}$$

wobei wir die Näherung $v \approx c$ benutzt haben. In der Tat erwartet man nach den Gesetzen der speziellen Relativitätstheorie, dass die Zeitunterschiede sehr klein sind, wenn man mit den üblichen Energien ($E_\nu > MeV$) rechnet, da die Neutrinomasse sicher kleiner als $\approx 0{,}5$ eV ist (Abschn. 4.2). Zum Beispiel würde man für ein Neutrino, das am SPS-Beschleuniger des CERN mit einer Energie von 10 GeV produziert wurde, eine Masse $m = 0{,}5$ eV besitzt und eine Distanz von 730 km bis zum Nachweis in einem Detektor des Gran-Sasso Untergrundlabors zurücklegt, einen Zeitlaufunterschied (vgl. mit Gl. 4.3) gegenüber einem masselosen Teilchen von gerade mal

$$\delta t = \frac{d(mc^2)^2}{2cE^2} \approx 3 \cdot 10^{-24}\,\text{s}$$

erwarten. Die relative Abweichung der Neutrino-Geschwindigkeit von c wäre dann in diesem Beispiel (s. Gl. 6.1) winzig klein:

$$\frac{c-v}{c} \approx 1{,}3 \cdot 10^{-21}.$$

So kleine Effekte sind nicht nachweisbar, aber trotzdem ist der Test der speziellen Relativitätstheorie mit gepulsten Neutrinostrahlen sinnvoll. Zum einen gibt es keinen

Strahl mit geladenen Teilchen, der auch nur annähernd einen so hohen relativistischen Gammafaktor $\gamma > 10^{11}$ wie eben Neutrinos aufweisen können, und zum anderen gibt es Theorien jenseits des Standardmodells, die für Neutrinos andere Geschwindigkeiten vorhersagen. Einige erlauben relativ große Abweichungen $\mid c - v \mid / c \approx 10^{-4}$ für Neutrinos im GeV-Bereich (s. [257] und Ref. darin) und diese Theorien sind in der Tat, wie wir gleich sehen werden, experimentell überprüfbar.

Die Neutrinogeschwindigkeit wurde am genauesten vom Borexino-Experiment (3.1) vermessen. Der Detektor von Borexino im Gran-Sasso Untergrundlabor stand im sogenannten CNGS-Neutrinostrahl, mit dem das OPERA-Experiment das Auftauchen der ν_τ-Neutrinos nachweisen konnte (3.3). Beide Detektoren waren hintereinander in der Halle C des Untergrundlabors beheimatet und waren somit exakt dem gleichen Neutrinofluss des CNGS-Strahl ausgesetzt. Motiviert wurden die besonderen Anstrengungen der Borexino-Kollaboration durch eine Meldung im Herbst 2011, in der eine Gruppe der OPERA-Kollaboration eine Geschwindigkeitsmessung veröffentlichte, die nahelegte, dass $v > c$ sei ([258]), was natürlich eine klare Verletzung der Gesetze der speziellen Relativitätstheorie wäre, nach der c ein absolutes Geschwindigkeitslimit für alle Teilchen, insbesondere für solche mit Masse, darstellt. Man kann sich vorstellen, wie groß die Aufregung war! Sogar die Medien berichteten im großen Maßstab über diese angebliche Sensation. Die Meldung stellte sich zwar dann relativ rasch als Irrtum heraus und wurde zurückgenommen ([259]), aber für das Gran-Sasso Labor war es eine Frage der Ehre, dieser Sache gründlich nachzugehen.

Für die Messung im Mai 2012 wurde am CERN ein speziell gepulster Protonenstrahl mit sehr guter Zeitcharakteristik hergestellt. Der Strahl wurde in mit 2 ns eng definierten sogenannten ‚bunches' gegliedert. Aus 16 ‚bunches' wurden ‚batches' mit einer Separation von 100 ns gebildet, die wiederum in Gruppen zu viert zusammengefasst wurden und eine Separation von 300 ns aufwiesen. Diese 4 ‚batches' wurden pro Extraktion aus jedem Zyklus des SPS-Synchrotrons gebildet. Ein Zyklus dauert 13,2 s, die Intensität des Strahls lag bei ca. 10^{11} Protonen pro ‚bunch' und die mittlere Energie der Neutrinos lag bei 17 GeV.

Der Neutrinonachweis in Borexino erfolgt über die geladene Wechselwirkung der Myon-Neutrinos bei der geladene Myonen erzeugt werden. Ein beträchtlicher Teil dieser Myonen wird in der Materie vor dem eigentlichen sphärischen Detektor erzeugt, erreicht ihn aber wegen der hohen Energien und erzeugt dort ein eindeutig nachweisbares Signal. Wegen der hohen Zahl der dabei entstandenen Photoelektronen konnte die Gesamtmenge an Szintillationsflüssigkeit (ca. 1300 t) in der Detektorkugel als Target für die Myonen benutzt werden. In der Analyse wurden die Spuren der Myonen im Detektor rekonstruiert und so konnte eine Korrektur der Zeitnahme wegen der Ortsabhängigkeit der Laufzeiten der Photonen vom Entstehungsort bis zum Nachweis in den einzelnen Photosensoren durchgeführt werden. Dazu wurde die Zeitcharakteristik des Datenaufnahmesystems von Borexino, eigentlich ein solarer Neutrinodetektor bei dem die absolute Zeitmessung nun wirklich keine große Rolle spielt, elektronisch aufgerüstet. Um eine möglichst reine Sammlung von Ereignissen zu gewährleisten wurden strenge Kriterien an die Qualität der Signale angelegt. Nur solche Myonen, deren Spuren sehr gut rekonstruiert werden konnten wurden akzeptiert. Von ursprünglich 144 Ereignissen, die während einer Messkampagnie von 14 Tagen registriert wurden, konnten letztlich 62 für die Geschwindigkeitsmessung verwendet werden.

Der Abstand zwischen dem Entstehungsort und dem Borexino-Detektor wurde in einer aufwändigen geodätischen Aktion exakt vermessen. Ein regionales Netzwerk zwischen dem CERN und dem Gran-Sasso Untergrundlabor mit 32 GPS-Stationen wurde etabliert. Dazu wurde am Labor in Italien ein lokales Netz aufgebaut um die Strecke vom Referenzpunkt extern in die Halle C, dem Standort des Detektors, zu vermessen. Am CERN wurde das bestehende GPS-System verwendet. Damit konnte die Entfernung vom Protonentarget am CERN zum Mittelpunkt des Borexino-Detektors mit $d = (730\,472.082 \pm 0{,}038)$ m angegeben werden.

Die Synchronisation der Zeitnahmen am Protontarget des CERN und am Borexino-Detektor wurde von Experten der nationalen Metrologie aus Italien und Spanien mit einer Genauigkeit von 1,1 ns durchgeführt. Die gemessene Verteilung der 62 Ereignisse im Detektor ergab eine perfekte Gaußverteilung mit einem Mittelwert von $\delta t = (+0{,}8 \pm 0{,}7_{stat} \pm 2{,}9_{syst})$ns und ist somit kompatibel mit dem erwarteten Wert $\delta t = 0$, was $v = c$ entspricht. Die systematische Unsicherheit wird dominiert durch Verzögerungen durch elektronische Schalter am Protonentarget, der Zeitsynchonisation und Laufzeitunsicherheiten der Szintillationsphotonen im Detektor. Die Unsicherheiten bzgl. der Entstehung des Neutrinos in der Neutrinokanone am CERN (1 km Laufstrecke) und bei der Wechselwirkung vor dem Detektor (ca. 50 m) spielen wegen den hohen Energien der Pionen bzw. der Myonen mit jeweils ca. $\pm 0{,}1$ ns nur eine untergeordnete Rolle, da beide hochrelativistisch sind.

Damit konnte ein Limit für die Abweichung der Neutrinogeschwindigkeit bei einer mittleren Energie von 17 GeV von

$$\frac{\mid c - v \mid}{c} < 2{,}1 \cdot 10^{-6} \tag{6.2}$$

mit 90 % c.l. angegeben werden [257].

Wie in Abschn. 4.2.2 schon erwähnt existieren auch astrophysikalische Grenzen aus den nahezu gleichzeitigen Beobachtungen der Supernova 1987a im optischen Bereich und mit Neutrinos. Die zeitliche Differenz der beiden Beobachtungen liegt im Bereich von Stunden, was mit astrophysikalischen Modellen zur Entwicklung des optischen Signals nach dem Gravitationskollaps verträglich ist. Diese Zeitspanne erscheint zuerst absurd lang zu sein für eine Koinzidenzmessung, wird aber durch die enorm lange Laufstrecke von ca. 160 000 Lichtjahren mehr als kompensiert. Setzt man diese Werte in Gl. 6.1 ein, so erhält man eine astrophysikalische Grenze für die relative Abweichung von der Lichtgeschwindigkeit von

$$\frac{\mid c - v \mid}{c} < 2 \cdot 10^{-9} \tag{6.3}$$

bei einer mittleren Neutrinoenergie von ca. 12 MeV [118].

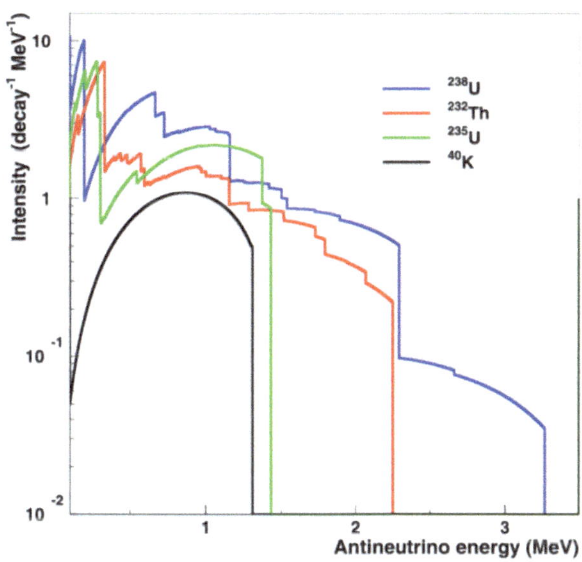

Abb. 6.1 Spektrale Verteilungen von Geoneutrinos aus den Betazerfällen der Uran- und Thoriumreihen sowie von ^{40}K. Nur der Anteil oberhalb von 1,8 MeV ist über den Einfang an freien Protonen nachweisbar. Aus [260]

6.2 Geophysik und Reaktorphysik mithilfe von Neutrinos

Sowohl die Überwachung von Kernreaktoren als auch die Geophysik mit Neutrinos basiert auf dem Nachweis von Elektron-Antineutrinos $\bar{\nu}_e$ über den Einfang an Wasserstoff, also der Reaktion $\bar{\nu}_e + p \rightarrow e^+ + n$, bei einer Reaktionsschwelle von 1,8 MeV Neutrinoenergie. Die Quellen der Neutrinos sind im Falle der Reaktoren die Betazerfälle der neutronenreichen Spaltprodukte. Als Geoneutrinos bezeichnet man die Antineutrinos aus den Betazerfällen der radioaktiven Isotope in den Uran- und Thoriumreihen, sowie Neutrinos aus dem Zerfall von ^{40}K. Letztere haben aber nicht genügend Energie, um die obige Reaktion hervorzurufen. Daher sind es nur die Uran- und Thoriumreihen, die zu dieser Reaktion beitragen. In Abb. 6.1 wird das berechnete Energiespektrum der Geoneutrinos aus allen Betazerfällen von Kalium sowie der Uran- und Thoriumketten [260] gezeigt. Nur Neutrinos oberhalb der Reaktionsschwelle von 1,8 MeV tragen zum sichtbaren Signal in Detektoren bei, deren Nachweis auf dem inversen Betazerfall am freien Proton beruht.

Ereignisse im Detektor, die von Geo- oder Reaktorneutrinos ausgelöst werden, sind a priori ununterscheidbar. Allerdings reichen die höchsten Endpunktsenergien der Betazerfälle aller radioaktiven Isotope der Uran- und Thoriumreihen bis maximal ca. 3 MeV, während das Reaktorspektrum der im Mittel wesentlich kurzlebigeren Spaltprodukte bis etwa 8 MeV reicht. Folglich kann man prinzipiell den Fluss an Reaktorneutrinos bestimmen, indem man für die Neutrinoenergie eine Schwelle von etwa 3 MeV festlegt. Messen kann man die Neutrinoenergie, indem man die gesamte sichtbare Energie des Positrons, also dessen deponierte kinetische Energie und die Annihilationsquanten in großvolumigen Detektoren kalorimetrisch misst. Den Beitrag der Geoneutrinos unterhalb von 3 MeV erhält man dann durch Subtraktion des zu niedrigen Energien hin extrapolierten Reaktorspektrums.

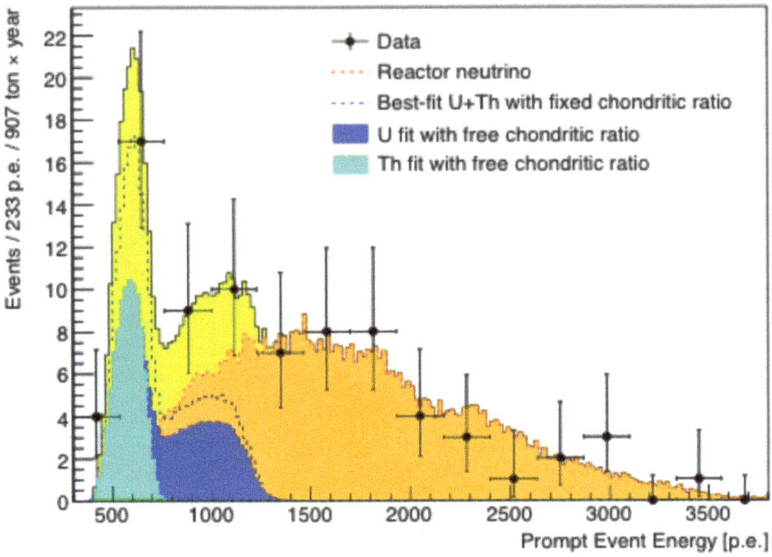

Abb. 6.2 Pulshöhenspektrum (in p. e. für Photoelektronen, 1 MeV ~ 500 p. e.) niederenergetischer Elektron-Antineutrinos über den inversen Betazerfall an freien Protonen im Borexino-Experiment für eine Exposition von 907 t × a [262]

Geoneutrinos wurden bisher von zwei Experimenten erfolgreich nachgewiesen, zuerst in KamLAND (Japan) [261] und einige Jahre später in Borexino [262], dem solaren Neutrinodetektor im italienischen Gran-Sasso-Untergrundlabor. Beide Detektoren benutzen flüssige Szintillatoren sowohl als Target als auch als Nachweismedium für Geo- und Reaktorneutrinos. Insbesondere das Resultat von Borexino zeichnet sich durch einen sehr kleinen Hintergrund aus. Dies ist im Wesentlichen der extrem großen Reinheit des in Borexino verwendeten Szintillators geschuldet, in dem störende radioaktive Strahlung sehr stark unterdrückt werden konnte. Zudem gibt es in Italien keine leistungsstarken Kernkraftwerke, sodass auch der Beitrag der Reaktorneutrinos zum Geoneutrinosignal klein ausfällt. Der mittlere Abstand aller Reaktoren, die zum Neutrinosignal in Borexino beitragen, beträgt über 1000 km. In Abb. 6.2 wird das Spektrum der in Borexino gemessenen Geo- und Reaktorneutrinos nach einer Exposition von insgesamt $5{,}5 \times 10^{31}$ Proton-Jahren gezeigt.

Das Spektrum ist nahezu frei von Hintergrundsignalen. Oberhalb ca. 3 MeV (dies entspricht ca. 1500 Photoelektronen in Abb. 6.2) tragen nur Reaktorneutrinos zum Spektrum bei. Unterhalb von 3 MeV werden Geoneutrinos eindeutig nachgewiesen, und die Unsicherheiten sind praktisch nur durch den statistischen Fehler gegeben. Trotzdem deutet sich in den Daten von Borexino an, dass in Zukunft die Beiträge der Uran- und Thoriumketten einzeln aufgeschlüsselt werden können. Weltweit gibt es ernstzunehmende Pläne über mehrere Messstationen den Fluss an Geoneutrinos zu vermessen. Zum einen möchte man den Anteil radioaktiver Prozesse zur Generierung des gesamten Wärmeflusses der Erde messen. Mit der separaten Messung der Anteile aus den Uran- und Thoriumreihen wäre es möglich, geologische Modelle zu testen. Durch die Wahl unterschiedlicher Standorte auf der Erde könnte man zudem die unterschiedlichen Beiträge zur radioaktiven Energiefreisetzung in der Erdkruste und im Erdmantel experimentell ermitteln. Konkrete Projekte dazu sind das SNO+-Experiment in Kanada, das im tief gelegenen Labor in der Sudbury-Mine einen 1 kt großen Szintillationsdetektor realisieren wird, der bald mit der Datennahme beginnen soll. Ab dem Jahre 2020 erhofft man sich die Inbetriebnahme des oben schon genannten JUNO-Detektors in China mit 20 kt szintillierender Flüssigkeit. Ebenfalls in China, allerdings im extrem tief liegenden Jinping-Untergrundlabor, wird der Aufbau eines 3 bis 5 kt großen Detektors erwogen, der neben solarer Neutrinospektroskopie auch den Nachweis von Geoneutrinos ermöglichen soll.

6.3 Reaktorüberwachung

Neutrinos, die von einem Kernreaktor während seines Betriebs kontinuierlich emittiert werden, können zur Überwachung des Reaktors benutzt werden. Dies geschieht konventionell in jedem Kernreaktor mithilfe von Gamma- und Neutronendetektoren, die innerhalb des Kerns eines Reaktors oder in seiner unmittelbaren Umgebung positioniert sind. Neutrinos würden dagegen eine Überwachung der thermischen Leistung aus größerer Entfernung ohne Eingriff in die Reaktorbedingungen ermöglichen. Zudem ist es prinzipiell möglich die Isotopenzusammensetzung der Brennstäbe eines Reaktors während seines nuklearen Brennens zu monitoren. Insbesondere könnte man die Menge an Plutoniumisotopen vermessen, die während des Betriebs eines leicht angereicherten Reaktorkerns entstehen. Die Plutoniumisotope ^{239}Pu und ^{241}Pu werden im Betrieb schwach angereicherter Reaktoren (also mit hohem ^{238}U-Anteil) durch Neutroneneinfang kontinuierlich erzeugt. Sie tragen aber auch als spaltbare Isotope zur Neutrinoemission bei. Die Buchhaltung des Inventars der Isotopen in den Brennstäben vor und nach dem Betrieb in einem Reaktor ist aber wichtig zur Überprüfung, wieviel waffenfähiges Material (d. h. Plutonium) erzeugt worden ist. Dies ist einerseits von Interesse für den Betreiber eines Kernreaktors, andererseits aber auch im Sinne der internationalen Atomenergiebehörde (IAEA), die als Agentur der Vereinten Nationen für die Überwachung der Nichtverbreitung nuklearer Waffen verantwortlich ist. Für die Einhaltung der damit verbundenen Regeln (NPT, *Non-Proliferation Treaty*) hat die IAEA Verträge mit über 140 Staaten abgeschlossen. Zur Zeit wird im Auftrag der IAEA der Einsatz von Neutrinodetektoren zur Reaktorüberwachung an mehreren Standorten in den USA und Europa erprobt.

Bei der Spaltung von Uran- und Plutoniumisotopen werden neutronenreiche Spaltfragmente gebildet, die in ihren Betazerfällen Antineutrinos emittieren. Die Verteilungen dieser Spaltfragmente sind für Uran- und Plutonium aber etwas unterschiedlich, und daher unterscheiden sich auch deren Antineutrino-Flüsse und spektralen Verteilungen. In Tab. 6.1 werden die wichtigsten Parameter der Spaltung der Isotope ^{235}U und ^{239}Pu exemplarisch gezeigt.

Sowohl die Anzahl der über den inversen Betazerfall detektierbaren Antineutrinos mit $E_\nu > 1{,}8$ MeV als auch die mittlere Neutrinoenergie sind bei der Uranspaltung höher als bei der Spaltung von Plutonium. Kombiniert würde also ein reiner ^{235}U-

Tab. 6.1 Vergleich der wichtigsten Parameter bei der Neutrinoemission nach der Spaltung von ^{235}U und ^{239}Pu. Der gemittelte Wirkungsquerschnitt bezieht sich auf die Reaktion $\bar{\nu}_e + p \rightarrow e^+ + n$ mit einer Energieschwelle von 1,8 MeV

Parameter	^{235}U	^{239}Pu
Mittlere freigesetzte Energie Pro Spaltung (MeV)	201,7	210,0
Anzahl $\bar{\nu}_e$ pro Spaltung ($E_\nu > 1{,}8$ MeV)	1,92	1,45
Mittlere $\bar{\nu}_e$-Energie (MeV)	2,94	2,84
Gemittelter Wirkungsquerschnitt (10^{-43} cm^2)	3,2	2,76

Reaktor einen etwa 54 % höheren Antineutrinofluss generieren als ein hypothetischer Reaktor, der mit reinem ^{239}Pu betrieben werden würde. In der Realität sind die Unterschiede natürlich geringer, aber bei genügender Statistik trotzdem messbar. Wenn zugleich die thermische Leistung des Reaktors bekannt ist, zum Beispiel über seine Wärmeabfuhr an das Kühlwasser, ist eine Messung der Isotopenzusammensetzung in-situ, also während des Betriebs des Reaktors möglich. Zusätzliche Information würde eine Messung der spektralen $\bar{\nu}_e$-Verteilung liefern. Da der Fluss an Reaktorneutrinos mit dem Quadrat der Entfernung zum Detektor skaliert, ist der Einsatz moderat großer Detektoren mit Volumina im m^3-Bereich in Abständen zwar nahe, aber außerhalb des Reaktor-Containments denkbar. So würde ein Neutrinodetektor mit einem 1 m^3 großen Target aus flüssigem Szintillator im Abstand von 30 m vom Kern eines Reaktors mit 3 GW thermischer Leistung über 3100 $\bar{\nu}_e$-Ereignisse pro Tag registrieren. Damit könnten Leistungsschwankungen des Reaktors mit einer relativen Genauigkeit von 1,7 % (3σ) nach einer Messperiode von 10 Tagen gemessen werden.

6.4 Kohärente Neutrinostreuung an Atomkernen

Während der Nachweis von Antineutrinos aus einem Reaktor konventionell an den inversen Betazerfall des freien Protons gebunden ist, eröffnet die kohärente Streuung an Atomkernen erhöhte Wirkungsquerschnitte und damit die Möglichkeit relativ hohe Zählraten bei einer sehr kompakten Detektorgeometrie zu realisieren. Der differentielle Wirkungsquerschnitt der elastischen Streuung an einem Atomkern mit Kernladungszahl Z und mit N als die Zahl der Neutronen ist[2] [263]

$$\frac{d\sigma}{d\cos\theta} = \frac{G_F^2}{8\pi}\left(Z(4\sin^2\theta_W - 1) + N\right)^2 E_\nu^2(1+\cos\theta)\mid f(q)\mid^2 . \tag{6.4}$$

[2] hier gilt $\hbar = c = 1$.

Dabei sind G_F die Fermikonstante, θ_W der Weinbergwinkel, E_ν die Neutrinoenergie, θ der Streuwinkel im Laborsystem und $f(q)$ der vom Impulsübertrag q abhängige Formfaktor. Die bei der elastischen Streuung übertragene Rückstoßenergie E_r berechnet sich aus Energie und Impulserhaltung zu

$$E_r = \frac{E_\nu^2}{M}(1 - \cos\theta)\,, \tag{6.5}$$

mit M als der Masse des Atomkerns. Die elastische Streuung ist ein Prozess der neutralen schwachen Wechselwirkung. Der dabei auftretende Formfaktor ist die Fouriertransformation der räumlichen Verteilung der schwachen Ladung im Atomkern. Für große Werte des Impulsübertrags $q = \sqrt{2ME_r}$ wird die Wellenlänge des ausgetauschten Z^0-Bosons kleiner als die Dimension des Kerns, und der Wirkungsquerschnitt wird durch den Formfaktor $\mid f(q) \mid^2 < 1$ signifikant modifiziert. Für kleine Impulsüberträge dagegen ist $\mid f(q) \mid^2 \sim 1$, und wir sprechen von der kohärenten Neutrinostreuung am Atomkern. Die Bedingung dafür hängt von der Neutrinoenergie, dem Streuwinkel und der Atommasse M ab. Für Reaktorneutrinos mit maximalen Energien um die 10 MeV zum Beispiel ist diese Bedingung für alle Atomkerne und Streuwinkel in sehr guter Näherung erfüllt.[3]

Die Integration über alle Streuwinkel ergibt unter dieser Bedingung den gesamten Wirkungsquerschnitt σ_{tot} für die kohärente Streuung an einem Kern mit Z Protonen und N Neutronen

$$\sigma_{\text{tot}} = \frac{G_F^2}{4\pi}\left(Z(4\sin^2\theta_W - 1) + N\right)^2 E_\nu^2. \tag{6.6}$$

Da $\sin^2\theta_W \sim 0,23$, ist die effektive Kopplung an die Neutronen deutlich stärker ausgeprägt und der totale Wirkungsquerschnitt ist in guter Näherung gegeben durch

$$\sigma_{\text{tot}} \sim \frac{G_F^2}{4\pi} N^2 E_\nu^2 \sim \left(4{,}2 \times 10^{-45}\,\text{cm}^2\right) N^2 E_\nu^2. \tag{6.7}$$

Die Verwendung schwerer Targetkerne verspricht also eine kohärente Verstärkung der Wahrscheinlichkeit für diese Neutrinowechselwirkung um den Faktor $\sim N^2$. Dies macht die kohärente Streuung so attraktiv als Nachweisreaktion in modernen Neutrinodetektoren, die dann wesentlich kompakter gebaut werden könnten.

Allerdings gibt es ein Problem dabei – die dabei auftretenden Rückstoßenergien sind sehr klein. Die mittlere Rückstoßenergie $\bar{E}_r$ der elastischen Neutrinostreuung an Kernen ist nämlich gegeben durch

[3] Bei Blei als Target ist die Kohärenzbedingung z. B. erfüllt für $E_\nu < 30$ MeV.

$$\frac{\bar{E}_r}{\text{keV}} = \frac{2}{3}\left(\frac{E_\nu}{\text{MeV}}\right)^2 \frac{1}{A}, \tag{6.8}$$

mit A als der atomaren Massenzahl des Targetkerns. Für eine Neutrinoenergie $E_\nu = 4$ MeV, wie sie für das Reaktorspektrum typisch ist, errechnen sich mittlere Rückstoßenergien im Bereich $\bar{E}_r \lesssim 1$ keV. Nur über den Nachweis dieser kleinen Rückstoßenergie auf einen Atomkern ist der Nachweis der kohärenten Neutrinostreuung möglich. Dies ist der Grund, warum erst seit relativ kurzer Zeit die kohärente Streuung von Neutrinos an Atomkernen nachgewiesen werden konnte.

Der erstmalige Nachweis gelang der *COHERENT*-Kollaboration im Jahre 2017 an der Neutronen-Spallationsquelle in Oak Ridge (USA) mit konventionellen Cs-I- und Na-I-Szintillationsdetektoren [264]. Für das Experiment wurde eine Gesamtmasse von nur 14,6 kg benutzt. Die Energie des Kernrückstoßes wird allerdings nicht vollständig auf den elektronischen Prozess der Szintillation übertragen, nur ein Teil dieser Energie steht für elektronische Anregungen der Moleküle zur Verfügung. Die damit einhergehende Verringerung der sichtbaren Energie im Detektor wird als ‚Quenching-Effekt' bezeichnet. Es ist ‚a priori' auch nicht bekannt, wie groß dieser Anteil ist, also mit welcher Effizienz die Rückstoßenergie auf Szintillationsphotonen transferiert wird. Daher war es nötig, die Detektoren mit Neutronenquellen genau zu eichen, um so die Nachweiseffizienz des Detektors für Kernrückstöße bestimmen zu können.

Die Neutrinos entstehen an der Spallationsquelle durch das Bombardement von Protonen ($E_p \approx 1$ GeV) auf ein Hg-Target und den darauf folgenden schwachen Zerfällen der dabei entstehenden geladenen Pionen. An Ort des Experiments wird so ein Neutrinofluss von $\phi_\nu \approx 1{,}7 \cdot 10^{11}\,\text{cm}^{-2}\text{s}^{-1}$ erzeugt. Besonders kritisch ist die Bestimmung der Rate an Hintergrundereignissen in diesem Experiment. Zum einen tragen in dem relevanten Energiebereich um einige keV sehr viele natürlich auftretende radioaktive Zerfallsprozesse zum Hintergrund bei, zum anderen kann man bei der Neutrinostreuung keinerlei Koinzidenzbedingungen ausnutzen. Insbesondere Neutronen können durch elastische Streuung an Atomkernen im Target Ereignisse hervorrufen, die nicht von denen der Neutrinostreuung zu unterscheiden sind. Die Rate der Hintergrundereignisse im gut abgeschirmten Detektor wird außerhalb des Betriebs der Spallationsanlage gemessen, wenn also der Neutrinofluss verschwindend klein wird. In einem Vorexperiment konnte gezeigt werden, dass der von der Quelle herkommende Neutronenfluss hinreichend gut abgeschirmt ist, so dass ein mit dem Betrieb der Anlage korrelierter Hintergrund ausgeschlossen werden kann. Der Vergleich der Ereignisraten während und außerhalb des Betriebs der Spallationsanlage zeigt einen Exzess, der der kohärenten Neutrinostreuung an den Atomkernen des Targets zugeschrieben werden kann. Die Signifikanz dieses Überschusses an Ereignissen im *COHERENT*-Experiment beträgt 6,7-σ.

Der erstmalige Nachweis von Neutrinos aus einem Kernreaktor über die kohärente Neutrinostreuung an Atomkernen gelang kürzlich der *CONUS+* -Kollaboration [265]. Als Detektoren werden hier drei Halbleiterdetektoren aus hochreinen Ge-

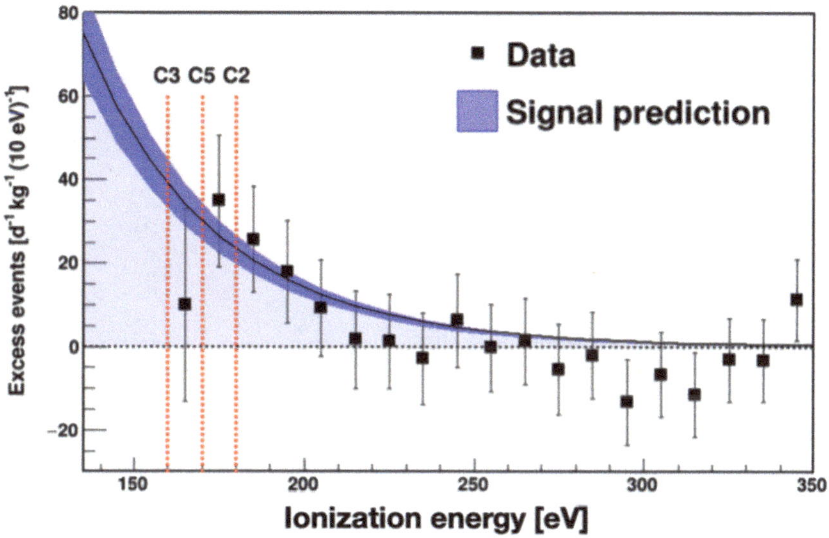

Abb. 6.3 Exzess an Ereignissen im niederenergetischen Bereich in *CONUS+* während der ‚Reaktor-an' Phase im Vergleich zur ‚Reaktor-aus' Phase. Die durchgezogene Linie zeigt den erwarteten Verlauf bei kohärenter Neutrinostreuung an Ge-Kernen und theoretischen Berechnungen zum Quenching-Effekt mit Unsicherheiten. Die Energieschwellen der drei Ge-Detektoren sind eingezeichnet. Aus [265]

Kristallen mit einer Masse von ca. 3 kg verwendet, die eine Energieschwelle zwischen 160 eV und 180 eV erreichen. Bei einem Abstand von 20,7 m zum Core des Kernreaktors in Leibstadt (Schweiz) mit einer thermischen Leistung von 3,6 GW sind die Detektoren einem Neutrinofluss $\phi_\nu \approx 1{,}5 \cdot 10^{13}\,\mathrm{cm}^{-2}\mathrm{s}^{-1}$ ausgesetzt. Auch in *CONUS+* wird ein Überschuss an Ereignissen in den wohl abgeschirmten Ge-Detektoren während der Betriebszeit des Reaktors im niederenergetischen Bereich des Spektrums beobachtet (Abb. 6.3). Die Expositionsdauer mit Neutrinos betrug hier 347 kg · d, die der Hintergrundmessung 63 kg · d. Ein mit dem Betrieb des Reaktors einhergehender Hintergrund durch Neutronenstreuung kann ausgeschlossen werden und die Signifikanz des Exzesses an Ereignissen beträgt 3,7 σ. Die so experimentell beobachtete Rate ist konsistent mit der aus Gl. 6.7 berechneten, so dass kein Zweifel daran besteht, dass der Exzess tatsächlich der kohärenten Neutrinostreuung zuzurechnen ist.

Auch bei Halbleiterdetektoren tritt ein Quenching-Effekt auf, der letztlich auf die Stärke der Phonon-Elektron-Kopplung im Halbleiter zurückzuführen ist. Theoretische Berechnungen dazu sind mit den Beobachtungen von *CONUS+* konsistent.

Neue Entwicklungen in der Detektortechnologie, wie sie zum Beispiel für den direkten Nachweis dunkler Materie vorangetrieben werden sind äußerst interessant für einen möglichen Einsatz neuartiger Detektoren, die Neutrinos aus terrestrischen und astrophysikalischen Quellen über die kohärente Neutrinostreuung nachweisen könnten. Die Aufgabenstellungen sind in beiden Fällen sehr ähnlich, weil man auch

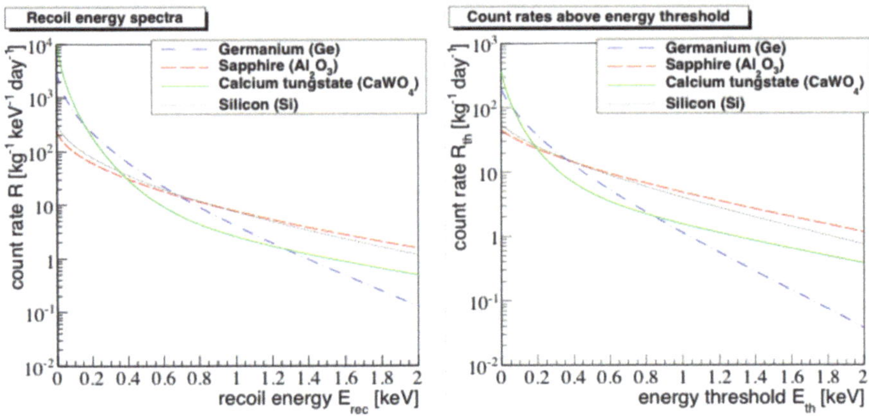

Abb. 6.4 Links: Rückstoßspektren kohärenter Neutrinostreuung an Atomkernen an einem Kernreaktor für verschiedene Kristalltypen. Für die Rechnungen wurde eine thermische Reaktorleistung von 2 GW und ein Abstand von 17 m zum Reaktorkern angenommen. Rechts: Die dazugehörigen Zählraten als Funktion der Energieschwelle[267]

in den Experimenten zur Suche nach dunkler Materie versucht schwach wechselwirkende Teilchen über ihre elastische Streuung an Atomkernen nachzuweisen. Bei beiden Arten, sowohl bei Experimenten zur Suche nach dunkler Materie als auch bei Experimenten zum Nachweis von Neutrinos über die kohärente Streuung, sucht man nach Signalen bei sehr niedrigen Energien und man muss sehr niedrige Niveaus bei der Rate von Hintergrundereignissen erreichen. Insbesondere die Entwicklung sogenannter kryogener Detektoren, die Kernrückstöße in einem Kristall bei tiefen Temperaturen über die Detektion der dabei entstehenden Phononen messen, erscheinen hier besonders vielversprechend zu sein. In Abb. 6.4 werden die erwarteten Rückstoßspektren und die Zählraten als Funktion der Energieschwelle bei der Messung der kohärenten Streuung mit Reaktorneutrinos an verschiedenen Detektortypen gezeigt, die für die Verwirklichung kryogener Detektoren in Frage kommen. Aus den Spektren wird die Bedeutung einer möglichst niedrigen Energieschwelle insbesondere bei der Verwendung schwerer Targetkerne deutlich. Die zu erwartenden Zählraten sind vielversprechend: Für Energieschwellen bei ca. 0,2 keV können Raten zwischen 30 und 80 Ereignissen pro Tag und pro kg Masse erwartet werden, wenn der Detektor in einem Abstand von 17 m zu einem Reaktor mit 2 GW thermischer Leistung platziert ist.

Im vorgeschlagenen ν-cleus-Experiment soll eine Anordnung mehrerer kleiner $CaWO_4$- und Al_2O_3-Kristalle bei Temperaturen im mK-Bereich mit einer Masse von nur jeweils ca. 10 g, also extrem kleine Neutrinodetektoren, realisiert werden.

Diese Detektoren sollen eine extrem niedrige Energienachweisschwelle von etwa 10 eV erreichen. Damit wäre es möglich, die kohärente Neutrinostreuung an einem Kernreaktor innerhalb von zwei Wochen mit ca. $5-\sigma$ Genauigkeit zu messen [266]. Erste Entwicklungen zu einem kryogenen Neutrinodetektor mit niedriger Nachweisschwelle sind durchaus vielversprechend verlaufen: Mit einem Al_2O_3-Prototypdetektor wurde eine Energieschwelle von 20 eV erreicht.

All diese Experimente zeigen sehr vielversprechende Ergebnisse. Man darf wohl annehmen, dass in Zukunft die kohärente Streuung an Kernen eine wichtige Rolle in der Neutrinophysik einnehmen kann. Neben dem Einsatz zur Überwachung von Kernreaktoren aus größerer Distanz kann die kohärente Neutrinostreuung auch für interessante Fragen in der Grundlagenforschung genutzt werden. Wie aus Gl. 6.4 ersichtlich kann man hoffen in zukünftigen Experimenten mit kohärenter Neutrinostreuung Rückschlüsse über die Verteilungsfunktion der schwachen Ladung in Atomkernen und dem Weinbergwinkel bei extrem niedrigen Impulsübertrag zu gewinnen. Auch bei der Suche nach Oszillationen zu sterilen Neutrinos könnten Detektoren mit kohärenter Neutrinostreuung eingesetzt werden. Natürlich ist es dazu notwendig die Massen der Targets zu erhöhen um die notwendige statistische Signifikanz erreichen zu können – aber ein Anfang dazu ist gemacht.

Experimente in tiefen Untergrundlaboratorien zur direkten Suche nach Teilchen der dunklen Materie, deren Detektoren als ‚Time-Projection-Chamber' mit flüssigen Edelgasen (Xenon oder Argon) funktionieren erreichen niedrige Energieschwellen und weisen sehr niedrige Hintergrundraten auf. Da sie bereits beachtliche Detektorgrößen (Targetmassen über 1 Tonne) aufzeigen ist absehbar, dass sie in naher Zukunft das Potential besitzen solare Neutrinos über die kohärente Neutrinostreuung nachweisen zu können. Gelingt dies sogar für die niederenergetischen solaren Zweige könnte man mittels eines Vergleichs mit den Ergebnissen von Borexino die Flavor-Transformation solarer Neutrinos modellunabhängig vermessen, weil die kohärente Streuung über die neutrale Wechselwirkung erfolgt und daher unabhängig vom Flavor erfolgt.

Die experimentellen Herausforderungen dazu sind natürlich nicht zu unterschätzen. Um solare Neutrinos über die kohärente Streuung an Xenon zu detektieren, müssen Energieschwellen im Bereich von etwa 1 keV erreicht werden. In dem europäischen *DARWIN*-Projekt z. B. wird ein Xenon-Detektor mit 40 t verfügbarer Targetmasse vorgeschlagen. Die beobachtbare Rate an solaren ^{8}B-Neutrinos über 1 keV sichtbarer Energie läge in *DARWIN* bei beachtlichen 3600 Ereignissen pro Jahr. Um aber z. B. die niederenergetischen CNO-Neutrinos in Xenon nachzuweisen ist bereits eine Schwelle von etwa 50 eV nötig, die Detektion der ^{7}Be-Neutrinos erfordert sogar eine Schwelle von ca. 10 eV, wie in Abb. 6.5 illustriert. Mehr Informationen zu *DARWIN* und anderen Xenon-Projekten findet man z. B. in [268] und in der neueren Publikation [269].

Darüber hinaus gibt es Ideen zur Messung von Neutrinos mit kohärenter Streuung aus all den terrestrischen und astrophysikalischen Quellen, die auch in diesem Buch beschrieben wurden. Eine Zusammenfassung der möglichen Anwendungen der kohärenten Neutrinostreuung findet man z. B. in der Publikation [270].

6.5 Zusammenfassung

Die stetige technologische Weiterentwicklung von Neutrinodetektoren lässt die Anwendung von Neutrinos in greifbare Nähe rücken. Hier haben wir zwei konkrete Beispiele im niederenergetischen Bereich anhand von Neutrinos aus unserer

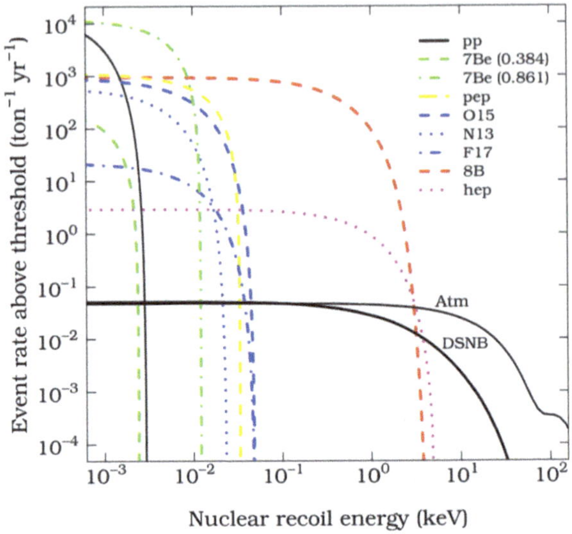

Abb. 6.5 Berechnete Spektren der Rückstoßenergien von Xenon-Atomkernen über die kohärente Streuung solarer Neutrinos aus allen Verzweigungen. Zusätzlich werden die berechneten Spektren aus der Streuung atmosphärischer Neutrinos und des DSNB gezeigt [269]

Erde und aus Kernreaktoren diskutiert. Geoneutrinos können uns Hinweise für die Geologie und Geophysik liefern, und mit Neutrinos aus Kernreaktoren können wir das spaltfähige Inventar dieser Anlagen von außen überwachen. Weitere Möglichkeiten, auf die hier nicht näher eingegangen wurde, können Beschleunigerneutrinos bei hohen Energien eröffnen. So könnte man z. B. terrestrische Materieeffekte nutzen um eine präzise Tomographie der Erde zu betreiben. Durch den Nachweis der kohärenten Neutrinostreuung an Atomkernen könnten Detektoren zum Nachweis niederenergetischer Neutrinos in Zukunft wesentlich kompakter gebaut werden und eventuell weitere interessante Anwendungen eröffnen.

Literatur

1. C. Cowen, F. Reines et al., Science 124, 103 (1956)
2. W. Pauli, „Writing on Physics and Philosophy", Springer Berlin (1994)
3. F. Reines, Nobel Lectures, Phys. 1991–1995, Editor G. Ekspong, World Scientific Publishing Co., Singapore (1997)
4. G. Danby et al., Phys. Lett. 9, 36 (1962)
5. K. Kodama et al., DONUT coll., Phy. Lett. B 504, 207 (2001)
6. C. Patrignani et al., Particle Data Group, Chin. Phys. C 40, 100001 (2016)
7. S. Schael et al., ALEPH, DELPHI, L3, OPAL, SLD coll., Phys. Rep. 427, 257 (2006); arXiv:0509008
8. C.S. Wu et al., Phys. Rev. 105, 1413 (1957)
9. M. Goldhaber et al., Phys. Rev. 109, 1015 (1958)
10. E. Fermi, Zeitschrift für Physik 88, 161 (1934)
11. S. Glashow, Nucl. Phys. 22, 579 (1961)
12. S. Weinberg, Phys. Rev. Lett. 19, 1264 (1967)
13. A. Salam, Proc. 8th Nobel Symp., 367 (1968)
14. M. Kobayashi, T. Maskawa, Prog. Theor. Phys. 49, 652 (1973)
15. N. Cabibbo, Phys. Rev. Lett. 10, 531 (1963)
16. Y. Fukuda et al., SuperKamiokande coll., Phys. Rev. Lett. 8, 1562 (1998)
17. B. Pontecorvo, Sov. Phys. JETP 7, 172 (1958)
18. B.T. Cleveland et al., Astr. Phys. J. 496, 505 (1998)
19. Z. Maki, M. Nakagawa, and S. Sakata, Prog. Theor. Phys. 28, 870, (1962)
20. S. Bilenky and B. Pontecorvo, Phys. Rep. 41, 226, (1977)
21. F. Boehm and P. Vogel, „Physics of Massive Neutrinos", Cambridge Univ. press (1984)
22. S. Bilenky and S.T. Petcov, Rev. Mod. Phys. 59, 671 (1987)
23. L. Oberauer and F. von Feilitzsch, Rep. Prog. Phys. 55, 1093 (1992)
24. S. Bilenky, Nucl. Phys. B, 908, 2 (2016)
25. S.M. Bilenky, C. Giunti, and W. Grimus, arXiv:hep-ph/9812360 (1999)
26. N. Schmitz, „Neutrinophysik", Teubner Studienbücher (1997)
27. B. Kayser and J. Kopp, arXiv:1005.4081 (2010)
28. F. Suekane, „Neutrino Oscillations", Lecture Notes in Physics 898, Springer (2015)
29. M. Zralek, Acta Phys. Polon. B29, 3925 (1998), arXiv:9810543
30. L. Wolfenstein, Phys. Rev. D17, 2369 (1981)
31. S.P. Mikheyev, A.Y. Smirnov, Sov. J. Nucl. Phys. 42, 1441 (1985)
32. S.P. Mikheyev, A.Y. Smirnov, Nuovo Cim. 9C, 17 (1986)
33. S.P. Rosen, J.M. Gelb, Phys. Rev. D34, 969 (1986)
34. J. Bouchez et al., Z.Phys. C32, 499 (1986)

L. Oberauer und J. Oberauer, *Neutrinophysik*,
https://doi.org/10.1007/978-3-662-73322-6

35. S.J. Parke, T.P. Walker, Phys. Rev. Lett. 57, 2322 (1986)
36. X.H. Haxton, Phys. Rev. D35, 2353 (1987)
37. E.G. Adelberger et al., Rev. Mod. Phys. 83 (2010); arXiv:1004.2318
38. R. Davis, Prog. Part. Nucl. Phys. 32, 13 (1994)
39. C. Broggini et al., LUNA coll., Prog. in Part. and Nucl. Phys. 57, 343 (2006)
40. K.S. Hirata et al., Kamiokande coll., Phys. Rev. Lett. 77, 1683 (1996)
41. K. Abe et al., SuperKamiokande coll., Phys. Rev. D 94, 052010 (2016); arXiv: 1606.07538
42. W. Hampel et al., GALLEX coll., Phys. Lett. B 436, 158 (1998)
43. M. Altmann et al., GNO coll., Phys.Lett. B 616, 174 (2005); arXiv:hep-ex/0504037
44. J.N. Abdurashitov et al., SAGE coll., Phys. Rev. C 80, 015807 (2009)
45. W.C. Haxton, Phys. Lett. B 431, 110 (1998); arXiv:9804011
46. B. Aharnim et al., SNO coll., Phys. Rev. C72, 055502 (2005); arXiv:nucl-ex 0502021
47. B. Aharmim et al., SNO coll., Phys. Rev. C75, 045502 (2007); arXiv:nucl-ex 0610020
48. G. Alimonti et al., Borexino coll., Astropart. Phys. 16, 205 (2002)
49. R. von Hentig, ‚Spurenanalyse primordialer Radionuklide für das solare Neutrinoexperiment Borexino‘, Doktorarbeit, TU-München (1999)
50. G. Heusser et al., Appl. Rad. Isot. 52, 691 (2000)
51. G. Zuzel et al., Appl. Rad. Isot. 61, 197 (2004)
52. C. Arpesella et al., Borexino coll., Astropart. Phys. 18, 1 (2002)
53. T. Hagner et al, Astropart. Phys. 14, 33 (2000)
54. G. Bellini et al., Borexino coll., JINST 6:P05005 (2011); arXiv:1101.3101
55. C. Arpesella et al., Borexino coll., Phys. Lett. B 658, 101 (2008); arXiv:0708.2251
56. G. Bellini et al., Borexino coll., Phys. Rev. Lett. 107, 141302 (2011); arXiv:1104.1816
57. G. Bellini et al., Borexino coll., Phys. Rev. Lett. 108, 051302 (2012); arXiv:1110.3230
58. G. Bellini et al., Borexino coll., Nature 512, 383 (2014)
59. G. Bellini et al., Borexino coll., Phys. Rev. D 82, 033006 (2010); arXiv:0808.2868
60. M. Honda et al., Phys. Rev. D70, 043008 (2004); arXiv:astro-ph:0404457
61. G.D. Barr et al., Phys. Rev. D70, 023006 (2004); arXiv:astro-ph:0403630
62. G. Battistoni et al., Astropart. Phys. 19, 269 (2003); arXiv:0207035
63. T. Kajita, Proc. Jpn. Acad. B Phys. Biol. Sci. 86, 303 (2010)
64. Ashie et al., SuperKamiokande coll., Phys. Rev. D71, 112005 (2006); arXiv:0501064
65. T.J. Haines et al. IMB coll., Phys. Rev. Lett. 57, 1986 (1986)
66. K.S. Hirata et al. Kamiokande coll., Phys. Lett. B205, 416 (1988)
67. K. Daum et al. Frejus coll., Z. Phys. C66, 417 (1995)
68. M. Aglietta et al. NUSEX coll., Europhys. Lett. 8, 15 (1991)
69. Y. Fukuda et al., SuperKamiokande coll., Phys. Rev. Lett. 81, 1562 (1998); arXiv:hep-ex/9807003
70. Y. Ashie et al., SuperKamiokande coll., Phys. Rev. Lett. 93, 101801 (2004); arXiv:hep-ex/0404034
71. R. Wendell et al., SuperKamiokande coll., Phys. Rev. D 81, 092004 (2010); arXiv:1002.3471
72. K. Abe et al., SuperKamiokande coll., Phys. Rev. Lett. 110, 181802 (2013); arXiv:1206.0328
73. M.G. Aartsen et al., IceCube coll., Phys Rev. Lett. 111, 081801 (2013); arXiv:1305.3909
74. M.H. Ahn et al., K2K coll., Phys. Rev. D74, 072003 (2006)
75. D.G. Michael et al., MINOS coll., Phys. Rev. Lett. 97, 191801 (2006); arXiv:hep-ex/0607088
76. N. Agafonova et al., OPERA coll., Phys. Rev. D89, 051102 (2014); arXiv:1401.2079
77. K. Abe et al., T2K coll., Phys. Rev. D89, 092003 (2014); arXiv:1403.2552
78. K. Abe et al., T2K coll., Phys. Rev. Lett. 111, 211803 (2013); arXiv:1308.0465
79. T. Mueller et al., Phys. Rev. C83, 054615 (2011); arXiv:1101.2663
80. K. Schreckenbach et al., Phys. Lett. 99B, 251 (1981)
81. F. von Feilitzsch et al., Phys. Lett. 118B, 162 (1982)
82. K. Schreckenbach et al., Phys. Lett. 160B, 325 (1985)
83. A.A. Hahn et al., Phys. Lett. 218B, 365 (1989)
84. N. Haag et al., Phys. Rev. Lett. 112, 122501 (2014)
85. S. Abe et al., KamLAND coll., Phys. Rev. Lett. 100, 221803 (2008); arXiv:0801.4589

86. A. Gando et al., KamLAND coll., arXiv:1303.4667v2 (2013)
87. G. Bellini et al., Phys. Lett. B, 687, 299 (2010); arXiv:1003.0284
88. A. Abusleme et al., JUNO coll.; arXiv:2511.14593 (2025)
89. M. Abreu et al., SNO+ coll., arXiv:2511.11856 (2025)
90. M. Apollonio et al., Chooz coll., Phys. Lett. B466, 415 (1999); arXiv:hep-ex/9907037
91. H. de Kerret et al., Double Chooz coll., Eur. Phys. J. C, 82 (2022); arXiv:2201.13285
92. Y. Abe et al., Double Chooz coll., Phys. Rev. Lett. 108, 131801 (2012); arXiv:1112.6353
93. F.P. An et al., Daya-Bay coll., Phys. Rev. Lett. 108, 171803 (2012); arXiv:1203.1669
94. J.K. Ahn et al., RENO coll., Phys. Rev. Lett. 108, 191802 (2012); arXiv:1204.0626
95. F.P. An et al., Daya-Bay coll., Phys. Rev. Lett. 130, 161802 (2023); arXiv:2409.14523
96. Y. Abe et al., Double Chooz coll., JHEP 10, 086 (2014); arXiv:1406.7763
97. S.H. Seo et al., RENO coll., Neutrino 2014, XXVI Int. Conf. on Neutrino Physics and Astrophysics, June 2–7, Boston, USA (2014)
98. K. Abe et al., T2K coll., Phys. Rev. Lett. 112, 061802 (2014); arXiv:1311.4750
99. K. Abe et al., T2K coll., Eur. Phys. J. C 83, 782 (2023); arXiv:2303.03222
100. S. Abubakar et al., NOvA coll., (2025); arXiv:2509.04361
101. F. Capozzi et al., Phys. Rev. D89, 9 093018 (2014); arXiv:1312.2878
102. D.V. Forero, M. Tortola and J.W.F. Valle, Phys. Rev. D90, 9 093006 (2014); arXiv:1405.7540
103. M.C. Gonzalez-Garcia, M- Maltoni and T. Schwetz, JHEP 1411 052 (2014); arXiv:1409.5439
104. I. Esteban et al., JHEP 12 (2024) 216; arXiv:2410.05380
105. V.M. Lobashev, Nucl. Phys. A719, 153 (2003)
106. Ch. Kraus et al., Eur. Phys. J. C40, 447 (2005)
107. A. Picard et al., Nucl. Instr. Meth. 63, 345 (1992)
108. A. Osipowicz et al., KATRIN coll., arxiv:hep-ex/0109033
109. C. Weilheimer, Proc. of CLII, Course of Int. School of Physics „Enrico Fermi", Varenna (Italy) (2002), arxiv:hep-ex/0210050v2
110. D. Batzler et al., KATRIN coll., Science 388, 6743 (2025); arXiv:2406.13516
111. B. Monreal and J.A. Formaggio, Phys. Rev. D80, 051301 (2009); arXiv:0904.2860
112. K. Blaum et al., (2013), arXiv:1306.2655
113. A. Monfardini et al., Nucl. Instrum. Meth. A559, 346 (2006); arXiv:hep-ex/0509038
114. K. Hirata et al., Kamiokande coll., Phys. Rev. Lett. 58, 1490 (1987)
115. R.M. Bionta et al., IMB coll., Phys. Rev. Lett. 58, 1494 (1987)
116. E.N. Alekseev at al., Phys. Lett. B205, 209 (1988)
117. W. Arnett, J. Rosner, Phys. Rev. Lett. 58, 1906 (1987)
118. L. Stodolsky, Phys. Lett. B201, 353 (1988)
119. B. Lee and S. Weinberg, Phys. Rev. Lett. 39, 165 (1977)
120. J. Lesgourgues and S. Pastor, New J. Phys. 16, 065002 (2014); arXiv:1404.1740
121. P.A.R. Ade et al.,Planck coll., Astron. Astrophys. 571, A16 (2014); arXiv:1303.5076
122. F. Couchot et al., A&A 606, A104 (2017); arXiv:1703.10829
123. G. Mangano and P.D. Serpico, Phys. Lett. B 701, 296 (2011)
124. N. Said, E. Di Valentino, M. Gerbino, Phys. Rev. D 88, 023513 (2013)
125. M. Goeppert-Mayer, Phys. Rev. 48, 512 (1935)
126. E. Majorana, Il Nuovo Cimento, 14, 4 (1937)
127. H. Furry, Phys. Rev. 56, 12 (1939)
128. J. Schechter and J. Valle, Phys. Rev. D25, 2951 (1982)
129. C. Wiesinger, PhD-thesis TU München, ‚No Neutrinos Not Found' (2020)
130. S. Bilenky and C. Giunti, arXiv: 1411.4791 (2014)
131. J.D. Vergados, H. Ejiri, F. Simkovic; arXiv:1205.0649 (2012)
132. J. Engel and J. Menendez, Rep. on Progress in Phys. 80, 046301 (2017); arXiv:1610.06548
133. S. Umehara et al., ELEGANT coll., Phys. Rev. C78, 058501 (2008)
134. S. Ajimura et al., CANDLES-coll., Phys. Rev. D 103, 092008 (2021)
135. A. Barabash et al., Aurora coll., Phys. Rev. D 98, 092007 (2018); arXiv:1811.06398
136. H.V. Klapdor-Kleingrothaus et al., Heidelberg-Moscow coll., Eur. Phys. J. A12, 147 (2001)
137. C.E. Aalseth et al., IGEX coll., Phys. Rev. D65, 092007 (2002); arXiv: 0202026

138. I.J. Arnquist et al., Majorana coll., Phys. Rev. Lett. 130, 062501 (2023); arXiv:2401.04782
139. M. Agostini et al., GERDA coll., Phys. Rev. Lett. 125, 252502, (2020); arXiv:2009.06079
140. H. Acharya, LEGEND coll., Phys. Rev. Lett. – accepted 29 September (2025) -; arXiv:2505.10440
141. J. Argyriades et al., NEMO-3 coll., Nuclear Physics A 847, 168 (2010)
142. G. Anton et al., EXO coll., Phys. Rev. Lett. 123, 161802 (2019); arXiv:1906.02723
143. C. Adams et al., CUORE coll., Phys. Rev. Lett. 124, 122501, (2020); arXiv:1912.10966
144. A. Gando et al., KamLAND-Zen coll., Phys. Rev. Lett. 117, 082503 (2016); arXiv:1605.02889
145. R. Arnold et al., NEMO coll., Phys. Rev. D89, 111101 (2014); arXiv:1311.5695
146. R. Arnold et al., NEMO coll., Phys. Rev. D 94, 072003 (2016)
147. O. Azzolini et al., CUPID-coll., Phys. Rev. Lett. 129, 111801 (2022), arXiv:2206.05130
148. C. Augier et al., CUPID-Mo coll., Eur. Phys. J. C 82, 1033 (2022); arXiv:2202.08716
149. A, Agrawal et al., AMoRE coll., Phys. Rev. Lett., 134, 082501 (2025); arXiv:2407.05618
150. M. Aartsen et al., PINGU coll., arXiv:1401.2046 (2014)
151. X. Qian and P. Vogel, PPNP 83, 1 (2015); arXiv:1505.01891
152. F. An et al., JUNO coll., arXiv:1507.05613 (2015)
153. A. Abusleme et al., JUNO coll., arXiv:2511.14590 (2025)
154. A. Sakharov, JETP Lett. 5, 1, 24 (1967)
155. J. Cronin und V. Fitch, Phys. Rev. Lett. 13, 138 (1964)
156. M. Fukugita, T. Yanagida, Phys. Lett. B 174, 45 (1986)
157. K. Abe et al., T2K-coll., Phys. Rev. Lett. 118, 151801 (2017); arXiv:1701.00432
158. P. Adamson et al., Noνa coll., Phys. Rev. Lett. 118, 231801 (2017); arXiv:1703.03328
159. I. Esteban et al., NuFit06, arXiv:2410.05380 (2024)
160. C. Adams et al., LBNE coll., arXiv:1307.7335 (2013)
161. K. Abe et al., HyperKamiokande coll., Prog. Theor. Exp. Phys. (2015); arXiv:1502.05199
162. K. N. Abazajian et al. (2012), „Light sterile neutrinos: a white paper“; arXiv:1204.5379
163. S. Bilenky, C. Giunti, W. Grimus, Prog. Part. Nucl. Phys. 43, 1 (1999)
164. G. Mention et al., Phys. Rev. D83, 073006 (2011); arXiv:1101.2755
165. C. Giunti, M. Laveder, Phys. Rev. D82, 053005 (2011); arXiv:1005.4599
166. C. Athanossopoulos et al., LSND coll., Phys. Rev. C54, 2685 (1996)
167. B. Armbruster et al., KARMEN coll., Nucl. Phys. B 38 (Proc. suppl.), 235 (1995)
168. G. Zacek et al., Gösgen coll., Phys. Rev. D34, 2621 (1986)
169. B. Achkar et al., Bugey coll., Phys. Lett. B374, 243 (1996)
170. A. A. Aguilar-Arevalo et al., MiniBooNE coll., Phys. Rev. Lett. 121, 221801 (2018); arXiv:1805.12028 (2018)
171. L. Manzanillas et al., STEREO coll. (2017); arXiv:1702.02498
172. H. Almazán et al., STEREO coll., Nature, 613, 257 (2023); arXiv:2210.07664
173. J. Ashenfelter et al. PROSPECT coll., J. Phys. G43, 11, 113001 (2016); arXiv:1606.02896
174. Y. J. Ko et al., Phys. Rev. Lett. 118, 121802 (2017); arXiv:1610.05134
175. I. Alekseev et al., JINST 11, 11011 (2016); arXiv:1606.02896
176. A. P. Serebrov et al., arXiv:1605.05909 (2016)
177. N. Ryder, PoS EPS-HEP2015, 071 (2015)
178. C. Buck, 'Sterile neutrinos: reactor experiments' (2017); arXiv:1704.08885
179. E. Bulbul et al., Astrophys. J. 789, 13 (2014); arXiv:1402.2301
180. H. Ishida, K. Sik Jeong, F. Takahashi, Phys. Lett. B 732, 196 (2014); arXiv:1402.5837
181. D. Naumov, 'Sterile Neutrino. A short introduction' (2019), arXiv:1901.00151
182. S. Mertens et al., J. of Cosm. and Astropart. Phys. 2015, 20 (2015); arXiv:1409.0920
183. H. Acharya et al., KATRIN coll., Nature 648, 70 (2025)
184. K. Altenmüller, Doktorarbeit TU München, „Search for sterile neutrinos in beta-decays“, (2019)
185. J. N. Abdurashitov et al., Troitsk coll., JETP Lett. 105, 12, 753 (2017); arXiv:1703.10779
186. A. I. Belesev et al., Troitsk coll., J. Phys., G41: 015001 (2014); arXiv:1307.5687
187. C. Kraus et al., Mainz exp., Eur. Phys. J., C73(2), 2323 (2013); arXiv:1210.4194
188. M. Galeazzi et al., Phys. Rev. Lett., 86, 1978 (2001)

189. K. H. Hiddemann, H. Daniel, und O. Schwentker, Journal of Physics G: Nuclear and Particle Physics, 21(5), 639 (1995)
190. J. J. Simpson, Phys. Rev. D, 23, 649 (1981)
191. E. Holzschuh et al., Phys. Lett. B, 451, 247 (1999)
192. T. Ohshima et al., Phys. Rev. D, 47, 4840 (1993)
193. J. L. Mortara et al., Phys. Rev. Lett., 70, 394 (1993)
194. K. Schreckenbach, G. Colvin, und F. von Feilitzsch, Phys. Lett. B, 129, 265 (1983)
195. J. Deutsch, M. Lebrun, und R. Prieels, Nucl. Phys. A, 518, 149 (1990)
196. S. Schönert, L. Oberauer, C. Hagner, F. Feilitzsch, K. Schreckenbach, Y. Declais, und U. Mayerhofer, Nucl. Phys. Proc. Suppl., 48, 201(1996)
197. K. Sato and M. Kobayashi, Prog. Theor. Phys. 58, 1775 (1977)
198. P.B. Pal and L. Wolfenstein, Phys. Rev. D 25, 766, (1982)
199. S.T. Petcov, Sov. J. Nucl. Phys. 25, 340 (1977)
200. L.F. Li and F. Wilczek, Phys. Rev. D 25, 143 (1982)
201. P. Vogel, Phys. Rev. D 30, 1505 (1984)
202. D.A. Krakauer et al., Phys. Rev. D 44, R6 (1991)
203. L. Oberauer, R. Mössbauer, F. von Feilitzsch, Phys. Lett. B 198, 113 (1987)
204. E. Kajfasz et al., „3rd Int. Symp. on Weak and Electromagnetic Interactions in Nuclei, Dubna, Russia“, (1992)
205. G. Raffelt, Phys. Rev. D 31, 3002 (1985)
206. F. von Feilitzsch and L. Oberauer, Phys. Lett. B 200, 580 (1988)
207. L. Oberauer and F. von Feilitzsch, „Int. workshop on neutrino physics“, Heidelberg, Germany, Springer (1987)
208. S.A. Bludman, Phys. Rev. D 45, 4720 (1992)
209. L. Oberauer et al., Astropart. Phys. 1, 377 (1993)
210. E. Schrock, Phys. Lett. 196 B, 159 (1980)
211. V.I. Kopeikin et al., JETP Lett. 51, 86 (1990)
212. C. Hagner et al., Phys. Rev. D 52, 1343 (1995)
213. G. Bellini et al., Borexino coll., Phys. Rev. D 88, 072010 (2013); arXiv:1311.5347
214. D.I. Britton et al., Phys. Rev. D46, 885 (1992)
215. J. Dorenbosch et al., CHARM-coll., Phys. Lett. 166B, 473 (1986)
216. G. Bernardini et al., Phys. 166B, 479 (1986)
217. G. Bernardini et al., Phys. 203B, 332 (1988)
218. B.W. Lee and R.E. Shrock, Phys. Rev. D 16, 1444, (1977)
219. W.J. Marciano and A.L. Sanda, Phys. Lett. 67 B, 303, (1977)
220. G.V. Domogatskii and D.K. Nadezhin, Sov. J. Nucl. Phys. 12, 678 (1971)
221. A. Derbin et al., JETP Lett. 57, 768, (1993)
222. A.G. Beda et al., GEMMA coll., Phys.Part. and Nucl.Lett. 10(2), 139 (2013)
223. G. Bellini et al., Borexino coll., Phys. Rev. D 96, 091103 (2017); arXiv:1707.09355
224. G. Raffelt, Phys. Rev. Lett. 64, 2856 (1990)
225. I. Goldman et al., Phys. Rev. Lett. 60, 1789 (1988)
226. D. Nötzold et al., Phys. Rev. D 38, 1658 (1988)
227. J.M. Lattimer and J. Copperstein, Phys. Rev. Lett. 61, 23 (1988)
228. R. Barbieri and R.N. Mohapatra, Phys. Rev. Lett. 61, 27 (1988)
229. G. Raffelt, Phys. Rep. 320, 319 (1999)
230. S.T. Petcov, Sov. J. Nucl. Phys. 25, 340 (1977)
231. L. Calibbi et al., J. High Energy Phys. 1211, 40 (2012); arXiv:1207.7227
232. J. Adams et al., MEG-coll., Eur. Phys. J. 73, 2365 (2013); arXiv:1393.2348
233. J. Adams et al., MEG-coll., Phys. Rev. Lett 110, 201801 (2013); arXiv:1303.0754
234. Carl F. von Weizsäcker, Physikalische Zeitschrift, 38, 176 (1938)
235. Hans A. Bethe, Phys. Rev. 55, 434 (1939)
236. G. Bellini et al., Borexino coll., Nature 587, 577 (2020)
237. G. Gamow, Zeitschrift für Physik, 51, 204 (1928)
238. R. Atkinson, F. Houtermans, Zeitschrift für Physik, 54, 656 (1929)

239. S. Appel et al., Borexino coll., Phys. Rev. Lett. 129, 252701 (2022); arXiv:2205.15975
240. D. Basilico et al., Borexino coll., Phys. (2023) ; arXiv:2307.1463
241. S. Ando and K. Sato, New. J. Phys. 6, 170 (2004); arXiv:0410061
242. S. Horiuchi et al., Phys. Rev. D 79, 083013 (2009); arXiv:0812.3157
243. E. Möllenberg et al., Phys. Rev. D 91, 032005 (2015); arXiv:1409.2240
244. K. Abe et al., SuperKamiokande coll., Phys. Rev. D 104, 122002, (2021); arXiv:2109.11174
245. M. Wurm et al., Astroparticle Physics 35, 685 (2012); arXiv:1104.5620
246. J. Sawatzki, „Detecting the Diffuse Supernova Neutrino Background in the JUNO Detector“, Doktorarbeit, TU München (2020)
247. A. Abusleme et al., JUNO coll., JCAP 10, 033 (2022); arXiv:2205.08830
248. M. Harada, SuperKamiokande coll., „Review of diffuse SN background“, XXXI International Conference on Neutrino Physics and Astrophysics, June 16–22, Milan, Italy, (2024)
249. V. Hess, Nobel Lecture (1936); https://www.nobelprize.org/prizes/physics/1936/hess/lecture/
250. A. Halim et al., Pierre Auger coll., ApJ 976 (2024) 48; arXiv:2408.05292
251. M.G. Aartsen et al., IceCube coll., Science 342, 1242856 (2013); arXiv:1311.5238
252. M.G. Aartsen et al., IceCube coll., arXiv:1609.0498 (2016)
253. T. Glauch, „The Origin of High-Energy Cosmic Particles: IceCube Neutrinos and the Blazar Case“, Doktorarbeit TU München (2021)
254. J, Hofestädt et al., KM3NeT coll., arXiv:1701.04078 (2017)
255. IceCube, Fermi-LAT, MAGIC, AGILE, ASAS-SN, HAWC, H.E.S.S, INTEGRAL, Kanata, Kiso, Kapteyn, Liverpool telescope, Subaru, Swift/NuSTAR, VERITAS, VLA/17B-403, Science 361, 147 (2018); arXiv:1807.08816
256. P. Malecki et al., P-ONE coll., Universe 10, 2, (2024)
257. P. Alvarez Sanchez et al., Borexino coll., Physics Letters B 716, 401 (2012); arXiv:1207.6860
258. T. Adams, et al., OPERA Collaboration, arXiv:1109.4897v2
259. T. Adams, et al., OPERA Collaboration, arXiv:1109.4897v4
260. S. Dye, Rev. of Geophys., 50, 1, (2012)
261. A. Gando et al., KamLAND coll., Phys.Rev. D88, 033001 (2013); arXiv:1303.4667
262. M. Agostini et al., Borexino coll., Phys. Rev. D 92, 031101 (2015); arXiv:1506.04610
263. A. Drukier et al., Phys. Rev. D 30, 2295 (1984)
264. D. Akimov et al., COHERENT coll., Science 357, 1123 (2017); arXiv:1708.01294
265. N. Ackermann et al., CONUS+ coll., arXiv:2501.05206
266. R. Strauss et al., Eur. Phys. J., C77:506, (2017); arXiv:1704.04320
267. A. Gütlein, Doktorarbeit TU München, „Feasibility studies for a first observation of coherent neutrino nucleus scattering using low-temperature detectors“, (2013)
268. L. Baudis et al., JCAP01 044 (2014); arXiv:1309.7024
269. J. Aalbers et al., J. Phys. G: Nucl. Part. Phys. 50 013001 (2023)
270. M. Abdullah et al., (2022), arXiv:2203.07361

FSC
www.fsc.org
MIX
Papier | Fördert
gute Waldnutzung
FSC® C083411

Zeitfracht Medien GmbH
Ferdinand-Jühlke-Straße 7
99095 Erfurt, Deutschland
produktsicherheit@kolibri360.de